Chemie in der Praxis

A. Leuchtenberger
Grundwissen zur
mikrobiellen Biotechnologie

Chemie in der Praxis

Herausgegeben von
Prof. Dr. Erwin Müller-Erlwein, Technische Fachhochschule
Berlin
Prof. Dr. Wolfram Trowitzsch-Kienast, Technische Fachhochschule
Berlin
Prof. Dr. Hartmut Widdecke, Fachhochschule
Braunschweig/Wolfenbüttel

Die Reihe „Chemie in der Praxis" richtet sich an Studierende in praxisorientierten Studiengängen besonders an Fachhochschulen, aber auch im universitären Bereich. Ihnen sollen Begleittexte angeboten werden für solche Studienrichtungen, in denen die Kenntnis von und der Umgang mit chemischen Produkten, Denk- und Verfahrensweisen einen wichtigen Bestandteil bildet.

Darüber hinaus wendet sich die Reihe aber auch an Ingenieure und andere Fachkräfte, denen in ihrem Berufsfeld immer wieder „chemische" Frage- und Aufgabenstellungen unterschiedlichster Art begegnen. Ihnen bietet die Reihe Gelegenheit, fundamentales Chemie-Wissen sowohl aufzufrischen als auch neue und erweiterte Anwendungsmöglichkeiten kennenzulernen.

Zielsetzung der Herausgeber bei der Zusammenstellung der einzelnen Titel ist, eine solide und angemessene Vermittlung von Basiswissen mit einem Höchstmaß an Aktualität in der Praxis zu verknüpfen. Hierzu wird bewußt auf eine umfangreiche Darstellung der theoretischen Grundlagen verzichtet, um stattdessen die für die Praxis relevanten Aspekte in einer verständlichen Weise darzulegen.

Grundwissen zur mikrobiellen Biotechnologie

Grundlagen, Methoden, Verfahren und Anwendungen

Von Prof. Dr. sc. nat. Andreas Leuchtenberger, Wittstock

Springer Fachmedien Wiesbaden GmbH 1998

Prof. Dr. sc. nat. Andreas Leuchtenberger

Geboren 1940 in Faulbrück, Kreis Reichenbach (Schlesien). Biologie-Studium von 1961 bis 1966 an der F.-Schiller-Universität Jena, Diplom 1966, Promotion 1971 zum Dr. rer. nat. und 1983 zum Dr. sc. nat., 1988 Professor für Mikrobiologie. Von 1968 bis 1992 Forschung am Zentralinstitut für Ernährung in Potsdam-Rehbrücke auf dem Gebiet der mikrobiellen Gewinnung von Enzymen und Aromastoffen für die Lebenmittelindustrie. Von 1993 bis 1995 Professor für Biotechnologie im FB Chemie- und Umweltingenieurwesen an der FH Merseburg.

Die Deutsche Bibliothek – CIP-Einheitsaufnahme

Leuchtenberger, Andreas:
Grundwissen zur mikrobiellen Biotechnologie : Grundlagen,
Methoden, Verfahren und Anwendungen / von Andreas
Leuchtenberger.
 (Chemie in der Praxis)
 ISBN 978-3-519-03546-6   ISBN 978-3-663-10237-3 (eBook)
 DOI 10.1007/978-3-663-10237-3

Vorwort

Obwohl mikrobielle Leistungen vor allem bei der Lebensmittelherstellung - zunächst unbewußt, später zielgerichtet - seit Jahrtausenden genutzt werden, ist die Biotechnologie durch Einführung neuer biowissenschaftlicher Erkenntnisse, insbesondere der Gen-, Immun- und Zellkulturtechnik, erst seit wenigen Jahren verstärkt in das Blickfeld der Öffentlichkeit geraten. Durch Forschungsergebnisse der Gentechnik, die bei einem Teil der Bevölkerung große Ängste ausgelöst haben, stößt jedoch die Biotechnologie heute teilweise auf Ablehnung. Um diese zu überwinden, bedarf es sachkundiger Aufklärung, die vorrangig von Studierenden und Wissenschaftlern der Biotechnologie sowie anderer biotechnologisch relevanter Fachgebiete (z. B. Lebensmitteltechnologie, Pharmazie, Umweltschutztechnik) zu leisten ist. In zunehmendem Maße sind aber auch Ingenieure, Unternehmer, Juristen, Politiker und Behörden gefordert, zu biotechnologischen Problemen des Alltags Stellung zu nehmen. Dazu benötigen sie eine Informationsquelle, die allgemeinverständlich und knapp über die wichtigsten Zusammenhänge auf diesem Gebiet Auskunft gibt.

Unter Verwertung von Vorlesungen, die ich an der FH Merseburg im Fachbereich Chemie- und Umweltingenieurwesen gehalten habe, möchte ich ein kurz gefaßtes Lehr- und Informationsmaterial für Studenten und Lehrkräfte biotechnologisch orientierter Fachgebiete an Fach- und anderen Hochschulen sowie für Interessenten in Industrie, Politik und Behörden anbieten. Ich habe mich aus Platzgründen bewußt auf die mit Mikroorganismen durchgeführten biotechnologischen Prozesse beschränkt, dafür aber versucht, möglichst alle wesentlichen Anwendungsgebiete zu erfassen. Für den mikrobiologisch weniger Eingeweihten wurde ein Grundlagenkapitel an den Anfang gestellt. Wichtige mikrobiologische, gen- und verfahrenstechnische Methoden und Verfahren im 3. Kapitel ermöglichen einen Einblick in die Arbeitsweise dieser Gebiete und sollen das Verständnis für die im 4. Kapitel dargelegten Verfahren erleichtern.

Ich bin mir bewußt, daß der eine oder andere Leser ihm wichtig erscheinende Aspekte vermissen oder für nicht ausreichend behandelt halten wird. Es war auch kein Fortschrittsbericht beabsichtigt. Deshalb sei auf die Zusammenstellung aktueller Übersichtsliteratur am Ende des Buches hingewiesen.

Für die kritische Manuskriptdurchsicht sowie für wertvolle fachliche Hinweise möchte ich Herrn Prof. Dr. H. Ruttloff herzlich danken. Der Volkshochschule „Albert Einstein" in Potsdam, insbesondere Herrn Dr. W. Tänzler, gilt mein Dank für die Hilfe beim Computerausdruck, dem Teubner Verlag danke ich für die gute Zusammenarbeit bei der Textgestaltung und Drucklegung des Buches.

Potsdam, im Oktober 1997   A. Leuchtenberger

Inhaltsverzeichnis

Abkürzungsverzeichnis

AA	arachidonic acid		KW	Kohlenwasserstoffe
AG	Antigen		MJ	Mega-Joule
AIDS	acquired immune deficiency syndrome		M_r	relative Molekülmasse
AK	Antikörper		mRNA	messenger-(Boten-)RNA
AMP	Adenosin-5′-monophosphat		NAD(P)	Nicotinsäureamid-adenin-
ADP	Adenosin-5′-diphosphat			dinucleotid-(phosphat)
ATP	Adenosin-5′-triphosphat		o. S.	organische Substanz
bp	Basenpaare		P	Produktivität
BSB_5	Biochemischer Sauerstoffbedarf		Pa	Pascal
BTX	Benzol, Toluol, Xylol		P_{an}	anorganisches Phosphat
CAP	catabolite activator protein		PAK	Polycyclische aromatische
CKW	Chlorkohlenwasserstoff			Kohlenwasserstoffe
CSB	Chemischer Sauerstoffbedarf		PCB	Polychlorierte Biphenyle
cAMP	cyclisches AMP		PCR	polymerase chain reaction
cDNA	copy DNA		PE	Pektinesterase
CoA	Coenzym A		PEG	Polyethylenglycol
Da	Dalton (SI-fremde Masseeinheit)		PEP	Phosphoenolpyruvat
DE	dextrose equivalent (reduzierende Sub-		PG	Polygalacturonase
	stanz [als Glucose] bezogen auf TS)		PUFA	polyunsaturated fatty acids
DH	Dehydrogenase		RNA	ribonucleic acid
DNA	deoxyribonucleic acid		rRNA	ribosomale RNA
EC	enzyme classification		S	Svedberg-Einheit
FAD	Flavin-adenin-dinucleotid		[S]	Substratkonzentration
FS	Fettsäuren		SCP	single cell protein
g	Generationszeit		SHP	Stärkehydrolyseprodukt
GRAS	generally recognized as safe		SI	Internationales Einheitensystem
GDP	Guanosindiphosphat		TMV	Tabak-Mosaik-Virus
GTP	Guanosintriphosphat		tRNA	transfer RNA
HFCS	high fructose corn syrup		(o)TS	(organische) Trockensubstanz
HPLC	high performance liquid chromatography		Upm	Umdrehungen pro Minute
IU	international unit (Enzymeinheit)		UFS	ungesättigte Fettsäuren
IES	Indolyl-3-essigsäure		vvm	Volumen Luft pro Volumen
kat	Katal (Enzymaktivität)			Flüssigkeit und Minute
KBE	Kolonie-bildende Einheit		Y	yield (Ertrag)
kb	Kilobasen(paare)		ZKBS	Zentrale Kommission für
kJ	Kilo-Joule			Biologische Sicherheit
kDa	Kilo-Dalton			
K_M	Michaelis-Konstante			

1 Einführung in die Biotechnologie

Seit Anfang der 80er Jahre vergeht kaum noch ein Tag, an dem in den Medien nicht über die Biotechnologie berichtet wird. Viele sehen in ihr eine der Schlüsseltechnologien, die in nächster Zeit die Entwicklung der menschlichen Gesellschaft und ihres Umfeldes entscheidend verändern und prägen werden. Dies gilt insbesondere für die sog. *„neuen"* Biotechnologiegebiete, zu denen die Gentechnik, die Zellkultur- sowie die Hybridomatechnik zählen. Mit ihnen werden Grenzen überschritten, die man bisher für unüberwindbar hielt, wie z. B. den Transfer von Erbinformationen aus tierischen in mikrobielle Zellen. Ihr multidisziplinärer Charakter beinhaltet gleichzeitig eine neue Dimension breit gefächerter Anwendungsmöglichkeiten, die von der Grundlagenforschung über verschiedene Gebiete der industriellen Praxis bis hin zum Umweltschutz reichen.

1.1 Was versteht man unter Biotechnologie ?

Der in der Mitte der 70er Jahre geprägte Begriff umschreibt das Zusammenwirken verschiedener natur- und ingenieurwissenschaftlicher Disziplinen. Als ein wesentlicher Vorläufer der Biotechnologie wird die technische Mikrobiologie angesehen. Durch den gewaltigen Fortschritt in Forschung und Entwicklung sind in den letzten Jahren weitere Gebiete hinzugekommen.

Es gibt zahlreiche **Definitionen** für den Begriff Biotechnologie. Nach einer von der „European Federation of Biotechnology" 1980 erarbeiteten Version versteht man darunter *„die technische Nutzung des Potentials von Mikroorganismen, pflanzlichen und tierischen Zellen sowie von Teilen dieser zum Zwecke der Produktsynthese oder Stoffwandlung"*. Sie ist eine interdisziplinäre Wissenschaft, die Elemente der Biologie, Chemie und Technik sowie der angrenzenden Gebiete Biochemie, Bio- und Chemische Verfahrenstechnik miteinander verbindet.

Ziel der Biotechnologie ist es, Produktherstellung und Stoffwandlungsprozesse unter möglichst optimalen Bedingungen ablaufen zu lassen. Als Einsatzgebiete biologischer Systeme kommen vor allem Nahrungs- und Genußmittelproduktion, Chemische Industrie, Pharmaindustrie, Medizin, Energiewirtschaft, Bergbau und Hüttenwesen, Landwirtschaft sowie der Umweltsektor in Betracht.

1.2 Wie hat sie sich historisch entwickelt ?

Die Geschichte der Biotechnologie reicht bis in die Urzeiten zurück, wo sich die Menschen bereits unbewußt bestimmter Leistungen und Eigenschaften von Mikroorganismen bedient haben. Zu den ersten Produkten, die mit einfachen biotechnologischen Methoden hergestellt wurden, zählen vermutlich alkoholische Getränke. Die empirisch entwickelten einfachen Gärverfahren bildeten z. T. die Ausgangsbasis für deren heutige Produktionsverfahren.

Auch die Erzeugung verschiedener **Nahrungsmittel** beruht auf empirischen Erfahrungen, welche die Menschen teilweise schon vor Jahrtausenden gemacht haben. Dies betrifft beispielsweise die Herstellung von Sauerkraut mit Hilfe von Milchsäurebakterien, die Verwendung von Hefe für Backwaren, die Produktion von Käse mittels Kälberlab und verschiedener Mikroorganismen sowie die Erzeugung von Essig aus Weinmaische durch Essigsäurebakterien (Tab. 1-1).

Tab. 1-1: Entwicklungsetappen der Biotechnologie

Zeitraum	Entwicklungen, Verfahren	Produktbeispiele
Prä-Pasteur-Ära bis 1865	Unbewußte Nutzung mikrobieller Prozesse zur Herstellung von Lebensmitteln durch Gärung	Brot, Käse, Bier, Essig, Joghurt
Pasteur-Ära 1866 - 1940	Bewußte Nutzung mikrobieller Prozesse zur Produktgewinnung; Oberflächen-Verfahren ohne absoluten Ausschluß von Fremdkeimen; aerobe Abwasserklärung	Ethanol, Aceton, Butanol, Glycerol, Citronensäure, Bäcker- und Futterhefe
Pharmazeutik-Ära 1941 - 1960	Wissenschaftliche Durchdringung mikrobieller Stoffwechselprozesse; Entdeckung der Gene; Submersverfahren unter Sterilbedingungen; tierische Zellkultur; Steroidtransformation	Penicillin u. a. Antibiotika, Virus-Impfstoffe, Ovulationshemmer, Vitamin B_{12}
Post-Pharmazeutik-Ära 1961 - 1975	Nutzung von Forschungsergebnissen aus Naturwissenschaft und Technik; mikrobielle Herstellung von Biopolymeren; Immobilisierung von Enzymen und Zellen; industrielle Nutzung von Enzymen; anaerobe Abwasserklärung	Enzyme, Einzellerprotein, Aminosäuren, Polysaccharide, Fructosesirup, Biogas
Ära der neuen Biotechnologie ab 1976	Große Fortschritte in Mikrobiologie, Biochemie, Gentechnik, Bioprozeß- und Hybridoma-Technik; gezielter Eingriff in die genetische Substanz; Computer-gesteuerte Bioprozesse	rekombinante Mikroorganismen, mikrobielle Humanproteine, monoklonale Antikörper

Obwohl ANTONI VAN LEEUWENHOEK bereits 1676 **Mikroorganismen** als einfach gebaute Kleinstlebewesen entdeckte, wurden diese erst im 19. Jh. als die Verursacher biotechnologischer Fermentationsprozesse erkannt. Insbesondere LOUIS PASTEUR und ROBERT KOCH schufen sodann die Grundlagen für eine im Zusammenhang mit der beginnenden Industrialisierung rasch aufblühenden **Fermentationstechnik**. Aufbauend auf empirischen Erkenntnissen wurde durch Einstellung spez. Kulturparameter versucht, die Lebensbedingungen erwünschter

Mikroorganismen möglichst günstig zu gestalten und störende Keime zu unterdrücken. Die wichtigsten Produkte dieser Zeit waren Milchsäure, Citronensäure, Ethanol, Butanol, Glycerol, Aceton sowie Back- und Futterhefe. Ende des 19. Jh. wurden in europäischen Großstädten die ersten Kläranlagen gebaut und die kontinuierliche Verfahrensführung etabliert.

Mit der Entdeckung des Penicillins durch ALEXANDER FLEMING 1928/29 begann die Ära der fermentationstechnischen Gewinnung von **Antibiotika**. Da das Penicillin jedoch von verschiedenen Mikroorganismen inaktiviert wird, wurde für eine störungsfreie großtechnische Produktion die Einführung der Steriltechnik erforderlich. Um einen sicheren Ausschluß unerwünschter Fremdkeime im Fermentor zu gewährleisten, war es notwendig, das Verständnis für die Stoffwechselvorgänge der Mikroorganismen zu vertiefen sowie die verfahrenstechnischen Anlagen zu verfeinern. Damit wurden die Voraussetzungen geschaffen, auch andere anspruchsvollere und kostenintensivere pharmazeutische Produkte, wie Impfstoffe, Steroidhormone und Vitamine, herzustellen.

Intensive Grundlagenforschung in allen Teildisziplinen der Biotechnologie führte sowohl zu einer wesentlichen Ausbeutesteigerung der bekannten als auch zur Gewinnung neuer Fermentationsprodukte. Von besonderer Bedeutung war die Aufnahme der Massenproduktion von **Enzymen** mit Hilfe von Mikroorganismen Anfang der 60er Jahre. Diese auch als Biokatalysatoren bezeichneten Substanzen beschleunigen chemische Umwandlungsprozesse. Sie werden in vielfältiger Weise in der Lebensmittelproduktion, bei der Herstellung von Waschmitteln, in der Chemischen Industrie und auf anderen Gebieten eingesetzt (s. Abschn. 4).

Eine starke Entwicklung in dieser Zeit nahm ferner die großtechnische Produktion von mikrobiellem Eiweiß auf der Basis von Mineralöl. Dieses auch als **Einzellerprotein** oder SCP (single cell protein) bezeichnete Produkt wurde vor allem als Tierfutter eingesetzt. Wegen der Ölkrise in den 70er Jahren kamen in der Folgezeit jedoch verstärkt andere Substrate, wie Methanol und nachwachsende Rohstoffe, als Energiequelle und Ausgangsprodukte für die Fermentations- und Chemische Industrie zur Anwendung. Als weiteres Beispiel sei die fermentative Herstellung von Treibstoff-Ethanol (Gasohol) aus Zuckerrohr angeführt, die besonders in Brasilien großen Umfang angenommen hat.

Mit steigendem Umweltbewußtsein hat auch die Nutzung biotechnologischer Prozesse im **Umweltsektor** größere Aufmerksamkeit gewonnen. So können beispielsweise große Mengen landwirtschaftlicher Abprodukte, wie Gülle oder Abwässer industrieller und kommunaler Einrichtungen, in speziellen Faultürmen zu Biogas und damit zur Energiegewinnung verwendet werden.

Die bedeutsamste Entwicklung der Biotechnologie in neuerer Zeit wurde mit der Entwicklung **gentechnischer Methoden** Mitte der 70er Jahre eingeleitet. Da der genetische Code (s. Abschn. 2.2.4) für alle Organismen gleich ist, eröffnet sich die

Möglichkeit, Erbsubstanz für bestimmte Funktionen und Eigenschaften über Artgrenzen hinweg auszutauschen. Auf diese Weise können Mikroorganismen Produkte höherer Organismen (z. B. Hormone, Enzyme) synthetisieren.

Von großer Tragweite ist ferner die Entwicklung der **Hybridoma-Technik**, mit deren Hilfe man beliebige Mengen körpereigener Proteine (z. B. monoclonale Antikörper) herstellen kann. Da sich diese Antikörper nur an bestimmte Stoffe anlagern, kommen sie in der klinischen Diagnostik sowie bei der Reinigung biologischer Produkte (z. B. Interferon, Blutgerinnungsfaktoren) zum Einsatz.

Auch auf dem **verfahrenstechnischen Sektor** sind Fortschritte zu verzeichnen. In steigendem Maße werden für biotechnologische Prozesse mathematische Modelle entwickelt, die eine Vorhersage von Fermentationsabläufen sowie optimale Bioreaktor-Konstruktionen ermöglichen. Der Fermentationsprozeß selbst läßt sich mittels Computerprogrammen kontrollieren und steuern.

1.3   Worin liegt ihre wirtschaftliche Bedeutung ?

Die Biotechnologie leistet einen wesentlichen Beitrag zur Befriedigung der materiellen Bedürfnisse und der Gesunderhaltung des Menschen sowie zum Schutz seiner Umwelt. Dabei soll nicht übersehen werden, daß gerade mit den neuen Biotechnologiegebieten einige Risiken verbunden sind (s. Abschn. 3.5.4.3). Die **Vorteile** biotechnologischer Verfahren und Produkte sind vielfältiger Natur. Einige wesentliche sind in Tab. 1-2 zusammengestellt.

Tab. 1-2: Vorteile biotechnologischer Verfahren

Effekt	Beispiele
Produktivitätssteigerung	- 500 kg Hefe erzeugen ca. 500 t, 500 kg-Rind ca. 500 g Eiweiß/Tag - unbegrenzte Produktion von Labenzym mit gentechnisch modifizierten Mikroorganismen
Qualitätsverbesserung	- Erhalt von Wertstoffen (z. B. Vitamine) durch enzymatischen Aufschluß von Obst und Gemüse - Verbesserung von Geschmack und Rösche bei Waffeln durch enzymatische Behandlung von Mehl
Materialeinsparung	- Effektivere Rohstoffausnutzung durch Gewinnung von Kupfer aus Armerzen mittels Laugung
Minderung der Umwelt-Belastung	- Verwertung von Abprodukten (z. B. Gülle für die Biogasproduktion) - Abbau von Schadstoffen (z. B. Toxine im Boden)

Hinsichtlich des **Marktvolumens** biotechnologischer Entwicklungen gibt es stark voneinander abweichende Schätzungen, die aus unterschiedlichen Abgrenzungen der Gebiete resultieren. Es zeichnet sich jedoch ab, daß derzeitig noch der größte Nutzen auf dem Nahrungs- und Genußmittelsektor sowie im Umweltschutz entsteht. Eine Einschätzung der zukünftigen Entwicklung ist nur mit großem Vorbehalt möglich. Mit Sicherheit wird sich der Gewinn aus biotechnologischen Produkten und Leistungen generell wesentlich erhöhen. Vor allem auf dem Pharma- und Umweltsektor ist mit einer starken Zunahme zu rechnen.

Bei Nahrungs- und Genußmitteln hängt die weitere Produktionssteigerung sehr davon ab, inwieweit die noch bestehenden Vorbehalte gegenüber der Gentechnik abgebaut werden können. Eine grobe Übersicht über den Nutzen verschiedener Anwendungen vermittelt Tab. 1-3.

Tab. 1-3: Geschätzter Wert biotechnologischer Produkte der wichtigsten Applikationsgebiete

Applikations-gebiet	Produktbeispiele	Wert (US-Dollar)	
		pro t	Gesamt (Mrd.)
Nahrungs- und Genußmittel-Industrie	Getränke (Bier, Wein u. a.), Fleisch- und Fischprodukte, Backwarenzusätze (z. B. Hefe), Lebensmittelzusätze (Antioxidantien, Farb- und Geschmackstoffe u. a.), Vitamine, Stärkeprodukte	500 - 7000	280
Umweltschutz	Abwasserreinigung, Abfallverwertung, Beseitigung von Ölverschmutzungen	1 - 300	250
Pharma-Industrie	Antibiotika, Diagnostika (Antikörper u. a.) Vakzine, Steroide, Vitamine, Alkaloide	0,05 - 20 Mio.	15
Chemie-Industrie	Grundchemikalien/Massenprodukte: Ethanol, Aceton, Butanol, Glucose u. a. Feinchemikalien: Enzyme, Duftstoffe u. a.	500 - 5000	5
Landwirtschaft	Futterzusätze, Vakzine, Biopestizide, Silage, Wuchsstoffe, Kompost	100 - 500000	2
Energiesektor	Ethanol, Biomasse als Ausgangsstoff	500 - 2000	1,5

2 Mikrobiologische Grundlagen

2.1 Bedeutung der Mikroorganismen für die Natur

Im Stoffkreislauf zwischen belebter und unbelebter Natur spielen Mikroorganismen
eine bedeutende Rolle. Aufgrund ihrer Abbauleistungen sind sie in der Lage, die von
allen Lebewesen gebildeten organischen Substanzen wieder in ihre mineralischen
Ausgangsstoffe zu zersetzen und hierdurch die Neusynthese von mikrobieller,
pflanzlicher und tierischer Biomasse zu sichern. In Fig. 2-1 sind diese
Zusammenhänge schematisch dargestellt.

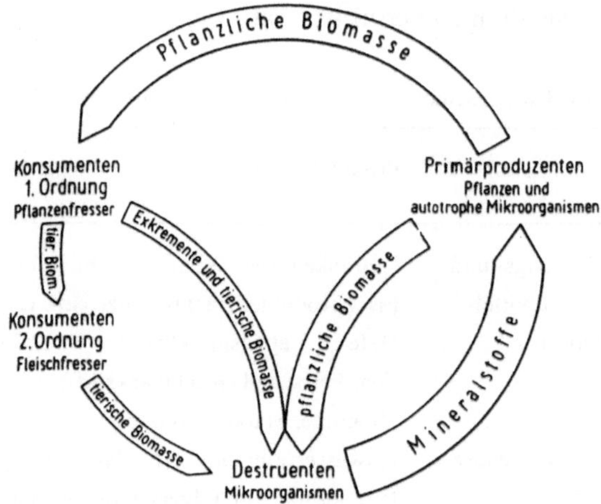

Fig. 2-1: Rolle der Mikroorganismen im
Stoffkreislauf der Erde (FRITSCHE, 1990)

Autotrophe Mikroorganismen sind wie die Pflanzen in der **Nahrungskette**
Primärproduzenten, die aus CO_2 und Wasser unter Nutzung von Sonnenenergie
Biomasse bilden. Im Vergleich zu den Pflanzen ist ihr Anteil aber relativ gering. Die
Hauptrolle im Stoffkreislauf spielen die **heterotrophen Mikroorganismen**, die für
die Mineralisierung der Biomasse verantwortlich sind. Einen Teil der
Abbauprodukte nutzen sie als Konsumenten für den eigenen Stoffwechsel.
Mikroorganismen tragen somit zum Gleichgewicht von Auf- und Abbauprozessen
bei, die sich im Verlaufe der erdgeschichtlichen Entwicklung herausgebildet haben.
Die Bewahrung dieses Gleichgewichtes sichert das Leben der Organismen auf der
Erde. Durch verschiedene Einflüsse wird das **ökologische Gleichgewicht** jedoch in
steigendem Maße gestört. Erste negative Auswirkungen dieser Entwicklung sind die
Abnahme von Fischbeständen in verschmutzten Gewässern, das Waldsterben,
zunehmende Erkrankungen durch Luftverschmutzungen u. a. m. Die Auswirkungen
der schädlichen Einflüsse auf die Umwelt sind bisher zu wenig beachtet und

erforscht worden. Um diese Entwicklung aufzuhalten, müssen schnellstens umfassende Gegenmaßnahmen ergriffen werden.

Die Mineralisierung der organischen Substanz durch Mikroorganismen führt unter aeroben Bedingungen zu den Endprodukten **CO_2** und Wasser. Davon entfallen etwa 70 % auf mikrobielle Tätigkeit. Da durch die Photosynthese der Pflanzen und anderer Kleinstlebewesen die gleiche CO_2-Menge wieder gebunden wird, besteht normalerweise ein natürliches Gleichgewicht im Kohlenstoffkreislauf. Durch die Verbrennung fossiler Rohstoffe (Erdöl, Kohle, Erdgas) nimmt jedoch die CO_2-Konzentration in der Atmosphäre stetig zu (zwischen 1900 - 1979 von 0,0292 auf 0,0333 Vol-%). Da die zusätzliche CO_2-Menge durch Photosynthese und Pufferkapazität der Ozeane nicht kompensiert werden kann, trägt diese Entwicklung wesentlich zum Treibhauseffekt bei.

Der **Treibhauseffekt** beruht darauf, daß kurzwellige Sonnenstrahlen auf der Erdoberfläche in Wärmeenergie umgewandelt werden, welche als langwellige „terrestrische Strahlung" wieder in die Atmosphäre entweicht. Die in der Atmosphäre vorhandenen sog. Treibhausgase (CO_2, CH_4, CO, N_2O, NO_x, Ozon, FCKW u. a.) absorbieren die „terrestrische Strahlung", wobei Wärme freigesetzt wird. Diese Wärme strahlt teilweise auf die Erde zurück und verursacht eine Temperaturerhöhung. Der natürliche Treibhauseffekt bewirkt, daß in Bodennähe eine durchschnittliche Temperatur von ca. 15 °C vorherrscht. Ohne die Treibhausgase läge die Temperatur auf der Erdoberfläche bei -18 °C. Die vom Menschen verursachten (anthropogenen) Emissionen an Treibhausgasen verstärken den Treibhauseffekt und haben in den letzten 100 Jahren zu einem Temperaturanstieg von 0,5 °C geführt. Hält diese Entwicklung an, wird mit schwerwiegenden Veränderungen in der Großwetterlage und der Lebensverhältnisse auf der Erde (z. B. Beschleunigung des Wasserkreislaufes, Versteppung in Europa, Abschmelzen der Polkappen) gerechnet.

Die Mineralisierung organischer Stoffe kann unter *aeroben* und *anaeroben* Lebensbedingungen erfolgen. Zu den anaeroben Vorgängen zählt auch die **Methanogenese**, bei der als wichtigste Abbauprodukte CO_2 und CH_4 anfallen.

Etwa 1 % der organischen Substanz wird durch diesen Prozeß mineralisiert. Die jährlich in die Atmosphäre entweichende Methanmenge beträgt ca. $1 \cdot 10^9$ t. Davon entfallen 75 % auf mikrobielle Prozesse, welche in Reisfeldern, Sümpfen, Deponien, Wiederkäuerpansen und im Termitendarm stattfinden. Etwa 10 % entstammen industriellen Vorgängen (z. B. Verbrennungsprozesse, undichte Erdgasleitungen). Das in die Atmosphäre aufsteigende Methan wird durch photochemische Oxidation in CO_2 umgewandelt. Ein Teil des im Schlamm von Gewässern gebildeten Methans wird von aeroben Bakterien assimiliert, welche im Wasser leben.

Auch an der Aufrechterhaltung des **Stickstoffkreislaufes** sind Mikroorganismen entscheidend beteiligt. Der in den Organismen in Form von Nucleinsäuren, Protein u. a. Komponenten vorliegende Stickstoff wird durch aerobe und anaerobe Abbauprozesse von Mikroorganismen zu *Ammonium* mineralisiert.

Ein Teil des NH_4^+ wird als Stickstoffquelle von den Pflanzen sofort wieder assimiliert. der größere Teil dient den im Boden lebenden nitrifizierenden Bakterien als Energiequelle. Sie oxidieren NH_4^+ zu *Nitrit* (NO_2^-) und anschließend zu *Nitrat* (NO_3^-). Letzteres wird von den Pflanzen ebenfalls als N-Quelle verwertet. In landwirtschaftlich genutzten Böden werden etwa 90 % des NH_4^+ zu NO_3^- umgewandelt. Da NO_3^- schwächer als NH_4^+ an Bodenkolloide gebunden wird. führt dies zu **N-Verlusten** durch Auswaschungen. Bei einer Düngung von ca. 100 - 200 kg N/a und ha entspricht dies auf leichten Böden einem Jahresverlust von etwa 50 kg N/a ha.

Unter anaeroben Bedingungen (z. B. nasse Böden, Gewässer) wird NO_3^- durch *Denitrifikation* und *Nitratatmung* von Mikroorganismen zu N_2 und N_2O reduziert. Dazu tragen u. a. im Boden lebende Mikroorganismen (z. B. *Pseudomonas*-Arten) bei, indem sie NO_3^- als Wasserstoffakzeptor nutzen. Die Denitrifikation führt ebenfalls zu N-Verlusten im Boden.

Mit der Intensivierung der Landwirtschaft und industriellen Produktion verstärkten sich die **Eingriffe des Menschen** in den globalen N-Kreislauf durch

     - *N-Düngemittel*: vor allem Eutrophierung der Gewässer durch NO_3^- -Anreicherung.

     - *Verbrennungsprozesse*: N_2O, NO_x schädigen Ozonschicht,

     - *Massentierhaltung*: NH_3 verursacht Waldschäden.

Auch hier sind Maßnahmen zu ergreifen, um diesen Prozeß aufzuhalten.

Phosphor ist ein wesentlicher Bestandteil von Nucleinsäuren, Phosphorlipiden, energiereichen Verbindungen (z. B. ATP) sowie anderer Zellbestandteile und unterliegt ebenfalls einem Rezirkulationsprozeß.

In der Biomasse enthaltener P wird z. T. durch Phosphatasen als **lösliches Orthophosphat** freigesetzt und steht für die Assimilation wieder zur Verfügung. Ein großer Teil des P ist jedoch in schwer löslichen organischen und anorganischen Verbindungen fixiert und dadurch für den Stoffwechsel der Organismen nicht verfügbar. Durch mikrobielle Enzyme (z. B. Phytase. Phosphatasen) sowie organische Säuren (z. B. Citronensäure) werden geringe Mengen des P wieder mobilisiert. An diesem Prozeß sind verschiedene Bakterien (z. B. *Pseudomonas*- und *Bacillus*-Arten) sowie Pilze (z. B. *Aspergillus*-Arten) beteiligt.

Durch die **Phosphatdüngung** landwirtschaftlich genutzter Ackerflächen kommt es zu einem Anstieg des P-Gehaltes im Boden, da dieser überwiegend in Form schwerlöslicher Ca- und Mg-Salze vorliegt und nicht pflanzenverfügbar ist. Durch Einsatz geeigneter Mikroorganismen ist es möglich, diese P-Reserven zu mobilisieren.

2.2   Struktur und Funktion der Mikrobenzelle

2.2.1   Welche Besonderheiten weisen Mikroorganismen auf ?

Beschaffenheit. Mikroorganismen sind ein- oder wenigzellige Organismen, die kein Gewebe ausbilden. Ihre geringe Größe, schnelle Vermehrungrate und intensive

Stoffwechseltätigkeit sind für sie charakteristische Eigenschaften. Aufgrund ihres Zellaufbaus unterscheidet man zwischen Pro- und Eukaryoten.

Prokaryoten sind Organismen mit einfachem Zellaufbau; ihre Zelle wird Protocyte genannt. Ihnen werden Bakterien und Cyanobakterien zugeordnet. Als **Eukaryoten** werden Organismen mit komplexerem Zellaufbau bezeichnet; ihre Zelle nennt man Eucyte. Zu ihnen gehören Protozoen, Pilze, Pflanzen und Tiere. Pro- und Eukaryoten unterscheiden sich in einer Vielzahl von strukturellen und funktionellen Eigenschaften. Einige davon weist Tab. 2-1 aus.

Tab. 2-1: Wesentliche Eigenschaften pro- und eukaryotischer Zellen (Durchschnittswerte)

Merkmal	Bakterien	Hefen	Pflanzen- und Tierzellen
Kompartimente	-	+	+
Durchmesser (μm)	1	10	100
Volumen (μm^3)	1	1000	>10000
Atmung (μl O$_2$/mg TS·h)	1000	100	10
Generationszeit (h)	0.2 - 1	2 - 10	ca. 20 und mehr
Gene	4000	20000	>50000

Im Gegensatz zu Protocyten sind Eucyten in **Kompartimente** unterteilt, die eine strukturelle Aufgliederung des Zellinneren in funktionell unterschiedliche Räume durch Membranen darstellen. Da das Kernmaterial bei eukaryotischen Zellen von einer Membran umgeben ist, spricht man von einem „echten" Kern (griech. eukaryon). Bei der Protocyte ist der Kern vom umgebenden Cytoplasma nicht abgegrenzt. Weitere Zellkompartimente der Eucyte sind Mitochondrien, Chloroplasten, Golgi-Apparat und das endoplasmatische Retikulum.

Deutliche Unterschiede gibt es auch in der **Zellgröße**. Während Protocyten im allgemeinen eine Durchmesser von 1 - 5 μm aufweisen, beträgt dieser bei Eucyten ca. 10 - 100 μm. Dies schlägt sich auch im Zellvolumen nieder. Neben den strukturellen Besonderheiten beider Organismengruppen bestehen ferner große Unterschiede im Gehalt an genetischer Substanz. Mikroorganismen treten in vielfältigen Formen auf. Beispiele dafür enthält Fig. 2-2.

Leistungsvermögen. Wegen ihrer geringen Größe besitzen Mikroorganismen ein hohes Oberflächen/Volumen-Verhältnis, welches intensive Wechselwirkungen mit der Umwelt ermöglicht. Diese und geringe Transportwege in der Zelle führen zu hohen **Stoffwechselleistungen**, die im Vergleich zu Zellen höherer Eukaryoten bei Bakterien etwa 100mal intensiver ablaufen (s. Tab. 2-1).

So können einige Bakterien in 1 h das 1000fache ihres Körpergewichtes an Substrat (z. B. Lactose) verstoffwechseln. Ein Mensch benötigt dafür mindestens 30 Jahre. Die hohe

Stoffwechselintensität wirkt sich auch auf Wachstum und Zellteilung aus. Während sich einige Bakterien (z. B. *E. coli*) bereits nach 20 min teilen, benötigen Hefen Stunden.

Anpassungsfähigkeit. Um sich an wechselnde Umweltbedingungen anzupassen, besitzen Mikroorganismen mehrere Möglichkeiten:

a.) Regulation der Enzymsynthese

Wegen ihrer geringen Größe können Mikroorganismenzellen nur einige Enzyme ständig bilden. Diese sog. **konstitutiven Enzyme** dienen zur Aufrechterhaltung der minimalen Lebenstätigkeit. Andere Enzyme werden in Abhängigkeit vom Nährstoffangebot gebildet. Dafür besitzen die Zellen spezifische Mechanismen, die in Abschn. 2.4.6 ausführlich behandelt werden.

b.) Verwertung eines breiten Substratspektrums

Die meisten Mikroorganismen sind in der Lage, verschiedene Substrate zu metabolisieren. *Pseudomonas putida* kann beispielsweise ca. 80 verschiedene Substrate als C- Quelle verwerten.

c.) Anpassung an verschiedene Substratkonzentrationen

Es gibt Bakterien, die zwei **Assimilationssysteme** für NH_4^+ entwickelt haben: ein energiesparendes für niedere und ein energieaufwendigeres für höhere Konzentrationen. Auch die **Zellform** kann in Abhängigkeit vom Nährstoffangebot verändert werden (z. B. *Endomycopsis bispora*: einzellige Hefeform bei C-Mangel, Hyphenform bei C-Überangebot)

d.) Anpassung an aerobe und anaerobe Lebensbedingungen

Einige Mikroorganismen (z. B. *E. coli, S. cerevisiae*) haben die Fähigkeit entwickelt, bei Sauerstoff-Mangel den Stoffwechsel von Atmung auf Gärung umzustellen.

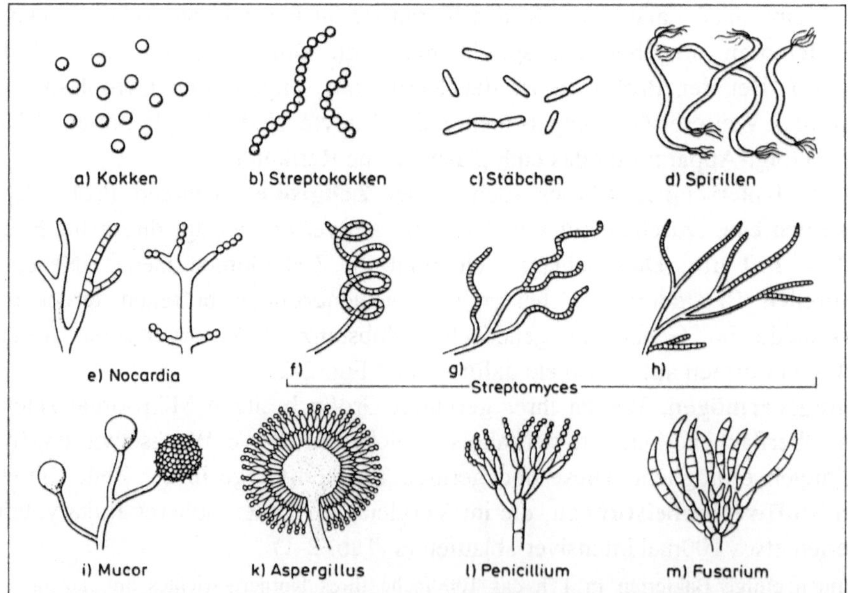

Fig. 2-2: Ausgewählte Formen von Mikroorganismen (DIEKMANN u. METZ, 1991)

Im Verlaufe der evolutionären Entwicklung haben sich die Mikroorganismen alle Lebensräume auf der Erde erschlossen. Dies kommt in der Vielfalt der unterschiedlichen Lebensweisen zum Ausdruck (Tab. 2-2).

Außer zahlreichen organischen Verbindungen (z. B. Zucker, organische Säuren), welche den Mikroorganismen häufig sowohl als **Energie-** als auch als **C-Quelle** dienen (organo-heterotrophe Lebensweise), werden von einigen anorganische Substanzen (z. B. H_2, NH_4^+, Fe^{2+}) zur Energiegewinnung genutzt. Letztere sind auf die Verwertung von CO_2 als C-Quelle angewiesen (autotrophe Lebensweise). Phototrophe Mikroorganismen sind wie Pflanzen in der Lage, Licht als Energiequelle zu verwenden.

Tab. 2-2: Verschiedene Lebensweisen von Mikroorganismen

Lebensbedingung		Beispiele (Mikroorganismen)	Bezeichnung der Lebensweise
1.) Energiequelle	- organische Substanz	Aspergillen, *E.coli*	organotroph
	- anorganische Substanz	Schwefelbakterien	lithotroph
	- Licht	Cyanobakterien	phototroph
2.) C-Quelle	- organische Substanz	Actinomyzeten	heterotroph
	- CO_2	Cyanobakterien	autotroph
3.) Sauerstoff	- vorhanden	Aspergillen, Bazillen	aerob
	- abwesend	Clostridien	anaerob
4.) pH-Milieu	- sauer	Lactobazillen	acidophil
	- basisch	Bazillen	alkalophil
5) Temperatur	- 0 - 20 °C	Leuchtbakterien	psychrophil
	- 20 - 40 °C	Enterobakterien	mesophil
	- 50 - 100 °C	Bazillen	thermophil
6.) Wechselwirkung mit anderen Organismen	- kooperativ	Knöllchenbakterien	symbiontisch
	- antagonistisch	Agrobakterien	parasitisch

Einige Mikroben sind fähig, in Wechselwirkung mit anderen Organismen ihren Nährstoffbedarf zu decken. Geschieht dies zum gegenseitigen Vorteil, ist es eine **Symbiose** (z. B. Knöllchenbakterien in Leguminosenwurzeln). Erfolgt dies zum Nachteil des Wirtes, handelt es sich um **Parasitismus**. Bei Verwertung abgestorbener Substanz liegt eine saprophytische Lebensweise vor.

Auch Lebensräume mit **extremen Bedingungen** sind vor der mikrobiellen Besiedelung nicht verschont geblieben. So gibt es eine Vielzahl von Arten, die in An- oder Abwesenheit von Sauerstoff, bei niedrigen oder hohen Temperaturen, unter extremen pH-Verhältnissen oder auch bei hohen Salz- und Zuckerkonzentrationen leben können. Erst in neuerer Zeit hat man in heißen

S-haltigen Quellen, in denen man kein Leben vermutet hat, Archaebakterien entdeckt. Auch Mikroorganismen mit bislang nicht bekannten Abbauleistungen (z. B. Abbau aromatischer KW unter anaeroben Bedingungen) und Produktsynthesen (z. B. neue Antibiotika) wurden isoliert.

2.2.2   Wie ist eine prokaryotische Zelle aufgebaut ?

Mit 0,3 µm im Durchmesser zählen *Mycoplasma*-Arten, die als zellwandlose Parasiten in Eukaryotenzellen leben, zu den kleinsten prokaryotischen Organismen. Das stäbchenförmige Darmbakterium *E. coli* weist mit 0,5·2µm ein mittleres Maß auf. Die mit Abstand größten Zellen (5·12 µm) findet man unter den Cyanobakterien (z. B. *Gloeocopsa sp.*).
Die **chemische Zusammensetzung** einer typischen Protocyte wird am Beispiel von *E. coli* in Tab. 2-3 verdeutlicht. Im allgemeinen bestehen Zellen aus 70 % Wasser und 30 % Trockensubstanz. Der Durchschnittsgehalt der *Hauptelemente* beträgt: 50 % C, 14 % N, 8 % H, 3 % P, 1 % S, 1 % K, 0,5 % Ca, 0,2 % Fe.

Tab. 2-3: Chemische Zusammensetzung einer typischen Protocyte (FRITSCHE. 1990)

Komponente	% der TS	Molmasse	Anzahl/Zelle
Desoxyribonucleinsäure (DNA)	3 - 4	$2{,}5 \cdot 10^9$	2
Ribonucleinsäure (RNA)	15 - 20		
- messenger RNA (mRNA)	13 - 18	150000	12000
- transfer RNA (tRNA)	2	25000	200000
- ribosomale RNA (rRNA)	1	1000000	1000
Proteine	50	40000	1000000
Lipide	5	750	2000000
Zellwandpolymere	20	-	-
niedermolekulare Bausteine (z. B. Aminosäuren)	5	150	3000000
anorganische Ionen	1	40	10000000

Der **Aufbau einer Bakterienzelle** ist Fig. 2-3 zu entnehmen. Träger der Erbsubstanz ist das **Kernäquivalent**. Das ringförmige und doppelsträngige DNA-Molekül liegt im Cytoplasma in zusammengeknäulter Form vor. Es hat bei *E. coli* eine Gesamtlänge von 1200 µm und enthält etwa 4 000 Gene. Davon sind bisher ca. 1000 Gene, die Enzymproteine codieren, identifiziert. Ein Großteil der anderen Gene ist für Regulatorproteine zuständig. Beim *Mycoplasma*-Genom wurden ca. 700 Gene ermittelt. Die Erbsubstanz von Actinomyzeten mit einem ausgeprägten Sekundärstoffwechsel umfaßt etwa 12000 Gene. Der *DNA-Gehalt* einer

Bakterienzelle mit kurzer Generationszeit bewegt sich zwischen 3 - 4 %, da häufig mehrere Kerne unterschiedlichen Alters gleichzeitig vorliegen.

Träger extrachromosomaler Erbinformationen (bis zu 50 Gene) sind kleine, zirkuläre und doppelsträngige DNA-Moleküle, die **Plasmide**. Im Gegensatz zum Kernäquivalent sind sie nicht lebensnotwendig, bewirken aber in der Natur einen Selektionsvorteil. Vor allem Gene, die für die Resistenz gegenüber Antibiotika, Quecksilber, Fremdstoffen u. a. Substanzen verantwortlich sind, hat man auf ihnen nachgewiesen. Auf sog. *Virulenzplasmiden* sind genetische Informationen für die Bildung von Enterotoxinen verschiedener Krankheitserreger, für die Tumorbildung des Phytobakteriums *Agrobacterium tumefaciens* sowie für die Synthese von Bakteriocinen (Proteine, die verwandte Arten abtöten) lokalisiert.

Plasmide können einzeln (bei strenger Kontrolle durch den Kern erfolgt deren Teilung synchron mit der Kern-DNA) aber auch in mehreren 100 Kopien (Teilung findet unabhängig von der Kern-DNA statt) pro Zelle vorkommen. Sie spielen in der Evolution der Mikroorganismen eine bedeutende Rolle, weil sie den horizontalen Gentransfer zwischen Arten ermöglichen. In der Gentechnik werden sie u. a. als Überträger (Vektoren) genetischer Informationen in Zellen eingesetzt.

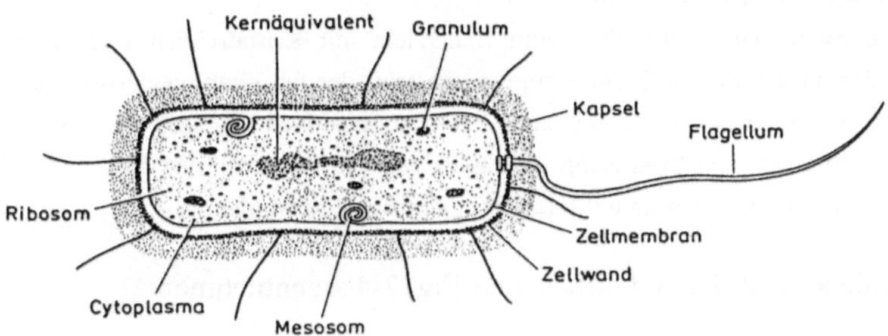

Fig. 2-3: Aufbauschema einer Protocyte (DIEKMANN u. METZ, 1991)

Cytoplasma besteht aus zwei Fraktionen, der löslichen und der Partikelfraktion. Erstere enthält Enzyme, RNA und niedermolekulare Stoffwechselprodukte. Sie werden in nachfolgenden Abschnitten ausführlich behandelt. Die Partikelfraktion umfaßt vor allem die **Ribosomen**. Bei Prokaryoten haben sie eine Größe von 20 - 24 nm. Sie bestehen aus zwei verschieden großen Untereinheiten und setzen sich chemisch aus 60 % RNA und 40 % Protein zusammen. Die Ribosomenzahl pro Zelle ist von der Wachstumsrate abhängig. Langsam wachsende Zellen enthalten ca. 5000, schnell wachsende hingegen bis zu 50000.

Über die **Mesosomen** gibt es unklare Vorstellungen. Die spiralförmig aufgerollten Einstülpungen der Cytoplasmamembran treten vorwiegend in der Nähe von Querwänden auf. Da sie Enzyme enthalten sollen, vermutet man ihre Mitwirkung bei der Zellteilung.

Die aus zwei Schichten von Phospholipiden aufgebaute **Zellmembran** umschließt das Cytoplasma. Die Phospholipide bestehen aus einem polaren, hydrophilen Kopfteil, der bei der Membran nach außen gerichtet ist, und einem nach innen gerichteten lipophilen Schwanzteil. Im Kopfteil sind Phosphatidylethanolamin und Phosphatidylglycerol, im Schwanzteil überwiegend C_{16} - C_{18}-Fettsäuren (z. B. Palmitin-, Stearin-, Öl-, Linol- und Linolensäure) enthalten. Die FS-Zusammensetzung der Membran wird von der Umgebungstemperatur sehr beeinflußt. Bei niederen Temperaturen ist der Anteil ungesättigter Fettsäuren (UFS) erhöht, um die Membranfluidität zu erhalten. In die Membran integriert oder auf ihr aufliegend befinden sich verschiedene Proteine, die u. a. für Transportvorgänge (z. B. das Permeasesystem) bzw. für die Energiegewinnung (z. B. mittels ATP-Synthetase) verantwortlich sind.

Durch die **Zellwand** erhält die Zelle Form, Schutz und Festigkeit. Ihre Hauptkomponente ist meistens ein aus Zuckerderivaten und Peptiden bestehendes Heteropolymer, welches als *Peptidoglycan* oder *Murein* bezeichnet wird. Aufgrund unterschiedlichen Verhaltens der Zellwand bei einer nach dem dänischen Pathologen GRAM benannten Färbeprozedur unterscheidet man bei den Eubakterien zwei Gruppen, Gram-positive und Gram-negative.

Die **Gramfärbung** beruht darauf, daß beim Behandeln mit Kristallviolett und anschließender Fixierung mit Jod in der Zellwand ein Komplex entsteht, der bei Gram-negativen Bakterien mit Ethanol wieder herausgewaschen werden kann, bei Gram-positiven hingegen nicht. Gram-positive erscheinen deshalb unter dem Mikroskop blau gefärbt. Gram-negative sind zunächst farblos und können zur besseren Differenzierung mit Fuchsinrot gegengefärbt werden.

Die Unterschiede im Zellwandaufbau sind Fig. 2-4 zu entnehmen.

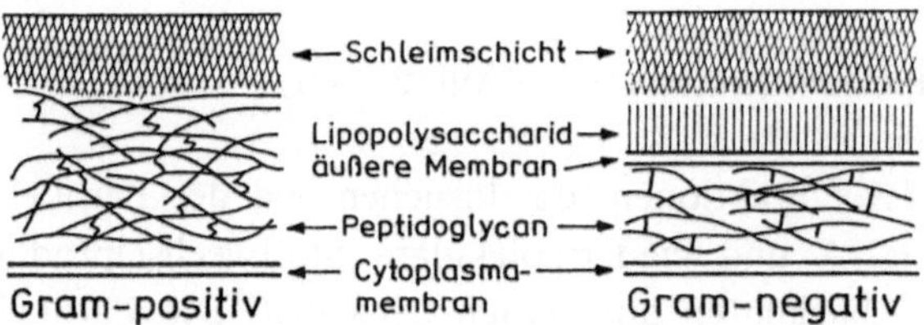

Fig. 2-4: Zellwandaufbau Gram-positiver und Gram-negativer Bakterien

Gram-positive Bakterien haben eine relativ einfache Wandstruktur, die aus einem 90 %-igen Mureinanteil und einem eingelagerten Teichonsäureanteil besteht. *Gram-negative Bakterien* besitzen einen komplexeren Wandaufbau. Über der dünneren Mureinschicht befindet sich eine zweite äußere Zellmembran. Der Aufbau der äußeren Membran weicht von dem der inneren

Cytoplasmamembran ab. Die nach innen gerichtete Schicht besteht vornehmlich aus Phospholipiden, die äußere Schicht aus *Lipopolysacchariden*.

Von den in der äußeren Membran enthaltenen verschiedenen Proteinen sind die *Porine* besonders hervorzuheben. Durch kreisförmige Anordnung bilden sie etwa 1 nm große Poren, durch die kleine Substratmoleküle in den **periplasmatischen Raum** gelangen. Dieser Raum liegt zwischen der Peptidoglycanschicht und der Membran und enthält einige Enzyme. Aus dem Cytoplasma kommende kleinere Moleküle werden hier zu größeren Strukturen vereinigt. Antibiotika und andere in diesen Raum gelangende Substanzen werden abgebaut und inaktiviert.

Mit Lysozym als auch mit Penicillin kann man die Bakterienzellwand zerstören. Die in isotonischer Lösung lebens- und teilungsfähigen nackten Zellen **(Protoplasten)** werden auch als L-Formen bezeichnet. Sie werden für Zellfusionsexperimente zur Gewinnung von Stämmen mit neuen Eigenschaften eingesetzt. Unter spezifischen Bedingungen ist die Zellwand regenerierbar.

Auf der Zellwand zahlreicher Bakterien befindet sich eine Schleimschicht, welche sich vom umgebenden Medium scharf abgrenzt (**Kapsel**) oder in dieses fließend übergeht (**Schleim**). Diese Schicht besteht hauptsächlich aus Polysacchariden (z. B. Cellulose, Dextran, Xanthan) oder Polypeptiden (z. B. Polyglutaminsäure) und ist nicht lebensnotwendig. Unter natürlichen Bedingungen erfüllt sie eine Schutzfunktion und bietet so einen Selektionsvorteil.

Mittels **Geißeln** (oder Flagellen) können Bakterien aktive und gerichtete Bewegungen (*Taxien*) vollziehen. Je nach Reizursache unterscheidet man u. a. zwischen Chemo-, Magneto- und Phototaxis. Begeißelte Bakterien bewegen sich relativ schnell fort. *Bacillus megaterium* erreicht z. B. eine Geschwindigkeit von 1-2 mm/min, was etwa der 200fachen Körperlänge entspricht.

Reservestoffe werden von Bakterien vor allem bei nicht ausbilanzierten Medien gebildet. Ein häufig auftretender Reservestoff ist *Poly-ß-hydroxybuttersäure*. Er wird von aeroben Bakterien bei Sauerstoffmangel synthetisiert und kann bis zu 80 % der TS ausmachen. Diese Substanz ist als sog. „Biokunststoff" zur Herstellung von biologisch abbaubaren Operationsfäden von Interesse. Einige Bakterien (z. B. *Acinetobacter*-Arten) legen unter aeroben Wachstumsbedingungen Energievorräte in Form von *Polyphosphatgranula* an, welche unter anaeroben Bedingungen für energieverbrauchende Reaktionen genutzt werden (s. Abschn.4.7.1).

2.2.3   Wie ist eine eukaryotische Zelle aufgebaut ?

Pilze sind die wichtigsten Vertreter eukaryotischer Mikroorganismen. Sie umfassen einzellige *Hefen* und mehrzellige *Hyphenpilze*. Pilze weisen eine morphologische Differenzierung auf, die im Spitzenwachstum der *Hyphen* (fädige Stukturen, die in verzweigter oder unverzweigter, septierter oder unseptierter Form auftreten können, und in ihrer Gesamtheit als *Mycel* bezeichnet werden), in der Ausbildung von Geschlechtszellen (Gameten) sowie in unterschiedlichen asexuellen und sexuellen Sporenarten offensichtlich wird.

Aufgrund ihrer heterotrophen **Lebensweise** sind sie als Parasiten oder Saprophyten auf die Versorgung mit C- und Energiequellen durch andere Organismen angewiesen (s. Abschn. 2.2.1). Pilze leben vorwiegend aerob, weil die Synthese wichtiger Membranbestandteile (z. B. Hydroxyfettsäuren, Steroide) Sauerstoff erfordert. Werden diese Substanzen im Medium bereitgestellt, können sie auch anaerob existieren (z. B. im Pansen von Wiederkäuern, im Sediment von Gewässern). Den **Aufbau einer Pilzzelle** zeigt Fig. 2-5.

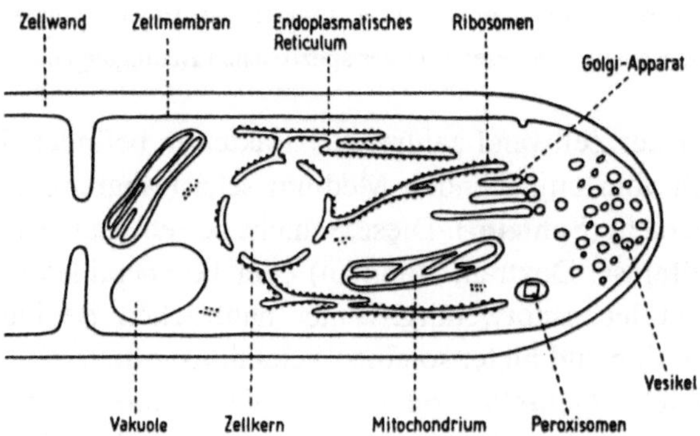

Fig. 2-5: Aufbau eine Pilzzelle an der Hyphenspitze (FRITSCHE, 1990)

Charakteristisch für die Eucyte ist, daß der **Zellkern** von einer doppelschichtigen Membran umgeben wird. Zahlreiche Poren in der Membran ermöglichen den Stoffaustausch zwischen Kerninnerem und Cytoplasma. Die Kernmembran ist mit dem endoplasmatischen Retikulum (s. u.) verbunden. Das im Vergleich zu den Prokaryoten umfangreichere genetische Material ist in mehreren **Chromosomen** lokalisiert, die aus einem zusammengefalteten DNA-Doppelstrang und basischen Proteinen (Histone) bestehen. Die Anzahl der Chromosomen ist unterschiedlich (z. B. *Saccharomyces cerevisiae* 17, *Aspergillus nidulans* 8).

Durch die Vereinigung haploider Geschlechtszellen bei der sexuellen Fortpflanzung liegt in den vegetativen Zellen vieler Eukaryoten ein doppelter (diploider) **Chromosomensatz** vor. Dieser wird bei der Ausbildung von Gameten durch die Reduktionsteilung (*Meiose*) wieder auf einen einfachen (haploiden) Satz reduziert. Bei der Vermehrung vegetativer Zellen erfolgt zunächst die Kernteilung (*Mitose*). Mit Hilfe eines speziellen Spindelapparates, den die Zellen in der Teilungsphase ausbilden, werden die Chromosomenpaare auf die zwei Tochterzellen verteilt. In der folgenden Ruhephase verdoppeln sie sich wieder, so daß in jeder Zelle erneut ein diploider Chromosomensatz vorliegt.

Das **Cytoplasma** enthält wie bei Prokaryoten Enzyme, RNA, Ribosomen, Plasmide, Metabolite u. a.. Die Ribosomen sind größer als bei Bakterien.

Typisch für die Eucyte ist das **endoplasmatische Retikulum,** welches als weitverzweigtes Membransystem Syntheseort für einige Membranlipide und Enzyme (z. B. Oxygenasen) ist.

Aus Membranzisternen, in denen Enzyme synthetisiert werden, besteht der **Golgi-Apparat.** Durch Abschnürungen von den Zisternen entstehen Membranvesikel, die an die Zellmembran wandern, mit ihr verschmelzen und hydrolytische Enzyme in das umgebende Medium freisetzen (*Exocytose*). Die Enzyme bauen extrazellulär vorliegende Polymere (z. B. Stärke, Proteine) ab und ermöglichen so die Aufnahme der Spaltprodukte in die Zelle. Andere Vesikel enthalten Enzyme, die zur Neusynthese von Zellmaterial erforderlich sind (z. B. Chitinsynthetase). Sie wandern zur Hyphenspitze, an der das Wachstum stattfindet, und setzen die Enzyme an der Zellmembran frei. Nach ihrer Aktivierung durch Proteasen katalysieren sie die Polymerisation von N-Acetyl-glucosamin zu Chitin.

Als enzymatischer Raum und Speicherort für niedermolekulare Substanzen dienen **Vakuolen**, die vermutlich ebenfalls aus dem Golgi-Apparat hervorgehen.

Bei Methanol-verwertenden Hefen werden **Peroxisomen** beobachtet, die verschiedene Enzyme (z. B. Alkoholoxidase und Katalase) enthalten. Die Katalase baut das bei der Oxygenasereaktion entstehende H_2O_2 ab, welches als Zellgift wirkt.

Mitochondrien dienen der Zelle zur Energiegewinnung durch Atmung. Sie enthalten Enzyme der Atmungskette und ATP-Synthetase. Ihr Innenraum ist von zahlreichen Membranausstülpungen ausgefüllt, die eine große Oberfläche schaffen. Sie besitzen DNA, welche einen Teil der für ihren Aufbau und die Funktion verantwortlichen genetischen Information enthält. Man vermutet, daß Mitochondrien degenerative Bakterien sind, die im Verlaufe der Evolution in eukaryotische Zellen integriert wurden.

Der Aufbau der **Zellmembran** entspricht dem bei Prokaryoten. Sie enthält Lipide und Proteine annähernd zu gleichen Teilen. Die **Zellwand** besteht aus Primär- und Sekundärwand, die mehrschichtig aufgebaut sind (Fig. 2-6).

An der wachsenden, noch elastischen Hyphenspitze ist anfangs nur die Primärwand ausgebildet. Zellen älterer Hyphenregionen besitzen noch eine wesentlich stärkere Sekundärwand. Die Primärwand besteht bei den meisten Pilzen aus dem Polysaccharid *Chitin* und Protein. Die Sekundärwand setzt sich aus einer Glycoprotein- und einer Glucanschicht zusammen.

Bei Hefen (z. B. *Saccharomyces*- und *Candida*-Arten) treten neben Glucanen noch Mannane und Proteine auf. Die Zellwand ist ein Angriffsort für Antibiotika. So hemmt z. B. Polyoxin D die Chitinsynthese und Griseofulvin die Teilung und Wandbildung. Spezielle Eigenschaften der Pilze ermöglichen die Anwendung von Fungiziden und Antibiotika zur Pilzbekämpfung ohne schädigende Einflüsse auf andere Eukaryoten (z. B. den Menschen).

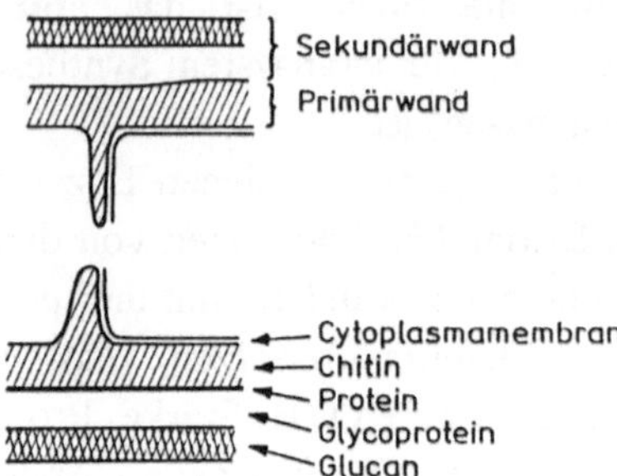

Fig. 2-6: Wandaufbau einer Pilzzelle

2.2.4   Der genetische Apparat der Zelle

2.2.4.1   Aus welchen Bausteinen besteht die genetische Substanz ?

Die stoffliche Basis aller Erbinformationen in pro- und eukaryotischen Lebewesen sind die **Nucleinsäuren**. Nach ihrer Funktion in der Zelle werden sie in primäre und sekundäre Informationsträger unterteilt. Der primäre Informationsträger besteht bei allen Organismen (außer einigen Viren) aus *Desoxyribonucleinsäure* (DNS, engl. DNA). Sie speichert alle Informationen, die Aufbau und Funktion eines Organismus betreffen, und überträgt diese auf die nachfolgende Generation. Sekundärer Informationsträger ist meist die *Ribonucleinsäure* (RNS, engl. RNA), welche die Information von der DNA zum Syntheseort der Proteine befördert.

Die **DNA** ist ein Polymer, das als wesentliche Komponenten die Purinbasen **Adenin** (A) und **Guanin** (G) sowie die Pyrimidinbasen **Cytosin** (C) und **Thymin** (T) enthält. Diese bilden mit dem Pentosezucker Desoxyribose und Phosphorsäure den Grundbaustein der DNA, das **Nucleotid** (Fig. 2-7). Nucleotide sind durch Phosphodiesterbrücken miteinander verbunden, wobei Desoxyribose und Phosphorsäure das Rückgrat der DNA, die Basen die genetisch informativen Elemente darstellen. Die **RNA** unterscheidet sich in der Primärstruktur von der DNA dadurch, daß sie als Pentosezucker **Ribose** und anstelle von Thymin **Uracil** enthält. Diese Modifikationen ermöglichen den Enzymen ihre Unterscheidung.

Beide Nucleinsäuren besitzen ferner eine Sekundär- und Tertiärstruktur, die für die „Verpackung" der genetischen Substanz in der Zelle auf engstem Raum sowie für die Funktionsweise dieser Moleküle von essentieller Bedeutung sind. So ist z. B. das ringförmige Chromosom von *E. coli* 600mal länger als die Zelle. Um es in der Zelle unterzubringen, ist es ineinander verdrillt.

Tertiärstrukturen ergeben sich u. a. auch durch die Anordnung der DNA in den Chromosomen von Eukaryoten sowie durch Anlagerung der tRNA an die mRNA beim Translationsvorgang.

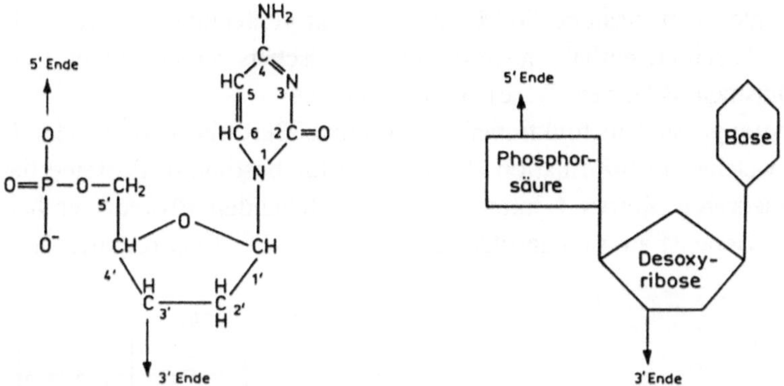

Fig. 2-7: Aufbau eines Nucleotids

Die für die DNA der meisten Lebewesen charakteristische **Sekundärstruktur** ist die *Doppelhelix*. Nach dem von WATSON und CRICK 1953 entwickelten Modell sind 2 Polynucleotidketten gegenläufiger Polarität durch H-Brücken miteinander gepaart, wobei als komplementäre Basen nur immer A und T sowie G und C auftreten. Die miteinander verbundenen Stränge sind außerdem um die Längsachse verdrillt (Fig. 2-8).

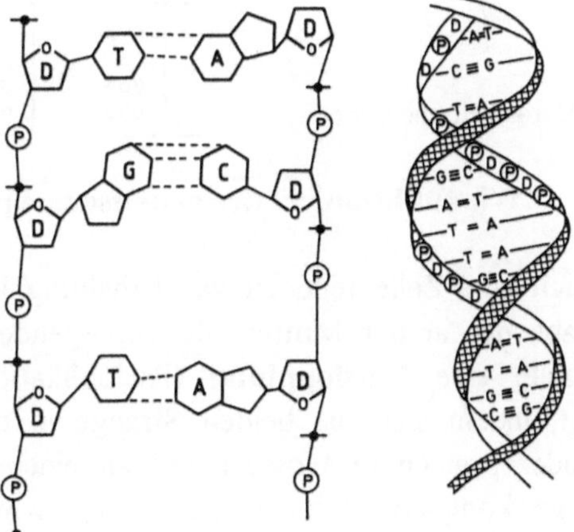

Fig. 2-8: Primär- und
Sekundärstruktur der DNA

Für die Verschlüsselung von Erbinformationen im sog. „**genetischen Code**" sind nur die *Basen* verantwortlich. In der auf einem DNA-Strang bestehenden Folge von Basen ist die Information für 20 verschiedene *Aminosäuren* verschlüsselt. Jeweils drei Basen (*Codon* oder *Triplett*) codieren eine bestimmte Aminosäure; so stehen

z. B. CCT für Prolin, GAT für Asparaginsäure (Fig. 2-9). Der genetische Code enthält auch die Information, in welcher Reihenfolge die verschiedenen Aminosäuren in einem Protein miteinander verbunden sind. Da er für alle Organismen gleich ist, besteht die Möglichkeit, mit gentechnischen Methoden die in einem DNA-Abschnitt enthaltene Information zwischen verschiedenen Organismen (Mikroorganismen, Pflanzen, Tiere) auszutauschen.

Die DNA-Stränge sind in funktionell abgegrenzte Bereiche (**Gene** oder Cistrone) gegliedert, welche die Information (Codierung) für bestimmte Proteine bzw. Teile eines aus mehreren Ketten (Untereinheiten) bestehenden Proteins enthalten. Die Aktivität der Gene ist an- und abschaltbar bzw. in der Leistung regulierbar.

zweite Base

erste Base		U	C	A	G		dritte Base
	U	UUU, UUC — Phe UUA, UUG — Leu	UCU, UCC, UCA, UCG — Ser	UAU, UAC — Tyr UAA ochre UAG amber	UGU, UGC — Cys UGA opal UGG Trp	U C A G	
	C	CUU, CUC, CUA, CUG — Leu	CCU, CCC, CCA, CCG — Pro	CAU, CAC — His CAA, CAG — Gln	CGU, CGC, CGA, CGG — Arg	U C A G	
	A	AUU, AUC, AUA — Ileu AUG — Met	ACU, ACC, ACA, ACG — Thr	AAU, AAC — Asn AAA, AAG — Lys	AGU, AGC — Ser AGA, AGG — Arg	U C A G	
	G	GUU, GUC, GUA, GUG — Val	GCU, GCC, GCA, GCG — Ala	GAU, GAC — Asp GAA, GAG — Glu	GGU, GGC, GGA, GGG — Gly	U C A G	

Fig. 2-9: Der genetische Code

2.2.4.2 Wie funktioniert der genetische Apparat ?

Bevor sich eine Zelle teilt, ist zur Erhaltung ihres Genoms und zur identischen Weitergabe der in der Mutterzelle vorliegenden genetischen Information an die Tochterzelle eine **Verdopplung** (Reduplikation) der **DNA** erforderlich. Dies geschieht, indem sich die beiden Stränge in der Doppelhelix reißverschlußartig voneinander trennen (*Y-Modell*) und an einem Nucleinsäurestrang ein in seiner Basenfolge komplementärer neuer Strang synthetisiert wird. Die DNA ist bei eukaryotischen Zellen wesentlich länger als bei prokaryotischen (z. B. *E. coli* 1,3 mm, *S. cerevisiae* 4,4 mm, Mensch 990 mm). Um diese in der Zelle unterzubringen, ist eine hohe Packungsdichte erforderlich. Sie wird mit Hilfe basischer Proteine (*Histone*) in Gestalt der Chromosomen erreicht.

Die Ausprägung der in der DNA verschlüsselten Information in einem Protein (**Genexpression**) ist ein komplexer Prozeß, bei dem sich zahlreiche Vorgänge abspielen. Sie lassen sich in die beiden Hauptabschnitte Transkription und Translation einordnen (Fig. 2-10).

Bei der **Transkription** wird die DNA-Basensequenz der Struktur- und Regulatorgene in die komplementäre Basensequenz einer mRNA umgeschrieben. *Strukturgene* beinhalten die Information für den Aufbau von Proteinen; *Regulatorgene* sind für die Steuerung der Genablesung zuständig. Ferner werden tRNA und rRNA gebildet, die wesentliche Funktionen bei der Proteinsynthese in der nachfolgenden Translationsphase ausüben.

Die Synthese der RNA wird durch das Enzym **RNA-Polymerase** katalysiert. Sie beginnt mit der Bindung des Enzyms an eine dem Strukturgen vorgelagerte Nucleotidsequenz (*Promotor*), welche bei Pro- und Eukaryoten unterschiedlich ist. Die Ablesung erfolgt nur an einem - dem codogenen - DNA-Strang. Sie wird am Stopp-Signal der DNA (*Terminator*) am Genende abgebrochen.

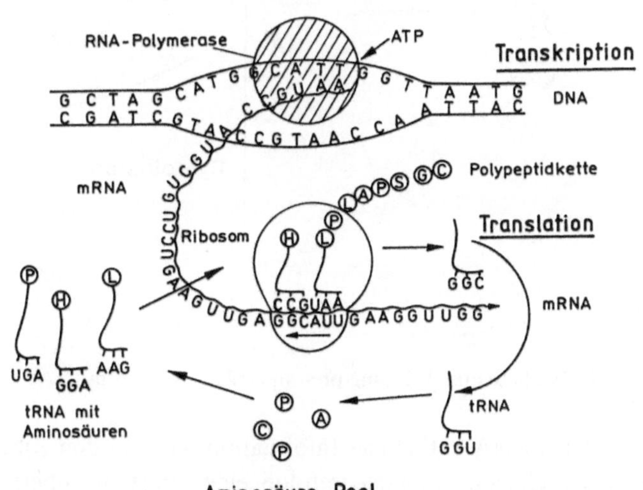

Fig. 2-10: Grundschema
der Proteinsynthese

Die **mRNA** der <u>Prokaryoten</u> wird gleich in ihrer aktiven Form gebildet. Da die DNA vom Cytoplasma nicht durch eine Membran getrennt ist, setzt die Ablesung der mRNA an den *Ribosomen* sofort ein. Dabei kommt es häufig vor, daß der mRNA-Strang die Informationen von mehreren Proteinen enthält. Man nennt diese dann polycistronische mRNA (Fig. 2-11).

Bei <u>Eukaryoten</u> wird die mRNA zunächst als größere inaktive Vorläuferstruktur synthetisiert. Diese Prä-mRNA ist grundsätzlich monocistronisch, d. h. sie enthält nur die Information für ein Protein. Sie weist an den Enden und in der Mitte Sequenzen auf, die keine Protein-codierende Funktionen haben (z. B. *Introns*). Diese Sequenzen werden im Verlaufe eines als *„Processing"* bezeichneten

Vorganges eliminiert. Gleichzeitig erfolgt die Anknüpfung neuer bzw. die chemische Veränderung (z. B. Methylierung) vorhandener Nucleotide, wodurch die mRNA vor dem Abbau durch Nucleasen geschützt wird. Die Modifikationen haben ferner für die Bindung der mRNA an die Ribosomen Bedeutung. Die mRNA wird mit speziellen Proteinen vom Kern in das Cytoplasma transportiert (Fig. 2-11).

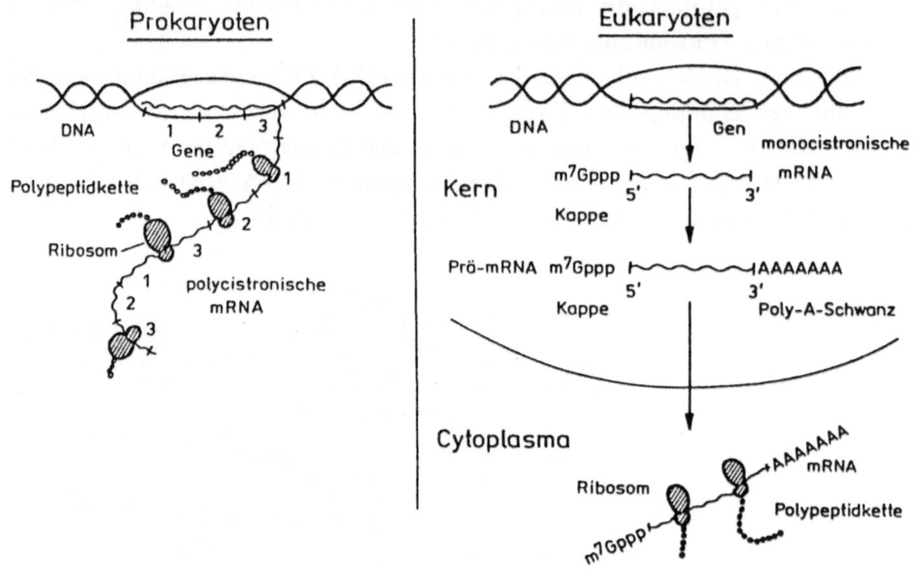

Fig. 2-11: Synthese und Ablesung pro- und eukaryotischer mRNA

Die in der mRNA enthaltene Information wird an den Ribosomen abgelesen und in die entsprechende Aminosäurefolge eines Proteins übersetzt **(Translation)**. Eine Bakterienzelle enthält etwa 10^4, eine Eukaryotenzelle ca. 10^7 Ribosomen. Der Transport von Aminosäuren zu den Ribosomen erfolgt durch die **tRNA.** Bei Prokaryoten (z. B. *E. coli*) gibt es ca. 40, bei Eukaryoten (z. B. *S. cerevisiae*) ca. 60 verschiedene tRNA-Typen. Die Gene für ihre Synthese sind bei Pro- und Eukaryoten über das gesamte Genom verteilt. Bakterien haben 40 - 80, Hefen 300 - 400 tRNA-Gene. Für fast alle 20 Aminosäuren gibt es mehrere tRNA-Moleküle.

Ein mit mehreren Ribosomen beladenes mRNA-Molekül wird als *Polysom* bezeichnet. Sobald das Ribosom ein Stoppsignal (z. B. UAA) erreicht hat, wird die Synthese der Polypeptidkette abgebrochen. Das Ribosom zerfällt in die zwei Untereinheiten und setzt die Polypeptidkette frei.

2.3 Klassifizierung von Mikroorganismen

2.3.1 Nach welchem Prinzip erfolgt ihre Systematisierung ?

Von den auf der Erde lebenden Mikroorganismen sind heute etwa 3.600 Bakterien und mehr als 100.000 Pilze bekannt. Um bei dieser Vielzahl an Mikroorganismen noch den Überblick zu behalten, ist ein Ordnungssystem notwendig. Anhand morphologischer (z. B. Kolonieform und -farbe, Gestalt der Zellen und Sporen, Anfärbbarkeit der Zellwand) und biochemischer (z. B. Bildung von Säuren und Gasen bei Vergärung verschiedener Zucker) Merkmale hat man bisher versucht, verwandschaftliche Beziehungen herauszufinden und auf dieser Basis ein **künstliches Klassifizierungssystem** aufgebaut.

Zur systematischen Einordnung erhält jeder Mikroorganismus einen lateinischen Namen, der aus Gattungs-(genus-) und Art-(species-)Bezeichnung besteht. Man nennt diese Art der Namensgebung **binäre Nomenklatur**. Die Bezeichnung wird ergänzt mit dem Namen desjenigen, der den Organismus erstmalig beschrieben hat. Die vollständige Artbezeichnung eines Schimmelpilzes lautet dann z. B. *Penicillium chrysogenum* Thom.

Innerhalb einer Art bestehen häufig noch stabile Unterschiede in einigen Merkmalen. welche dann als Unterarten, Varianten oder Stämme mit Buchstaben- oder Zifferncode gekennzeichnet werden (z. B. *E. coli* K12). Dem Artnamen übergeordnete Klassifizierungsstufen sind Familie. Ordnung. Klasse. Abteilung oder Phylum und Reich. Der bereits erwähnte Stamm *P. chrysogenum* Thom gehört beispielsweise zur Familie: *Eurotiacae*, Ordnung: *Eurotiales*, Klasse: *Ascomycetes*. Abteilung oder Phylum: *Ascomycota* und Reich: *Fungi*.

Das künstliche Klassifizierungssystem fand etwa 100 Jahre lang Verwendung. Mit Einführung von Computern entwickelte sich die **numerische Taxonomie**. bei der durch Vergleich von Eigenschaften ein Ähnlichkeitskoeffizient (zwischen 0 und 1) ermittelt wurde. Die damit vorgenommene letzte künstliche Systematisierung der Bakterien ist 1974 in der 8. Auflage von BERGEY's „Manual of Determinative Bacteriology" erschienen.

Forschungsarbeiten über evolutionäre verwandschaftliche Beziehungen zwischen den Mikroorganismen mit modernen genetischen und molekularbiologischen Methoden haben in neuerer Zeit zu Erkenntnissen geführt, auf deren Basis ein **natürliches Klassifizierungssystem** entwickelt wird. Erste Ergebnisse sind in BERGEY's „Manual of Systematic Bacteriology" (HOLT 1984 - 89) enthalten.

Analytische Vergleiche des prozentualen Anteils der Basen Guanin und Cytosin (*GC-Verhältnis*) zu allen 4 Basen in der DNA. Sequenzvergleiche durch Hybridisierung von DNA- und RNA-Abschnitten sowie insbesondere Studien der Nucleotidsequenzen an den kleinen (16 S) Ribosomenuntereinheiten haben gezeigt. daß einige physiologisch und morphologisch einheitlich erscheinende Bakteriengruppen nicht miteinander verwandt sind. Es wurde u. a. festgestellt. daß die Bakterien in zwei große Reiche, die **Eubakterien** und die **Archaebakterien** einzuteilen sind. Die Unterschiede zwischen beiden Reichen sind etwa genau so groß wie die der Eubakterien zu den Eukaryoten. Auf diesen Erkenntnissen basiert die *3-Reiche Hypothese*, die u. a. besagt, daß die drei Reiche vor mehr als 3 Mrd. Jahren aus Urzellen (**Progenoten**) hervorgegangen sind.

Der in Fig. 2-12 dargestellte **Stammbaum** pro- und eukaryotischer Organismen ist eine Mischung aus phylogenetischen und physiologischen Beziehungen zwischen den Hauptgruppen der drei Reiche. Die Gruppeneinteilung deckt sich nur teilweise mit neu aufgestellten Phyla im taxonomischen System.

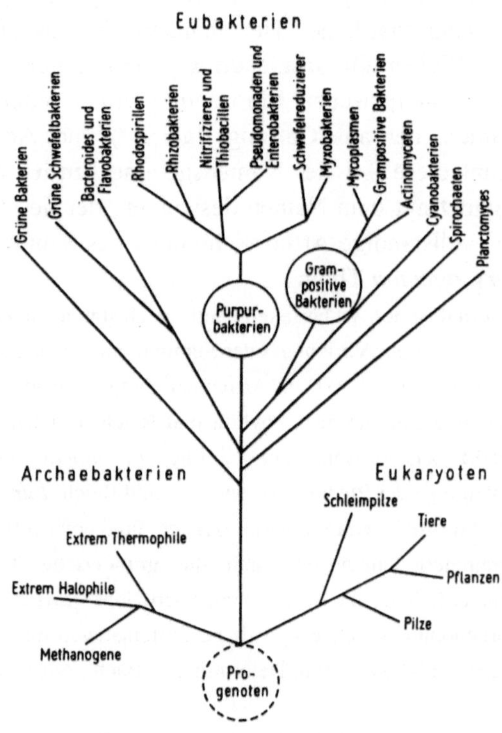

Fig. 2-12: Phylogenetischer Stammbaum
der Organismen (FRITSCHE, 1990)

2.3.2   Biotechnologisch bedeutende Eubakterien

Die **Rhizobakterien** umfassen verschiedene Gattungen, die in der Wurzelregion von Pflanzen vorkommen (z. B. *Agrobacterium, Rhizobacterium, Azospirillum*).

Agrobacterium-Arten sind stäbchenförmige, begeißelte Bakterien, die als Parasiten in Pflanzen leben. Ein typischer Vertreter ist *Agrobacterium tumefaciens*, welches für gentechnische Arbeiten an Pflanzen besondere Bedeutung erlangt hat. Mit ihm werden Fremdgene in das Pflanzengenom transferiert. Die Pflanze bildet dann die von dem Gen codierten Substanzen (z. B. Insektizide).

Rhizobium-Arten leben symbiontisch in knöllchenartigen Wucherungen einiger Leguminosen (z. B. Erbsen, Bohnen, Klee, Luzerne) und können beträchtliche Mengen Luft-N binden (ca. 300 kg N/ha·a). Sie besitzen daher für den N-Kreislauf auf der Erde und für die landwirtschaftliche Produktion eine große Bedeutung (s. Abschn. 2.1). Freilebend können sie keinen Luft-N binden. Die verschiedenen *Rhizobium*-Arten infizieren nur bestimmte Pflanzenarten. Sie werden in großen Mengen angezüchtet und zur Beimpfung von Leguminosensaatgut eingesetzt.

Auch die pleomorphen *Azospirillum*-Arten sind zur Fixierung von Luft-N befähigt. Sie gehen bevorzugt lockere Symbiosen mit Gräsern ein, indem sie sich auf der Wurzeloberfläche anlagern und die von der Pflanze abgesonderten Assimilationsprodukte als C- und Energiequelle verwenden. Einige *Azospirillum*-Arten bilden auch mit Kulturpflanzen (z. B. Mais, Reis, Weizen) Assoziationen. Unter tropischen Bedingungen und bei N-Mangel binden sie bis zu 30 kg N/ha·a.

Zur Gruppe der **Nitrofizierer** zählen aerobe Bakterien, die bei Verfahren der Abwasserreinigung eine besondere Rolle spielen. Sie nutzen anorganische Ionen als H^+- und Elektronen-Donatoren bei der Energiegewinnung, leben überwiegend autotroph und fixieren CO_2 als C-Quelle. Man unterscheidet zwei Gruppen von Nitrifizierern. Zu den NH_4^+-Oxidierern gehören die im Boden lebenden *Nitrosomonas*-Arten sowie die in Gewässern lebenden *Nitrococcus*-Arten. Sie oxidieren NH_4^+ zu NO_2^-. Die Nitritoxidierer umfassen die Gattungen *Nitrobacter* (Boden) und *Nitrococcus* (Wasser). Sie oxidieren NO_2^- weiter zu NO_3^-.

Thiobazillen können Sulfide, elementaren Schwefel und Thiosulfat zu Sulfat oxidieren und tragen so u. a. zur Säuerung des Bodens bei. Ihre praktische Bedeutung besteht darin, daß man einige *Thiobacillus*-Arten zur Gewinnung von Kupfer und Uran aus erzarmen Gesteinen mittels Laugung sowie zur Kohleentschwefelung einsetzt. Filamentöse Arten der Gattungen *Beggiatoa* und *Thiothrix* oxidieren H_2S zu elementarem Schwefel und lagern diesen intrazellulär ab. Sie spielen bei der biologischen Abwasserreinigung eine wichtige Rolle.

Zur Gruppe der **Pseudomonaden** gehören polar begeißelte und aerob lebende Kurzstäbchen der Gattungen *Pseudomonas, Xanthomonas* und *Acetobacter*. Pseudomonaden, die sowohl im Boden als auch im Wasser vorkommen, nutzen H^+ als Energiequelle und können u. a. Xenobiotika sowie verschiedene KW als C-Quelle verwerten (z. B. *Pseudomonas putida, P. fluorescens*). Es gibt auch phytopathogene Arten unter ihnen. Bei den *Xanthomonas*-Arten ist *X. campestris* hervorzuheben. Dieser Stamm wird zur großtechnischen Produktion des Polysaccharids Xanthan eingesetzt, welches u. a. als Gelier- und Quellmittel in der Lebensmittelindustrie Verwendung findet. Zur Herstellung von Essig nutzt man *Acetobacter*-Arten, die Ethanol zu Essigsäure oxidieren.

In der umfangreichen Gruppe der **Enterobakterien** sind Bakterien eingeordnet, die sowohl im Darmtrakt von Säugern als auch im Boden, Wasser und auf

Lebensmitteln anzutreffen sind. Eine Übersicht über die wichtigsten Gattungen und den Grad ihrer verwandschaftlichen Beziehungen vermittelt Fig. 2-13. Das bekannteste Darmbakterium ist *Escherichia coli*. Es wurde vom Bakteriologen ESCHERICH 1885 aus Säugerfäces isoliert. Bei mikrobiellen Untersuchungen von Wasserproben dient es als Indikatororganismus für fäkale Verunreinigungen. Einige Serotypen sind pathogen und rufen Darminfektionen (z. B. Enteritis) hervor. *E. coli* ist das Hauptobjekt mikrobiologischer und gentechnischer Grundlagenforschung. Nahe verwandt ist *Shigella dysenteriae*, der Erreger der Bakterienruhr (Diarrhöe). Diese Keime als auch *Salmonella typhi* und *S. paratyphi* werden u. a. mit verunreinigten Lebensmitteln übertragen.

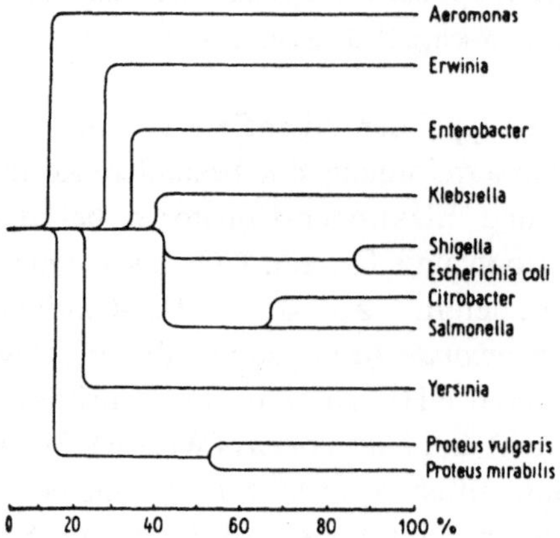

Fig. 2-13: Verwandschaftsbeziehung (%-Anteil DNA-Sequenzhomologie) der Enterobakterien (FRITSCHE, 1990)

Zu den marinen Enterobakterien zählen **Leuchtbakterien**, die u. a. saprophytisch auf toten Fischen leben (z. B. *Photobacterium sp.*). Sie bilden das Enzym Luciferase, welches die beim Leuchtprozeß ablaufende Oxidation von Luciferin katalysiert. Toxische Stoffe können diese Enzymwirkung hemmen und die Leuchtintensität mindern, was im Umweltlabor zur Überprüfung von Verunreinigungen in Wasserproben mit dem Leuchtbakterien-Test genutzt wird.

Für **Myxobakterien** sind die Ausscheidung von Polysaccharid-Schleim, die Gleitbewegung sowie die Bildung makroskopisch sichtbarer, farbiger Fruchtkörper kennzeichnend. Die 3 - 10 µm langen, aerob und chemoorganotroph lebenden Stäbchenbakterien kommen im Boden und auf verrottendem Pflanzenmaterial vor. Von bisher 40 identifizierten Arten nutzen die meisten proteinreiche Nährstoffe (z. B. *Corallococcus*-Arten); einige sind Celluloseverwerter (z. B. *Sorangium*-Arten). Bei ungünstigen Lebensbedingungen aggregieren Millionen von Zellen zu sog. „Fruchtkörpern", in denen Myxosporen gebildet werden.

Myxobakterien haben sich als bedeutende Quelle neuer Sekundärstoffe erwiesen. Unter den bisher identifizierten 61 Basisstrukturen und ca. 320 Strukturvarianten befinden sich vor allem Antibiotika (Beispiele s. Tab. 4-17) sowie Enzyminhibitoren (z. B. Myxothiazol - hemmt Atmung).

Zu den **Gram-positiven Bakterien** gehören zahlreiche Kokken- und Stäbchen-Arten. Aufgrund ihres GC-Gehaltes in der DNA unterscheidet man zwei Gruppen. Zur 1. Gruppe mit niedrigem GC-Gehalt zählen:

Mycoplasmen, Lactobazillen, Bazillen, Clostridien und Kokken.

Die 2. Gruppe mit hohem GC-Gehalt umfaßt:

Actinomyzeten und coryneforme Bakterien.

Biotechnologisch interessant sind die stäbchen- und kokkenförmigen Bakterien der 1. Gruppe. Eine Auswahl von ihnen bieten Tab. 2-4 und Fig. 2-2.

Tab. 2-4: Beispiele biotechnologisch bedeutender Stäbchen und Kokken

Mikroorganismus	Eigenschaft, Wirkung
Micrococcus aurantiacus	Starterkultur für die Milchsäurebildung in Rohwurst
Streptococcus thermophilus	Starterkultur in Schweizer Käse, Proteasebildner
Pediococcus cerevisiae	Wirkung in Sauerkraut, Sauren Gurken, Silage
Leuconostoc mesenteroides	Dextranbildner
Lactobacillus plantarum	Wirkung in Sauerkraut, Sauren Gurken, Silage
Lactobacillus bulgaricus	Wirkung in Joghurt, Sauermilchgetränken
Lactobacillus brevis	Bildung von Rohwurstaroma, Sauerteig
Bacillus subtilis	Bildung von Enzymen, Antibiotikum (Bacitracin)
Bacillus polymyxa	Produzent von Butandiol, Antibiotikum (Polymyxin)
Bacillus thuringiensis	Produzent eines Insektizids gegen Schmetterlinge
Clostridium acetobutylicum	Bildung von Aceton, Butanol, Vitamin B_{12}, Amylase
Clostridium thermoaceticum	Bildung von Essigsäure

Sie ernähren sich heterotroph, die Energiegewinnung erfolgt durch Atmung oder Gärung. Nach der neuen Systematik gehören zu den Kokken die Gattungen *Micrococcus, Streptococcus, Staphylococcus* und *Sarcina*, zu den Stäbchen die Gattungen *Lactobacillus, Bacillus* und *Clostridium*.

Actinomyzeten und **coryneforme Bakterien** sind überwiegend aerob lebende Organismen, die z. T. säurefeste Zellwände sowie eine vielfältige morphologische Differenzierung bis hin zur Mycelbildung aufweisen. Zahlreiche Arten sind von biotechnologischer und medizinischer Bedeutung (Tab. 2-5).

Aerob und phototroph lebende Bakterien, die als einzellige kokkoide sowie auch als mehrzellige fädige Formen auftreten, sind die **Cyanobakterien**. Sie nutzen H_2O als H^+-Donator und setzen dabei Sauerstoff frei. Wegen ihres Gehaltes an Chlorophyll u. a. Pigmenten (Phycobiline) wurden sie früher als Blaualgen bezeichnet. In Nährstoff-reichen Gewässern tragen sie durch Massenvermehrung zur Wasserblüte bei. Die Fähigkeit einiger Arten zur Bindung von Luftstickstoff (bis 50 kg N/ha·a) spielt für die Bodenfruchtbarkeit, z. B. in Reisfeldern, eine bedeutende Rolle. Zur Gewinnung von Eiweiß wird vor allem in wärmeren Regionen die Art *Spirulina maxima* eingesetzt.

Tab. 2-5: Biotechnologisch bedeutende Actinomyzeten und coryneforme Bakterien

Mikroorganismus	Beispiele	Eigenschaft, Wirkung
Actinomyzeten	*Micromonospora sp.*	Antibiotikaproduzent (Gentamycin)
	Thermoactinomyces vulgaris	Enzymbildner (Proteasen, Amylasen)
	Streptomyces griseus	Antibiotikabildner (Streptomycin)
	Frankia sp.	N_2-Fixierung bei Nichtleguminosen
Coryneforme	*Corynebacterium glutamicum*	Aminosäureproduzent
	C. simplex	Steroidtransformation (Prednisolon)
	Mycobacterium tuberculosis	Tuberkuloseerreger
	Rhodococcus corallina	Abbau Alkane u. a. Kohlenwasserstoffe
	R. calceareus	Abbau chlorierter Aromaten
	Propionibacterium freudenreichii	Aromabildner in Schweizer Käse
	Arthrobacter sp.	Bodenbakterien, Glucoamylasebildner

2.3.3   Eigenschaften einiger Archaebakterien

Diese unter extremen Umweltbedingungen lebenden Prokaryoten sind erst durch moderne gentaxonomische Methoden als selbständiges Reich von den Eubakterien abgetrennt worden. Da ihre Lebensbedingungen vermutlich den archaischen Verhältnissen während der frühen erdgeschichtlichen Entwicklung ähneln, erhielten sie die Bezeichnung Archaebakterien.

Im Unterschied zu den Eubakterien weisen sie einige Ähnlichkeiten mit den Eukaryoten auf, z. B. durch die Anwesenheit von Introns in der DNA. Sowohl von den Eubakterien als auch von den Eukaryoten abweichend sind die Lipidstruktur der Zellmembran (Glycerolether mit C_{20} - C_{40}-Isoprenoidalkoholen) und die Zusammensetzung der Zellwand.

Man unterscheidet drei Gruppen. Die größte Gruppe der Archaebakterien sind die **methanogenen Bakterien**. Sie leben streng anaerob im Schlamm von Gewässern sowie im Wiederkäuermagen und bewirken die Methanbildung. Ihre Energie gewinnen sie durch H-Oxidation, wobei CO_2 als H^+-Akzeptor dient und zu CH_4^+ reduziert wird. Bei der Biogasproduktion spielen sie eine bedeutende Rolle. Einige Arten leben bei erhöhten Temperaturen, z. B. *Methanobacterium thermoautotrophicum* (65 °C) und *Methanococcus janaschii* (85 °C).

Extrem-halophile Bakterien sind aerob lebende Organismen, die stark salzhaltige Biotope, wie z. B. Salzseen und Pökelfleisch besiedeln. Ihre Energiegewinnung erfolgt aus Licht mit Hilfe von Bacteriorhodopsin, welches dem Sehfarbstoff Rhodopsin im menschlichen Auge ähnelt. Man kennt bisher zwei Gattungen: *Halobacterium* und *Halococcus*.

Zur Gruppe der **extrem-thermophilen** und **extrem-acidophilen Bakterien** gehören Vertreter, die sowohl bei hohen Temperaturen als auch in stark saurem Milieu leben können. Einige von ihnen ernähren sich autotroph, andere heterotroph. So lebt z. B. *Sulfolobus acidocaldarius* bei 80 °C in vulkanischen S-Quellen und oxidiert S zu H_2SO_4. Unter den extremen Temperaturverhältnissen von 105 - 110 °C ist *Pyrodictium occultum* noch lebensfähig. *Thermoplasma acidophilum* wurde bei 60 °C und pH 2 in schwelenden Kohleabraumhalden nachgewiesen.

2.3.4   Biotechnologisch bedeutende Pilze

Pilze sind phylogenetisch keine einheitliche Organismengruppe. Sie umfassen einzellige (z. B. zahlreiche Hefearten) als auch hyphenbildende Formen. Gegenwärtig sind annähernd 100000 Pilzarten bekannt. Es wird angenommen, daß mindestens 300000 Arten vorkommen. Die systematische Zuordnung erfolgt noch nach einem **künstlichen System** und beruht häufig auf morphologischen Eigenschaften der Hauptfruchtformen. In Tab. 2-6 wird eine von KREISEL 1987 erstellte Fassung des Klassifikationssystems für Pilze wiedergegeben.

Zu den biotechnologisch bedeutsamen, überwiegend einzelligen Pilzen, gehören die **Hefen**. Sie sind taxonomisch heterogen und werden nach KREGER VAN RIJ (1984) hinsichtlich ihrer Vermehrungsart drei Klassen zugeordnet:

Ascomyzeten: z. B. die Gattungen *Saccharomyces, Saccharomycopsis, Pichia, Hansenula, Schizosaccharomyces, Kluyveromyces*

Basidiomyzeten: z. B. die Gattungen *Leucosporidium, Tremella, Sirobasidium*

Deuteromyzeten: z. B. die Gattungen *Candida, Rhodotorula, Cryptococcus, Kloeckera, Brettanomyces*

Sie vermehren sich vegetativ meist durch Sprossung oder Knospung (z. B. *S. cerevisiae*), seltener durch Querteilung der Zelle (z. B. *Schizosaccharomyces sp.*). Die vegetative und geschlechtliche Vermehrung ascosporogener Hefen ist am Beispiel der Bäckerhefe (*S. cerevisiae*) in Fig. 2-14 dargestellt.

Hefen sind in der Natur weit verbreitete, aerob oder fakultativ anaerob lebende Mikroorganismen, die ein breites Spektrum organischer Verbindungen als C- und Energiequelle nutzen. Sie besitzen die Fähigkeit zur Assimilation von n-Alkanen. Eine Alkan-verwertende Hefe, die auch zur Gewinnung von Citronensäure eingesetzt wird, ist *Yarrowia (Candida) lipolytica*. Sie ist häufig an ölhaltigen Standorten (z. B. Tankstellen) anzutreffen. Andere Gattungen mit biotechnologischer Bedeutung in verschiedenen Anwendungsbereichen sind u. a. *Saccharomyces, Pichia, Kluyveromyces, Rhodotorula* und *Hansenula*.

Tab. 2-6: Klassifikation von Pilzen (*Fungi, Mycota*) nach KREISEL 1987

Phylum	Klasse	Unterklasse
Myxomycota (Plasmodienpilze)	*Protosteliomycetes* (Protosteliden)	
	Acrasiomycetes (Zelluläre Schleimpilze)	*Acrasiomycetidae* *Dictyosteliomycetidae*
	Ceratiomyxomycetes	
	Myxomycetes (Echte Schleimpilze)	
	Plasmodiomorphoromycetes	
Labyrinthulomycota (Netzschleimpilze)	*Labyrinthulomycetes* (*Hydromyxomycetes*)	
Oomycota (Algenpilze)	*Hyphochytridiomycetes* *Oomycetes* (Oogonienpilze)	
Chytridiomycota (Urpilze)	*Chytridiomycetes*	
Eumycota (Echte Pilze oder Chitinpilze)	*Zygomycetes* (Jochpilze)	
	Trichomycetes (Haarpilze)	
	Endomycetes (Sproßpilze)	
	Ascomycetes (Schlauchpilze)	*Laboulbeniomycetidae* *Euascomycetidae*
	Teliomycetes (Rostpilze)	
	Ustomycetes (Brandpilze)	
	Basidiomycetes (Ständerpilze)	*Phragmobasidiomycetidae* (Gallertpilze) *Hymenomycetidae* (Hutpilze) *Gasteromycetidae* (Bauchpilze)
	Deuteromycetes (= *Fungi imperfecti*: Unvollständige Pilze)	*Hyphomycetidae* (Fadenpilze) *Coelomycetidae* (Pyknidienpilze)

Große wirtschaftliche Bedeutung besitzen auch die mycelbildenden **Ascomyzeten** (Schlauchpilze). Sie sind die umfangreichste Pilzklasse, zu der ca. 40 % aller bekannten Pilzarten gehören. Ihr Name leitet sich von dem charakteristischen schlauchförmigen Sporangium (Ascus) ab, welches wie bei Hefen während der sexuellen Fortpflanzung nach der Kernverschmelzung aus der diploiden Zygote hervorgeht (Fig. 2-14). In den Asci werden 4 - 8 haploide *Ascosporen* gebildet (perfekte oder Hauptfruchtform). Zahlreiche Ascomyzeten können sich auch asexuell mit *Konidiosporen* vermehren (imperfekte oder Nebenfruchtform).

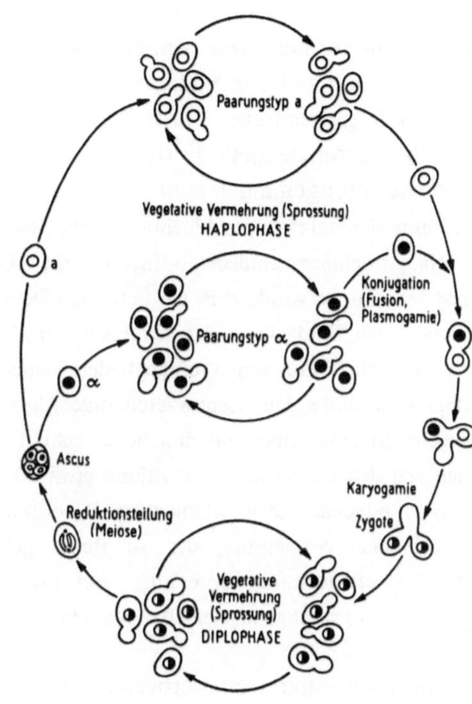

Fig. 2-14: Vermehrungscyclen von
Saccharomyces cerevisiae (FRITSCHE, 1990)

Biotechnologisch wichtige Vertreter der Ascomyzeten sind der Mutterkornpilz *Claviceps purpurea*, der zur fermentativen Gewinnung von Alkaloiden dient, sowie *Gibberella fujikuroi*, welcher zur industriellen Herstellung pflanzlicher Wachstumshormone eingesetzt wird.

Die etwa 30000 Arten umfassende Klasse der **Basidiomyzeten** (Ständerpilze) besitzen ein reichverzweigtes, septiertes Mycel. Es wächst in natürlichen Biotopen auf abgestorbenem Holz, im Boden und auf anderen organischen Substraten. Unter bestimmten Bedingungen bildet es Fruchtkörper aus, an oder in denen sich keulenförmige Sporenständer (Basidien) mit exogen abgeschnürten *Basidiosporen* entwickeln. Die haploiden Basidiosporen dienen der sexuellen Vermehrung.

Basidiomyzeten spielen eine wichtige Rolle in Ökosystemen. Einige Arten (z. B. *Phanerochaete chrysosporium*) bauen Lignin ab und führen so das schwer abbaubare Makromolekül in den C-Kreislauf zurück. Durch die verbleibende Cellulose kommt es zur Aufhellung des Holzes (Weißfäule). Die Weißfäulepilze sind biotechnologisch von Interesse. Sie werden zur großtechnischen Gewinnung von *Ligninasen* eingesetzt. Zahlreiche Basidiomyzeten leben in Symbiose mit Waldbäumen und versorgen diese mit Wasser und Nährstoffen (Mykorrhiza). Die Fruchtkörper vieler Arten dienen als Speisepilze. Einige (z. B. *Agaricus bisporus*,

Pleurotus ostreatus) werden auf speziellen Substraten gezüchtet. Durch submerse Kultivierung in Fermentoren können bestimmte Basidiomyzeten zur Gewinnung von Aromastoffen und anderen Metaboliten genutzt werden.

Die künstlich geschaffene Formklasse der **Deuteromyzeten** (*Fungi imperfecti*) umfaßt Pilze, deren sexuelle Fortpflanzungsstadien nicht bekannt oder im Laufe der Evolution verlorengegangen sind.

Sie vermehren sich durch ungeschlechliche Nebenfruchtformen (Konidien u. a. Sporen). Wird ihre sexuelle Hauptfruchtform entdeckt, ordnet man diese der entsprechenden taxonomischen Kategorie des Pilzsystems zu. So wurde z. B. der unter den Deuteromyzeten eingeordneten Stamm *Fusarium moniliforme* nach Entdeckung der sexuellen Fortpflanzung unter der Bezeichnung *Gibberella fujikuroi* bei den Ascomyzeten eingegliedert. Auch einige *Aspergillus*-Arten sind unter der Bezeichnung *Eurotium* den Ascomyzeten zugeordnet. Da für die Aspergillen und Penicillien die sytematische Stellung noch unzureichend geklärt ist, werden sie bei den Deuteromyzeten behandelt. Zu den Deuteromyzeten zählen etwa 30 % aller Pilzarten. Sie umfassen einzellige, Pseudomycel bildende sowie filamentöse Pilze mit verzweigten und septierten Hyphen. Die ungeschlechtliche Vermehrung der zu ihnen gehörenden Hefegattungen (z. B. *Candida, Rhodotorula*) erfolgt durch Sprossung. Bei mycelbildenden Pilzen (z. B. *Aspergillus* und *Penicillium*-Arten) werden an speziellen Konidienträgern Konidiosporen abgeschnürt (Fig. 2-2).

Fungi imperfecti sind weit verbreitet. Sie kommen bevorzugt im Boden und auf verrottendem organischen Material vor. Biotechnologisch werden sie sehr vielseitig genutzt (Tab. 2-7).

Tab. 2-7: Auswahl biotechnologisch bedeutender Deuteromyzeten

Pilzarten	Bedeutung
Penicillium roquefortii	Käseherstellung
Penicillium chrysogenum	Penicillin-Gewinnung (antibakterielle Antibiotika)
Aspergillus niger	Citronensäure-, Amylase-, Pektinase-Gewinnung
Aspergillus oryzae	Amylase-, Protease-Gewinnung
Aspergillus flavus	Mycotoxin-Bildner (Aflatoxin)
Botrytis cinerea	Grauschimmel auf Erdbeeren, Edelfäule bei Weinbeeren
Trichoderma viride	Cellulase-, Glucanase-Gewinnung
Beauveria bassiana	Insektenpathogen gegen Kartoffelkäfer
Candida utilis	Futterhefeproduktion
Rhodotorula gracilis	Fettsynthese

2.3.5   Eigenschaften einiger Viren

Viren sind keine echten Lebewesen, weil sie sich nicht selbständig reproduzieren können. Sie sind infektiöse Partikel, die zu ihrer Vermehrung den Stoffwechsel anderer Organismen benötigen. Viren bestehen aus einem DNA- oder RNA-Molekül, das von einer Proteinhülle (Capsid) umgeben ist. Sie sind 20 - 300 nm groß und weisen vielfältige Formen auf. Einige von ihnen zeigt Fig. 2-15. Viren verursachen zahlreiche Infektionskrankheiten bei verschiedenen Organismen. Sie sind wichtige Objekte für die Forschung.

Bakterienviren. Diese auch als *Bacteriophagen* bezeichneten Viren haben eine große Bedeutung für die molekularbiologische Forschung. Bei der Produktion biotechnologischer Produkte können sie durch Zerstörung der Bakterien großen Schaden anrichten (z. B. Starterkulturen in der Milch-Industrie). Auf Nähragarplatten, die mit einem Bakterienrasen bewachsen sind, werden sie durch sog. **Plaques** (Lysehöfe im Bakterienrasen) sichtbar. Es gibt mehr als 800 Phagenarten, die sehr wirtsspezifisch sind. Eine Bakterienart kann von mehreren Phagentypen infiziert werden. Bekanntestes Beispiel ist der T-Phage von *E. coli*, dessen Aufbau in Fig. 2-15 zu sehen ist.

Pflanzenviren. Von etwa 600 Arten weisen die meisten Stäbchenform auf (Fig. 2-15). Nach den Pilzen sind sie die häufigsten Krankheitserreger bei Pflanzen. Ein Beispiel ist das Tabakmosaikvirus (TMV), das bei Tabakblättern zu mosaikartigen Gewebeschädigungen führt.

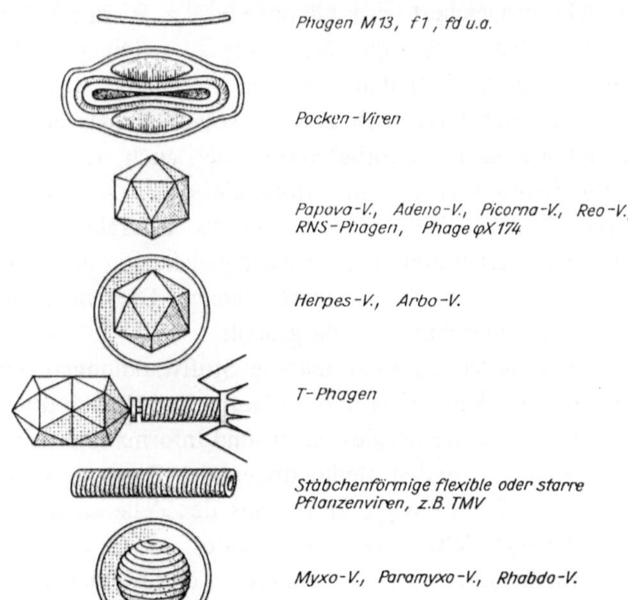

Fig. 2-15: Gestalt verschiedener Viren (LINDNER, 1978)

Insektenviren. Dieser Virustyp ist für die biologische Schädlingsbekämpfung von großem Interesse. Besondere Eignung weisen Baculoviren auf, da sie durch

Kultivierung von Insektenzellen vermehrt werden können. Sie infizieren Darmepithel- und Fettkörperzellen und führen dadurch zum Tod der Insekten. Im praktischen Einsatz sind u. a. Präparate gegen Kohleulen und Kiefernblattwespen. **Säugerviren.** Sie verursachen zahlreiche Krankheiten bei Mensch und Tier (z. B. Grippe, Hepatitis, Tollwut, Maul- und Klauenseuche, AIDS). Eine Beteiligung onkogener Viren an der Krebsentstehung wurde ebenfalls nachgewiesen. Durch die Gentechnik hat die Produktion von Impfstoffen gegen human- und tierpathogene Viren neue Impulse erhalten. So ermöglichen z. B. die Klonierung viraler Hüllproteingene oder die mutagene Beseitigung von Pathogenitätsfaktoren die biotechnologische Herstellung neuer, bisher nicht verfügbarer Impfstoffe.

2.4   Stoffwechsel der Mikroorganismen

2.4.1   Was versteht man unter Stoffwechsel ?

Als Stoffwechsel (oder **Metabolismus**) bezeichnet man Umwandlungsprozesse an Stoffen, die von der Zelle aufgenommen oder in ihr gebildet werden. Von der Zelle aufgenommene Nährstoffe dienen zum Aufbau zelleigener Substanzen (z. B. Proteine, Nucleinsäuren) sowie zur Gewinnung von Energie, die vor allem in Form von ATP gespeichert wird. Glucose wird z. B. zu 50 % als Energiequelle und zu 50 % als Substrat für die Neusynthese zelleigener Bestandteile verwertet. Die Zellbestandteile befinden sich im ständigen Umbau (Turnover), wobei ein Stoffwechselprodukt (Metabolit) sowohl Zwischenprodukt (Intermediat) von Abbauvorgängen (**Katabolismus**) als auch Baustein für Biosyntheseprozesse (**Anabolismus**) sein kann. Beispiele dafür sind Pyruvat (C_3-Verbindung) und Acetyl-CoA (C_2-Verbindung), die als zentrale Intermediate beim Abbau von polymeren Substraten anfallen, aber gleichzeitig als Bausteine für die Synthese von Aminosäuren u. a. Komponenten dienen. Die wichtigsten Zusammenhänge dieser Vorgänge sind in Fig. 2-16 dargestellt.
Sowohl katabole als auch anabole Stoffwandlungsreaktionen in der Zelle werden von Enzymen katalysiert und verlaufen gewöhnlich über mehrere Stufen. Die Zelle steht im ständigen Energie-, Stoff- und Informationsaustausch mit der Umwelt. Weil unter gleichbleibenden Bedingungen der Zustrom von Stoffen in die Zelle dem Abfluß von Reaktionsprodukten aus der Zelle entspricht, wird dieser Zustand als **Fließgleichgewicht** (steady state) bezeichnet. Beim Wechsel der Lebensbedingungen (z. B. Änderung der Medienzusammensetzung) erfolgt eine Umstellung des Stoffwechsels, wodurch eine Konzentrationsänderung der Intermediate erfolgen kann. Denn die Konzentration der Intermediärprodukte ist von der Geschwindigkeit ihrer Bildung und ihres Abbaus abhängig.

Innerhalb einer **Reaktionskette** wird die Geschwindigkeit des Stoffumsatzes von der langsamsten Teilreaktion bestimmt. Diese Schrittmacherreaktion wird meist von allosterischen Enzymen katalysiert, welche bevorzugter Angriffspunkt für *Regulationsmechanismen* sind. Durch die Lokalisation von Stoffwechselprozessen auf bestimmte Zellorganelle (z. B. Kern, Mitochondrien) kommt es bei eukaryotischen Zellen zur räumlichen Trennung einiger Stoffwechselketten.

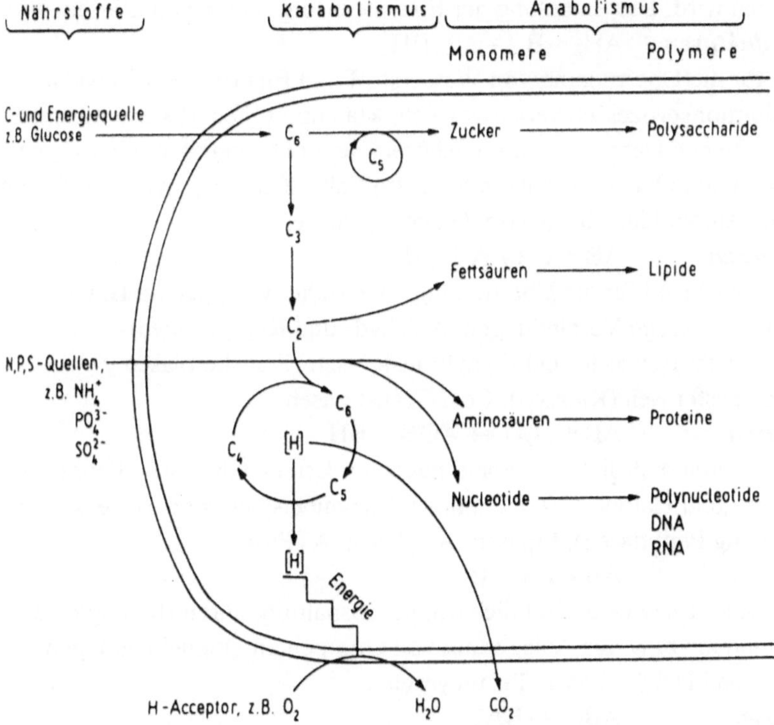

Fig. 2-16: Hauptwege des mikrobiellen Stoffwechsels (FRITSCHE, 1990)

2.4.2   Einteilung und Wirkungsweise von Enzymen

Enzyme sind von lebenden Zellen gebildete Proteine, die als hochmolekulare Biokatalysatoren alle biochemischen Reaktionen im Stoffwechsel steuern und beschleunigen. Die Vielzahl von Enzymen mit unterschiedlichen Wirkmechanismen - derzeitig sind etwa 3200 Enzyme bekannt, bis zu 10000 werden vermutet - erforderte eine Klassifizierung.

2.4.2.1   Wie werden sie systematisch eingeteilt ?

Die Enzymkommission der Internationalen Union für Biochemie (IUB) sowie die Kommission für Biochemische Nomenklatur der Internationalen Union für Reine und Angewandte Chemie (IUPAC) haben eine Systematik zur Nomenklatur und Klassifizierung erarbeitet (letzte Fassung 1992), wonach die Bezeichnung der Enzyme entsprechend dem Reaktionstyp und dem umgesetzten Substrat vorgenommen wird. Die Einteilung der Enzyme erfolgt in 6 Hauptklassen.

1. *Oxidoreduktasen* $AH_2 + B \leftrightarrow A + BH_2$
   Sie sind für die Übertragung von Wasserstoff und Elektronen bei Oxidations- und Reduktionsprozessen verantwortlich. Man untergliedert sie in mehrere Gruppen. Neben Dehydrogenasen gehören hierzu Oxygenasen (übertragen Sauerstoff) und Oxidasen (nutzen Sauerstoff als Akzeptor). Wichtige Enzyme sind z. B. Alkoholdehydrogenase, Glucoseoxidase.

2. *Transferasen* $AB + C \leftrightarrow A + CB$
   Diese Enzyme sind für die Übertragung chemischer Gruppen (z. B. C_1-, N-, P- und S-haltige Verbindungen, Aldehyd- und Ketogruppen) verantwortlich. Beispiele sind Fomyltransferasen, Transketolasen, Phosphotransferasen (Kinasen), CoA-Transferasen.

3. *Hydrolasen* $AB + H_2O \leftrightarrow AOH + BH$
   Sie katalysieren hydrolytische Spaltungen von Ester-, Glycosid-, Peptid-, C-N-, C-C-, P-N- und Halogen-Verbindungen. Enzymbeispiele sind Proteasen (neue Bezeichnung Peptidasen), Lipasen, Amylasen, ATPasen.

4. *Lyasen* $AB \leftrightarrow A + B$
   Mittels dieser Enzyme erfolgt die Gruppenabspaltung durch Bildung einer Doppelbindung bzw. die Anlagerung von Gruppen an Doppelbindungen. Beispiele sind Dehydratasen, Pectinlyasen.

5. *Isomerasen* $ABC \leftrightarrow BAC$
   Sie katalysieren Umwandlungen isomerer Verbindungen. Beispiele sind Aminosäureracemasen, Fettsäure-cis-trans-Isomerasen.

6. *Ligasen* $A + B + ATP \leftrightarrow AB + ADP + P_{an}$
   Diese Enzyme (alte Bezeichnung Synthetasen) bewirken die Verbindung von zwei Molekülen unter gleichzeitiger Spaltung einer energiereichen Verbindung (z. B. ATP). Beispiele sind Aminosäure-tRNA-Ligasen, CoA-Ligasen.

Jede Hauptklasse gliedert sich in Unterklassen, die durch den Reaktionstyp charakterisiert sind (z. B. bei den Hydrolasen nach Art der gespaltenen Bindung).

In dieses Klassifizierungssystem ist jedes Enzym mit einem **System-Namen** und einer **System-Nummer** eingeordnet. Der systematische Name setzt sich aus zwei Komponenten zusammen. Die erste bezeichnet das Substrat bzw. das Coenzym, die zweite mit der Endung „*ase*" den Reaktionstyp. Dies wird am Beispiel der *Lactatdehydrogenase* deutlich.

$$CH_3-CHOH-COOH + 2\ NAD^+ \longleftrightarrow CH_3-CO-COOH + 2\ NADH$$

$$\text{L-Lactat}\quad + \quad \text{Coenzym}\qquad\quad \text{Pyruvat}\quad + \quad \text{Coenzym}$$

und erhält deshalb den System-Namen *L-Lactat:NAD⁺-Oxidoreduktase*. Die dazugehörige System-Nummer **EC 1.1.1.27** bedeutet:

EC	-	Enzyme Classification
1.	-	Hauptklasse der Oxidoreduktasen
1.	-	Unterklasse, in der die CHOH-Gruppe H^+-Donator ist
1.	-	Sub-Unterklasse, in der NAD^+ oder $NADP^+$ H^+-Akzeptor sind
27	-	Enzym-Nummer innerhalb der Sub-Unterklasse

2.4.2.2   In welcher Weise werden sie katalytisch wirksam ?

Jeder Stoff besitzt durch die Anordnung seiner Bestandteile und die auf ihn von außen einwirkenden Faktoren unter bestimmten Temperatur-, Druck- und Konzentrationsverhältnissen (im allgemeinen auf die Standardbedingungen: T = 298 K, p = $1,013 \cdot 10^5$ Pa, c = 1 mol/l bezogen) einen bestimmten Energievorrat, der in chemischen Reaktionen frei verfügbar werden kann.

Diese **freie Energie** - genauer gesagt *freie Reaktions-Enthalpie* ΔG - gemessen in kJ/mol ergibt sich aus der Differenz der freien Enthalpie (G) der Endprodukte und des Ausgangsstoffes. Jede freiwillig ablaufende Reaktion ist durch eine Arbeitsleistung und eine damit verbundene Abnahme der freien Enthalpie gekennzeichnet. Man nennt sie **exergon** (ΔG <0). Reaktionen, die durch Arbeitsaufwand (sprich Energiezufuhr) erzwungen werden, nennt man **endergon** (ΔG >0). Die Triebkraft einer chemischen Reaktion - **Affinität** (A_f) der Reaktionspartner zueinander - ist um so größer, je höher der Wert der negativen freien Reaktionsenthalpie ist. Im Gleichgewichtszustand einer chemischen Reaktion sind ΔG und A_f gleich 0.

Aufgrund der in der Natur der Bindungskräfte begründeten **Reaktionsträgheit** laufen Reaktionen mit negativem ΔG im allgemeinen nur mit sehr geringer Geschwindigkeit ab. Diese kann durch Temperaturerhöhung bzw. die Zugabe eines Katalysators erhöht werden. Bei der Temperaturerhöhung wird die kinetische Energie der Teilchen und damit die Häufigkeit ihrer Zusammenstöße gesteigert (10 °C bewirken eine 2 - 4fach höhere Reaktionsgeschwindigkeit). **Katalysatoren** (z. B. Enzyme) bilden mit den Reaktanden vorübergehende Enzym-Substrat (ES)-Komplexe, wodurch die Aktivierungsenergie erniedrigt und die Reaktionshäufigkeit der Moleküle erhöht wird (Fig. 2-17).

Bei der **Enzymreaktion** unterscheidet man folgende Teilschritte:

- Bindung des Substrates (S) an das Enzym (E) unter Bildung eines Enzym-Substrat (ES)-Komplexes, wobei die Substratstruktur gelockert wird,
- Schaffung eines aktivierten Übergangszustandes durch Strukturumlagerung,
- Umwandlung des Substrates in das Produkt (P),

- Trennung des Enzym-Produkt (EP)-Komplexes.

Für die biokatalytische Aktivität eines Enzyms ist neben der Konformation des Gesamtmoleküls vor allem das **aktive Zentrum** - bestehend aus der Bindungs- und katalytischen Region - verantwortlich.

Enzyme binden das Substrat in einer Einbuchtung der Proteinkomponente, die eine bestimmte Aminosäuresequenz in einer spezifischen räumlichen Anordnung aufweist. Sie enthält meist den Imidazolrest des Histidins, die SH-Gruppe des Cysteins und die OH-Gruppe des Serins als reaktive Gruppen. Auf diese Weise entsteht im aktiven Zentrum ein besonderes Mikromilieu, das für die Ausrichtung von Bindungen im Substratmolekül während der Katalyse wichtig ist. Das räumliche Zusammenpassen von Substrat und Enzymbindungsstelle ist eine wesentliche Voraussetzung für die hohe Wirkungsspezifität von Enzymen.

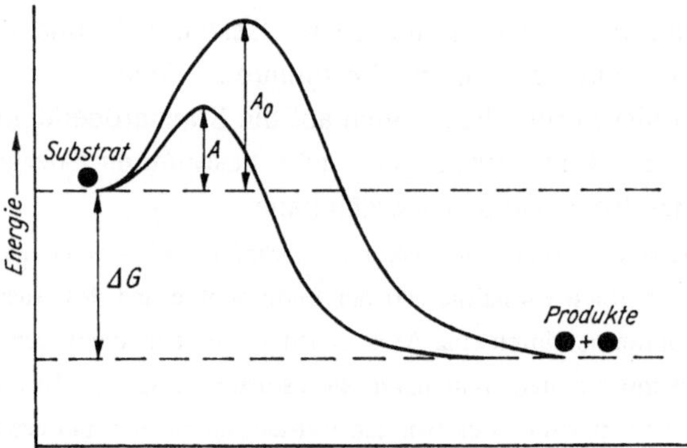

Fig. 2-17: Aktivierungsenergie einer chemischen Reaktion mit und ohne Enzymzusatz (RUTTLOFF, 1994) A_0 - Aktivierungsenergie ohne Katalysator, A - Aktivierungsenergie mit Katalysator, ΔG - Änderung der freien Enthalpie bei Ablauf der Reaktion

Die **katalytische Aktivität** eines Enzyms bezeichnet dessen Fähigkeit, Substrate umzuwandeln, ohne dabei selbst chemisch verändert zu werden. Sie wird definiert durch Substratumsatz pro Zeiteinheit unter Standardbedingungen.

Nach der bisher üblichen Aktivitätsangabe für Enzyme, die auch heute noch für kommerzielle Zwecke verwendet wird, ist eine *Internationale Einheit* (IE, engl. IU) die Enzymmenge, welche 1 µmol Substrat/min umsetzt. Im *Internationalen Einheitensystem* (SI) wurde als Basiseinheit für die Enzymaktivität **Katal** (kat) festgelegt, wobei ein kat einem Substratumsatz von 1 mol/s entspricht. Bei Umrechnung von IU in kat ergeben sich folgende Faktoren:

$$1 \text{ IU} = 16{,}67 \text{ nkat oder } 1 \text{ kat} = 6 \cdot 10^7 \text{ IU}$$

Eine auf das Volumen einer Enzymlösung bezogene Aktivitätsangabe erfolgt in kat/l oder µkat/µl. Die *spezifische Aktivität* bezieht sich auf die Proteinmenge und wird in kat/kg oder µkat/mg Protein angegeben. Die molare katalytische Aktivität (kat/mol) berücksichtigt die Molmasse des reinen Enzyms bei Vorliegen eines aktiven Zentrums pro Enzymmolekül.

Im Vergleich zu katalytisch nicht beeinflußten chemischen Umsetzungen können Enzyme Reaktionen um den Faktor 10^8 - 10^{20} beschleunigen. Dieser Effekt beruht u. a. auf der Ausrichtung und Konzentrierung des Substrates. Sie besitzen teilweise hohe Wirkungs-, Substrat- und Regulationsspezifität, die für den geordneten Ablauf von Lebensvorgängen in Organismen bedeutend sind.

Die Wirkungs- oder **Spaltungsspezifität** betrifft die katalytische Reaktionsart, die weitgehend festgelegt ist (z. B. katalysieren Hydrolasen hydrolytische Spaltungen). Bei der **Substratspezifität** unterscheidet man zwischen der absoluten, relativen und stereospezifischen Substratbindung durch Enzyme. Im Falle der absoluten Substratspezifität wird nur ein Substrat, bei der relativen können ganze Substratgruppen und bei der stereospezifischen nur ein von zwei optisch isomeren Substraten (z. B. L-Aminosäuren) gebunden und umgesetzt werden. Die **Regulationsspezifität** dient zur Koordinierung der Enzymwirkung im Stoffwechsel. Eine Erhöhung der katalytischen Wirkung bei einer Folge von einander abhängigen Stoffumwandlungen wird z. B. durch eine bestimmte strukturelle Anordnung von Einzelenzymen an Membranen erreicht. Dieser *Multienzymkomplex* (z. B. Elektronentransfer der Atmungskette) kann bis zu 20 Enzyme umfassen.

2.4.2.3   Welche Faktoren beeinflussen die Enzymaktivität ?

Der von einer Enzymmenge pro Zeiteinheit katalysierte Substratumsatz kann von verschiedenen Faktoren (u. a. Coenzyme, Cofaktoren, Substratkonzentration, Temperatur, Wasseraktivität sowie Effektoren) beeinflußt werden.

Coenzyme sind niedermolekulare Nichtproteine, die viele Enzyme für ihre Aktivität im aktiven Zentrum benötigen. Sie übertragen bei der Enzymreaktion spezifische Atome, Elektronen oder funktionelle Gruppen auf die Produkte. Coenzyme gehen mit dem Enzym (*Apoenzym*) spezifische Wechselwirkungen ein. Den gebildeten Enzym-Coenzym-Komplex bezeichnet man als *Holoenzym*.

Prinzipiell unterscheidet man zwischen fest an das Enzymprotein gebundenen *prosthetischen Gruppen* (z. B. FAD = Flavin-adenin-dinucleotid) und *leicht dissoziierbaren Coenzymen* (z. B. NAD^+ = Nicotinsäureamid-adenin-dinucleotid). Sie werden während der Enzymreaktion chemisch verändert und müssen durch eine zweite Reaktion wieder regeneriert werden. Das leicht ablösbare Coenzym reagiert dabei wie ein zweites Substrat (Cosubstrat). Viele Coenzyme enthalten als essentielle Bestandteile Vitamine (z. B. NAD^+ das Vitamin Niacin, FAD Riboflavin) bzw. Phosphorsäure (z. B. ATP). Die Wirkung der Coenzyme beruht auf Oxidoreduktions- (H^+- und Elektronenübertragung) und Gruppenübertragungsreaktionen (z. B. Aldehyd-, Aminogruppen).

Die Aktivität einer Reihe von Enzymen (sog. *Metalloenzyme*) wird durch die Anwesenheit von Metallionen (z. B. Cu^{2+}, Co^{2+}, Fe^{2+}, Zn^{2+}, Mg^{2+}) beeinflußt. Diese werden als **Cofaktoren** bezeichnet und üben unterschiedliche Funktionen aus, z. B. Substratbindung an das Enzymprotein, Stabilisierung des Enzymmoleküls, Veränderung der Konformation des Enzyms).

Die **Temperatur** beeinflußt eine enzymkatalysierte Reaktion in zweifacher Hinsicht. Sie führt einerseits zu einer 2 - 4fachen Beschleunigung der Reaktionsgeschwindigkeit bei einer Temperaturerhöhung um 10 °C. Oberhalb von 40 °C (bei den meisten Enzymen zwischen 50 - 60 °C) setzt jedoch die Denaturierung des Enzymproteins ein, die zumeist mit einer Entfaltung der Polypeptidkette und dem Verlust der Enzymaktivität verbunden ist.

Aus diesen gegenläufigen Vorgängen ergibt sich bei graphischer Auftragung der gemessenen Enzymaktivität eine *Optimumskurve*. Sie ist bei den Enzymen sehr unterschiedlich und kann durch die Anwesenheit von Effektoren, Inkubationszeit, Reinheitsgrad des Enzyms, pH-Wert u. a. Faktoren beeinflußt werden (Fig. 2-18). Bei Enzymen thermophiler Mikroorganismen liegt die Inaktivierungstemperatur zumeist bei 80 - 90 °C, in einigen Fällen sogar über 100 °C.

Einen großen Einfluß auf die Enzymaktivität hat auch der **pH-Wert**. Die H^+ - Konzentration im Reaktionsmedium wirkt sowohl auf die Substratbindung und die katalytische Region des Enzyms als auch auf die Substrateigenschaften.

Jedes Enzym wirkt nur in einem bestimmten pH-Bereich. Die höchste Aktivität wird im pH-Optimum gemessen, welches für jedes Enzym spezifisch ist und u. a. zur Enzymcharakterisierung herangezogen wird (Fig. 2-18). Das pH-Verhalten eines Enzyms wird durch die Medienzusammensetzung, die Temperatur, den Herkunftsorganismus u. a. Faktoren bestimmt. Neben der Reaktionsgeschwindigkeit ist auch die Stabilität eines Enzyms vom pH-Wert abhängig. Die pH-Optima für Enzymwirkung und -stabilität können voneinander abweichen.

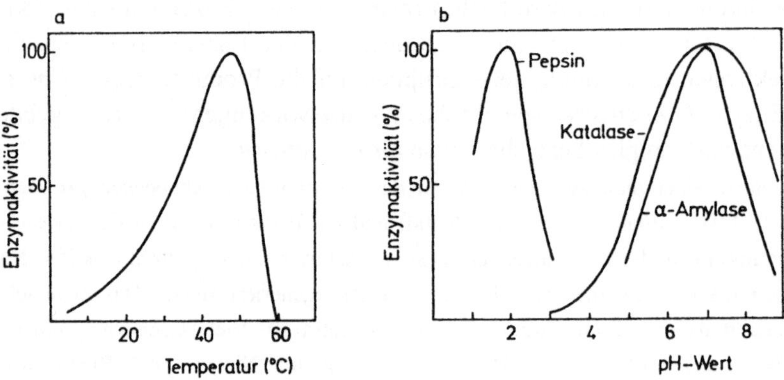

Fig. 2-18: a) Temperaturoptimum eines Enzyms; b) pH-Optima verschiedener Enzyme

Insbesondere Hydrolasen, aber auch andere Enzyme benötigen für ihre Wirkung die Anwesenheit von **Wasser** zur Hydratation des Enzymproteins. Dabei kommt es weniger auf den absoluten Feuchtegehalt des Substrates als vielmehr auf die für das Enzym verfügbare Wassermenge an. Diese wird als *Wasseraktivität* (a_w) bezeichnet und ist der rel. Luftfeuchte (LF) äquivalent (75 % rel. LF = 0,75 a_w). Sie errechnet sich wie folgt:

$$a_w = \frac{\text{Wasserdampfdruck des Substrates } (P_S)}{\text{Dampfdruck des reinen Wassers } (P_w)}$$

Mit abnehmendem a_w sinkt die Enzymwirkung (z. B. bei einer Hydrolase auf 25 % bei einem a_w von 0,35 im Vergleich zu 100 % Enzymwirkung bei einem a_w nahe 1). Werden wasserlösliche Enzyme in fast wasserfreie organische Lösungsmittel (z. B. Aceton) gebracht, steigt bei einigen (z. B. Lipasen) die Stabilität so stark an, daß sie bei 100 °C noch mehrere Stunden aktiv bleiben. Voraussetzung ist, daß noch einige 100 Wassermoleküle am aktiven Zentrum des Enzyms vorhanden sind. Erhöht sich die Wasserkonzentration, nimmt die Stabilität wieder ab.

Enzyme können in ihrer Wirkung durch **Inhibitoren** reversibel und irreversibel gehemmt werden. Eine *irreversible Hemmung* liegt vor, wenn eine chemische Modifizierung funktioneller Aminosäure-Reste im aktiven Zentrum des Enzyms durch kovalente Inhibitoranlagerung erfolgt und damit die Enzymwirkung blockiert wird. Die Hemmung kann weder durch Dialyse noch durch andere Methoden beseitigt werden. Dagegen ist eine *reversible Hemmung* durch Verdünnung oder Dialyse aufhebbar. Bei der Wechselwirkung zwischen Enzym (E) und Inhibitor (I) gibt es verschiedene Varianten.
Es gibt Enzyme, die für die Stoffwechselregulation eine besondere Bedeutung besitzen. Bei diesen sog. **allosterischen Enzymen** steigt die Geschwindigkeit der Reaktion bei niederen Substratkonzentrationen wenig, bei höheren jedoch sprunghaft an (sigmoide Kinetik). Sie besitzen neben dem aktiven Zentrum noch ein *regulatorisches Zentrum*, an welches sich reaktionsfördernde oder -hemmende *Effektoren* anlagern können. Sie bestehen aus mehreren Untereinheiten, die durch nichtkovalente Bindungen zu Polypeptidketten zusammengefügt werden. Effektoren erhöhen oder mindern die Substrataffinität des Enzyms.

2.4.2.4   Kinetik einer Enzymreaktion

Eine einfache Enzymreaktion mit einem Enzym (E) und einem Substrat (S) läßt sich mit folgender Reaktionsgleichung beschreiben.

$$E + S \underset{k_{-1}}{\overset{k_{+1}}{\rightleftharpoons}} ES \overset{k_{+2}}{\longrightarrow} E + P$$

Dabei symbolisiert k die Geschwindigkeitskonstante für die Teilreaktionen und ES den Enzym-Substrat-Komplex. Nach abgelaufener Reaktion trennt sich das Enzym vom Produkt (P) und kann mit einem neuen Substrat reagieren. Die Bildung des ES-

Komplexes erfolgt in einer Gleichgewichtsreaktion, bei der die Bindungsfähigkeit (Affinität) des Substrates an das Enzym durch die MICHAELIS-Konstante

$$K_M = \frac{k_{-1} + k_{+2}}{k_{+1}}$$

zum Ausdruck kommt. Die Umsetzung des Substrates zum Produkt läuft mit der Geschwindigkeit $v = k_{+2} \cdot [ES]$ ab. Für den Fall, daß zum Zeitpunkt t alle Enzymmoleküle (E_t) mit Substrat gesättigt sind, ist $[E_t] = [ES]$ und die Reaktion verläuft mit maximaler Geschwindigkeit $v_{max} = k_{+2} \cdot [E_t]$. Unter Berücksichtigung der Beziehung $[E_t] = [E] + [ES]$ sowie o. g. Gleichungen resultiert die MICHAELIS-MENTEN-Gleichung:

$$v = \frac{v_{max} \cdot [S]}{K_M + [S]}$$

Die graphische Darstellung der Gleichung ergibt die für Enzymreaktionen charakteristische **Substratsättigungskurve** (Fig. 2-19). Sie resultiert daraus, daß zu Beginn einer Umsetzung die Reaktionsgeschwindigkeit v proportional zur Substratkonzentration [S] verläuft (Reaktion 1. Ordnung). Mit zunehmender Substratkonzentration vermindert sich v und bleibt nach Erreichen des Maximalwertes v_{max} konstant (Reaktion 0. Ordnung). In dieser Phase sind alle Enzymmoleküle mit einem Substratmolekül besetzt, so daß keine weitere Zunahme der Reaktionsgeschwindigkeit möglich ist.

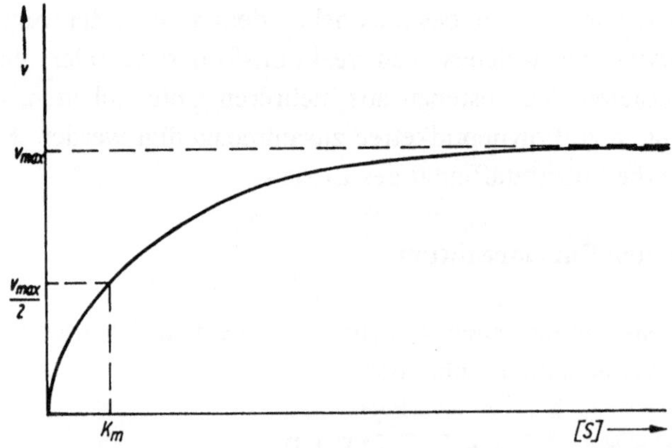

Fig. 2-19: Wirkung der Substratkonzentration [S] auf die Geschwindigkeit einer Enzymreaktion (MICHAELIS-MENTEN-Kurve oder Enzymkennlinie) (RUTTLOFF, 1994)

Es wurde ermittelt, daß der **K_M-Wert** (mol/l) derjenigen Substratkonzentration [S] entspricht, bei der die Reaktion mit halber Maximalgeschwindigkeit abläuft. Der K_M-Wert ist unabhängig von der

Enzymkonzentration, ändert sich aber mit der Substratstruktur, dem pH-Wert, der Temperatur u. a. Milieubedingungen. Er liegt im allgemeinen bei einer Konzentration von 10^{-2} bis 10^{-5} mol/l. Ein hoher K_M-Wert besagt, daß zur Enzymsättigung mit Substrat eine hohe Substratkonzentration erforderlich ist, weil das Enzym zum Substrat eine geringe Affinität aufweist.

Die quantitative Bestimmung von K_M und v_{max} ist graphisch möglich. Durch geeignete Umformung (Linearisierung) der M-M-Gleichung nach LINEWEAVER-BURK erhält man die Gleichung

$$\frac{1}{v} = \frac{K_M + [S]}{v_{max} \cdot [S]} = \frac{K_M}{v_{max}} \cdot \frac{1}{[S]} + \frac{1}{v_{max}}$$

Bei graphischer Darstellung der reziproken Reaktionsgeschwindigkeit gegen die reziproken Werte der Substratkonzentration erhält man eine Gerade. Aus dem Schnittpunkt der Geraden mit der Ordinate läßt sich v_{max}, aus demjenigen mit der Abszisse der K_M-Wert ermitteln.

2.4.2.5   Wo sind Enzyme in der Zelle lokalisiert ?

In Abhängigkeit vom Wirkungsort unterscheidet man zwischen extrazellulären, membrangebundenen und intrazellulären Enzymen. **Extrazelluläre Enzyme** werden nach ihrer Bildung in der Zelle in die Umgebung ausgeschieden. Sie dienen dazu, polymere Substrate (z. B. Stärke, Cellulose, Proteine) außerhalb der Zelle in ihre Bausteine zu zerlegen, bevor sie von den Mikroorganismen durch die Zellmembran aufgenommen und verstoffwechselt werden. Synthese und Sekretion dieser Enzyme (vorwiegend *Hydrolasen)* erfolgen insbesondere bei Limitation eines leicht verwertbaren Substrates im Medium.

Die *Molmasse* extrazellulärer Enzyme aus Bakterien ist gewöhnlich relativ gering (maximal 60 kDa). Hefen und Schimmelpilze bilden und sezernieren zumeist Enzyme, welche einen Kohlenhydratanteil und Disulfidbrücken enthalten und aus diesem Grunde eine Molmasse > 60 kDa aufweisen. Die **Sekretion** extrazellulärer Enzyme durch die Zellmembran erfolgt mit Hilfe von *Signalpeptiden*, die dem Enzym vorgeschaltet sind. Sie werden beim Membrandurchtritt von Proteasen abgespalten. Extrazelluläre Enzyme sind von großem industriellen Interesse.

Da eine Vielzahl zellulärer Stoffwechselprozesse an Membranen abläuft, spielen **membrangebundene Enzyme** eine wichtige Rolle. Man unterscheidet zwischen *peripheren* (der Membran angelagerten) und *integralen* (in die Lipidschicht eingebauten) Membranenzymen. Während sich erstere durch Komplexbildner, Veränderung der Ionenstärke u. a. Bedingungen relativ leicht ablösen lassen, sind integrale Enzyme mit hoher Organisation und Stabilität in die Membran eingebaut. Die Aufgaben der Membranenzyme sind vielfältiger Natur:

- Spaltung von impermeablen Makromolekülen (z. B. Cellulasen, Proteasen)

- Membrantransport niedermolekularer Substrate (z. B. Permeasen)

- Protein-Processing, Enzymsekretion (z. B. Proteasen)
- Oxidation extrazellulärer Substrate wie aromatische KW (z. B. Mono- und Dioxygenasen)
- Oxidation intrazellulärer Substrate (z. B. H^+-übertragende Enzyme der Atmungskette)
- Biosynthese von Zellwandpolysacchariden (z. B. Glycosyltransferasen)

Die meisten Enzyme gehören zu den löslichen oder **intrazellulären Enzymen**, die im Zellinneren wirksam und nicht an Membranen gebunden sind. Sie befinden sich im Cytoplasma von Mikroorganismen und erfüllen vielfältige Funktionen im Stoffwechsel. Beispiele sind Invertase, Katalase, Lactatdehydrogenase.

Das in einer Zell- oder Membranfraktion vorherrschende oder ausschließlich vorkommende Enzym wird als **Leit- oder Markerenzym** bezeichnet. Beispiele sind NAD^+-Pyrophosphorylase (Zellkern) und Arginase (Cytoplasma). Sie sind für die biochemische Charakterisierung von Fraktionen bei Zellaufschluß von Bedeutung. Daneben gibt es bilokuläre Enzyme. die in zwei verschiedenen Zellbestandteilen vorkommen aber die gleiche katalytische Wirkung besitzen. Zu ihnen gehören die **Isoenzyme**, die genetisch bedingte Unterschiede in der Aminosäure-Sequenz aufweisen (z. B. Malatdehydrogenase in Mitochondrien und im Cytoplasma). Mehrere Einzelenzyme, die ganze Stoffwechselketten katalysieren, können zu **Multienzymkomplexen** miteinander verbunden sein. Sie besitzen eine erhöhte katalytische Wirkung (z. B. der Fettsäuresynthase-Komplex in Hefe).

2.4.3   Wie gelangen die Nährstoffe in die Zelle ?

Die für ihre Lebenstätigkeit erforderlichen Nährstoffe beziehen Mikroorganismen überwiegend aus dem sie umgebenden Lebensraum. Da viele Hauptnährstoffe in der Natur als Polymere vorliegen und in dieser Form nicht in die Zelle transportiert werden können, müssen sie zunächst durch extrazelluläre Enzyme (z. B. Cellulasen, Proteasen) in niedermolekulare Bausteine (z. B. Monosaccharide, Aminosäuren) gespalten werden. Wichtigstes Organell für die Nährstoffaufnahme ist die Zellmembran, die als osmotische Barriere wirkt und einen selektiven Stoffaustausch mit der Umwelt ermöglicht. Bei den verschiedenen Mechanismen des Stofftransportes unterscheidet man zwischen Energie-unabhängigen (passiven) und Energie-verbrauchenden (aktiven) Transportvorgängen. Ihre wesentlichsten Eigenschaften sind in Tab. 2-8 zusammengefaßt.

2.4.4   Grundprozesse im katabolen Stoffwechsel

Zur Gewinnung von Bausteinen für den Zellaufbau sowie von Energie für anabole Prozesse, aktiven Stofftransport durch Membranen, Fortbewegungs-, osmotische Regulations- u. a. zelluläre Vorgänge nutzen Zellen die aus ihrem Lebensraum aufgenommenen sowie enzymatisch abgebauten Nährstoffe. Die **Hauptwege** des katabolen Stoffwechsels führen über drei Stufen (Fig. 2-20).

In der *1. Stufe* erfolgt die **Spaltung polymerer Nährstoffe** durch enzymatische Hydrolyse oder Phosphorolyse zu den monomeren Bausteinen Hexosen, Pentosen, Aminosäuren, Fettsäuren und Glycerol. Die Enzyme sind vorwiegend induzierbar und werden von den Zellen ausgeschieden.

Tab. 2-8: Arten der Nährstoffaufnahme durch die Zellmembran

Transportart	Wirkungsweise
Einfache	- Stofftransport bis zum Konzentrationsausgleich inner- u. außerhalb der Zelle
Diffusion	- nur für kleine ungeladene Moleküle, z. B. H_2O, O_2, CO_2, Harnstoff.
	lipophile Substanzen, organische Säuren
Erleichterte	- Substratanlagerung an spezifische Membranproteine (z. B. Permeasen.
Diffusion	stereospezifische Enzyme)
	- Transfer durch fixe Poren mit mobilen Carriern
	- mobile Carrier bei Hefen z. B. für Glucose
Aktiver	- wichtigste Transportform
Transport	- Stoffakkumulation (bis 1000fach) in der Zelle gegen Konzentrationsgefälle
	- substratspezifische Permeasen mit energieliefernden Prozessen gekoppelt
	(ATP-Bereitstellung durch Zelle)
	- gemeinsames Transportsystem für aromatische Aminosäuren bei *E. coli*
Gruppentrans-	- energiegekoppelter Transport bei zahlreichen Bakterien
lokation	- Phosphat wird über drei enzymatische Schritte an das Substrat (z. B.
	Glucose) gekoppelt und der Komplex durch die Membran geschleust
Spezifische	- für Zucker , Peptide, Metallionen u. a. Substanzen
Systeme	- gut untersucht ist z. B. der Fe^{3+}-Transport mittels Siderophoren

Die *2. Stufe* umfaßt den weiteren **Abbau der Monomeren** über die C_3-Verbindung Pyruvat oder direkt zu der durch Ankopplung von Coenzym A aktivierten C_2-Verbindung Acetyl-CoA. Die Abbauprodukte einiger Aminosäuren gehen direkt in den Citratcyclus ein.

Beim **Endabbau** in der *3. Stufe* wird zunächst Acetyl-CoA mit der C_4-Verbindung Oxalacetat zu Citronensäure kondensiert. Diese wird nachfolgend im Citrat- (oder Tricarbonsäure-Cyclus) in zwei Decarboxylierungs- und 4 Oxidationsschritten wieder zu Oxalacetat abgebaut. Die Abbauprozesse im **Citratcyclus** führen zu den Endprodukten CO_2 und H_2O. Dabei werden reduzierte Pyridin- und Flavinnucleotide (NADH, $FADH_2$) für die ATP-Bildung durch oxydative

Phosphorylierung sowie Zwischenprodukte für die Bildung von Aminosäuren, Fettsäuren und Nucleotiden bereitgestellt.

Mikroorganismen haben im Verlaufe der Evolution mehrere **Formen der Energiegewinnung** entwickelt, die in enger Beziehung zu ihrer Ernährungsweise stehen. Die wichtigsten **Ernährungstypen** enthält Tab. 2-9.

So wird z. B. *Saccharomyces cerevisiae* wegen der Nutzung von Kohlenhydraten als Energie-, Wasserstoff- und C-Quelle dem chemoorganoheterotrophen Ernährungstyp zugeordnet. Aber auch Bezeichnungen, die nur die Energiequelle (z. B. Phototrophie) oder nur die Wasserstoffdonatoren (z. B. Lithotrophie) bzw. eine Kombination beider (z. B. Photolithotrophie) betreffen, sind üblich.

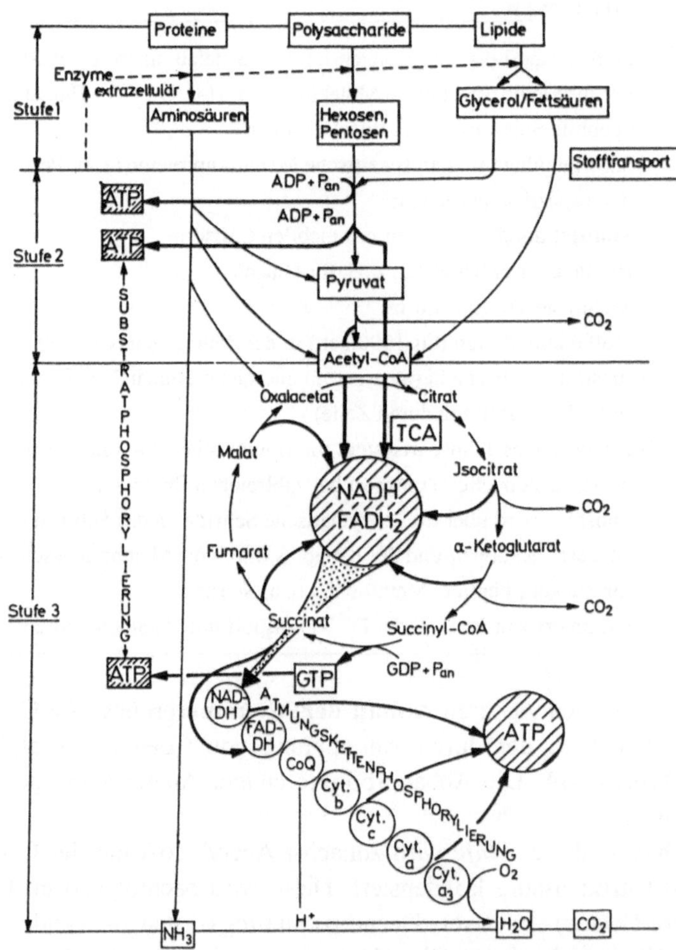

Fig. 2-20: Stufen des Katabolismus von Nährstoffen und der ATP-Bildung (WEIDE et al., 1991)
DH = Dehydrogenase, GDP = Guanosindiphosphat, GTP = Guanosintriphosphat

Bei der **autotrophen Ernährungsweise** wird CO_2 als C-Quelle assimiliert. Die ATP-Synthese erfolgt mittels Photo-, Chemolithotrophie oder Methanogenese.

Im Falle der **Phototrophie** wird durch einen vom Sonnenlicht angetriebenen Elektronentransport ein Membranpotential erzeugt, welches der Synthese von ATP und NADH dient. Als Elektronen-Donatoren werden H_2O, H_2S und organische Substanzen, als Elektronen-Akzeptoren NAD^+ und CO_2 wirksam. Zur Photosynthese sind Purpur-, Cyano- und Grüne Bakterien befähigt.

Bei der **Chemolithotrophie** werden durch Oxidation von NH_4^+, NO_2^-, H_2, CO, Fe^{2+}, H_2S und S Elektronen auf O_2 und CO_2 transferiert. Die Oxidation von NH_4^+ durch nitrifizierende Bakterien verläuft z. B. in folgender Weise:

$$NH_4^+ + 1,5\ O_2 \rightarrow NO_2^- + 2\ H + H_2O \qquad \Delta G = -270\ kJ$$

Die **Methanogenese** ist eine Art anaerobe Atmung, bei der H_2 über spezifische Transportsysteme auf CO_2 übertragen wird und Methan entsteht (z. B. die Methanbildung durch Archaebakterien).

$$4\ H_2 + CO_2 \rightarrow CH_4 + 2\ H_2O \qquad \Delta G = -112\ kJ$$

Tab. 2-9: Ernährungsweise verschiedener Mikroorganismen (WEIDE et al., 1991)

Ernährungstyp	C-Quelle	Energiequelle	Elektronendonator	Beispiele
Autotroph	CO_2			
Heterotroph	organisch			
Phototroph		Licht		
Chemotroph		Redoxreaktion		
Organotroph			organisch	
Lithotroph			anorganisch	
Chemoorganotr.	organisch	Redoxreaktion	organisch (z. B. Glucose)	Mehrzahl der Mikroorganismen
Chemolithotroph	CO_2	Redoxreaktion	anorganisch (z. B. H_2, NH_4^+)	S-, Fe-, Knallgas-, nitrifizierende Bakterien
Photolithotroph	CO_2	Licht	anorganisch (z. B. H_2O, H_2S)	Cyano-, S-Purpur-, photosynth. Bakterien
Photoorganotroph	organisch	Licht	organisch	S-freie Purpurbakterien

Bei **heterotropher Ernährungsweise** nutzen die Mikroorganismen organische Substanz, die von anderen Organismen gebildet wurde, als C- und Energiequelle. Die Energiegewinnung kann durch Atmung oder Gärung erfolgen.

Organische Substrate werden bei der **Atmung** durch Oxidationsprozesse vollständig zu den Endprodukten CO_2 und H_2O abgebaut. Beim Abbau von Glucose zu Pyruvat haben die Mikroorganismen verschiedene enzymatische Wege entwickelt, von denen die drei bedeutendsten (nach wichtigen Zwischenprodukten benannt) sind:

- Fructose-1,6-biphosphat-Weg (**EMP-Weg** nach den Entdeckern EMBDEN, MEYERHOF und PARNAS),
- 2-Keto-3-desoxy-6-phosphogluconat-Weg (**KDPG-Weg** entdeckt von ENTNER und DOUDOROFF) und der
- Pentose-phosphat-Weg (**PP-Weg**).

Der **EMP-Weg** (auch als *Glykolyse* bekannt) ist der am häufigsten genutzte Abbauweg der Glucose. Er ist bei den meisten eukaryotischen und bei vielen prokaryotischen Mikroorganismen verbreitet und dient hauptsächlich der Energiebereitstellung durch Substratphosphorylierung.

Viele aerobe Gram-negative Bakterien (z. B. *Rhizobium-, Pseudomonas-, Thiobacillus*-Arten) sowie halophile und thermophile Archaebakterien bauen Glucose bevorzugt über den **KDPG-Weg** ab. Die ATP-Ausbeute ist hierbei jedoch geringer als auf dem EMP-Weg.

Mehrere Funktionen besitzt der **PP-Weg**. Neben der Einschleusung von Glucose in den Intermediärstoffwechsel dient er vielen Mikroorganismen vor allem zur Bildung von Ribosen für die Nucleinsäuresynthese und zur Bildung von NADPH für verschiedene Syntheseprozesse. Auch Pentosen (z. B. Xylose, Arabinose) werden über diesen Weg verstoffwechselt.

Die beim Glucoseabbau frei werdende chemische Energie wird in ATP umgewandelt und gespeichert. Als Elektronen-Donator wirken organische Substanzen, Elektronen-Akzeptor ist O_2. Die Veratmung von Glucose verläuft z. B. wie folgt:

$$C_6H_{12}O_6 + 6\ O_2 \rightarrow 6\ CO_2 + 6\ H_2O \qquad \Delta G = -\ 2870\ kJ$$

Pro mol Glucose können 38 ATP-Moleküle gebildet werden.

Einige Bakterienarten besitzen die Fähigkeit, in Abwesenheit von Sauerstoff Nitrat als Elektronenakzeptor zu nutzen (*Nitratatmung*). Dieser Prozeß ist eine Form der **anaeroben Atmung** und führt zu einer ähnlich hohen Energieausbeute wie die Sauerstoffatmung. Eine weitere Variante der anaeroben Atmung ist die *Sulfatreduktion*, wobei Sulfat als H^+-Akzeptor dient.

Gärungsprozesse sind unvollständige Oxidationsvorgänge, die unter Sauerstoffmangel ablaufen und über die o. g. drei Wege zu Zwischenprodukten des Stoffwechsels wie organische Säuren, Alkohol u. a. führen. Diese Produkte enthalten noch einen großen Anteil an chemischer Energie. Als Elektronen-Donator und -Akzeptor dienen organische Substanzen. Bei der Vergärung von 1 mol Glucose zu Ethanol durch *S. cerevisiae* werden 2 ATP-Moleküle gebildet.

$$C_6H_{12}O_6 \rightarrow 2\ C_2H_5OH + 2\ CO_2 \qquad \Delta G = -\ 197\ kJ$$

Die bei der Atmung, als wichtigstem Prozeß der Energiegewinnung, ablaufenden Reaktionen sind in Fig. 2-20 schematisch dargestellt. Daraus wird deutlich, daß die **ATP-Bildung** erst in der 2. Abbaustufe durch *Substratphosphorylierung* einsetzt. Es kommt zu chemischen Umwandlungsreaktionen an Phosphorsäure-haltigen organischen Substanzen, bei denen energiereiche Intermediate mit einem hohen Anteil an freier Energie entstehen (z. B. 1,3-Diphosphoglycerolsäure, Phosphoenolpyruvat, Acetylphosphat, Succinyl-CoA). Durch Übertragung eines Phosphatrestes von diesen Intermediaten auf ADP wird ATP gebildet (Fig. 2-21). Die auf diese Weise gewonnene ATP-Ausbeute ist noch relativ gering.

Die Hauptmenge ATP entsteht in der Endabbauphase (3. Stufe) durch oxidative oder *Atmungskettenphosphorylierung*. Bei diesem Prozeß wird Wasserstoff, der während der Oxidation der Intermediate im Citronensäurecyclus auf NAD^+ und FAD transferiert worden ist, auf Coenzym Q und verschiedene Cytochrome übertragen. Der sich anschließende Elektronenfluß von den Donatoren mit negativem Redoxpotential (NADH, $FADH_2$) zu dem positiv geladenen Akzeptor (Sauerstoff) ist gekoppelt mit der Bildung von ATP aus ADP und P_{an}.

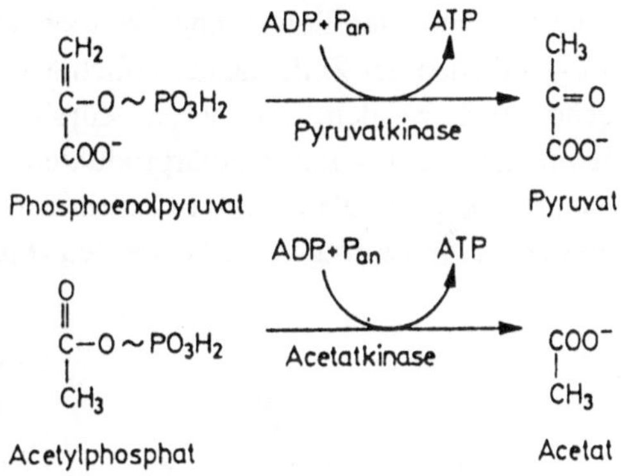

Fig. 2-21: Beispiele der ATP-Bildung durch Übertragung von Phosphatresten aus energiereichen Intermediaten

Bei phototrophen Mikroorganismen gibt es noch einen 3. Prozeß der ATP-Synthese, die *photosynthetische Phosphorylierung*. Durch Licht werden in Chlorophyll-haltigen Reaktionszentren Elektronen in einen angeregten Zustand versetzt. Beim Transport der Elektronen über eine Kette von Redoxkatalysatoren wird sodann die frei werdende Energie in ATP überführt.

2.4.5   Anabole Stoffwechselprozesse

Um zu wachsen und sich zu vermehren, synthetisieren Mikroorganismen neue Zellsubstanz. Anorganische (z. B. Ammoniumsalze, Sauerstoff, Phosphor-, Schwefel-, Kalium-, Eisen-, Calciumsalze und Spurenelemente) und organische (z. B. Glucose, Pepton, Vitamingemische) Verbindungen aus der Umwelt bzw. intrazelluläre Stoffwechselprodukte (z. B. Pyruvat, Acetyl-CoA, Intermediate des Citratcyclus) dienen dazu, die Zelle mit den notwendigen Substanzen für die **Synthese der monomeren Bausteine** Monosaccharide, Aminosäuren und Fettsäuren zu versorgen. Diese wiederum sind die Ausgangsstoffe für polymere Verbindungen wie Proteine, Polysaccharide, Nucleinsäuren, Lipide, Reservestoffe (Polyphosphate, Poly-ß-hydroxybuttersäure) u. a. (Fig. 2-16).

Anabole Stoffwechselprozesse verlaufen nicht als einfache Umkehrvorgänge des Katabolismus, sondern unterscheiden sich von diesen in mehrfacher Hinsicht:

a.) Bei der Stoffsynthese wird Energie verbraucht, die durch Abbauprozesse freigesetzt wird.

b.) Die Regulation anaboler und kataboler Stoffwechselprozesse erfolgt mittels unabhängig voneinander wirkender Enzyme und Effektoren.

c.) Bei Eukaryoten laufen Auf- und Abbaureaktionen in verschiedenen Zellkompartimenten ab. Beide Prozesse sind vor allem über den Citratcyclus miteinander verbunden.

2.4.5.1   Biosynthese monomerer Verbindungen

Für die Synthese der Polysaccharide - sie werden vor allem zum Zellwandaufbau benötigt - dienen der Zelle hauptsächlich Monosaccharide, welche aus dem Medium aufgenommen werden. Ist deren Zufuhr nicht gesichert, müssen sie mittels **Gluconeogenese** aus Intermediärprodukten synthetisiert werden. Dies sind zumeist Abbauprodukte, die über Acetyl-CoA in den eng mit dem Citratcyclus gekoppelten *Glyoxylsäurecyclus* eingeschleust werden (Fig. 2-22).

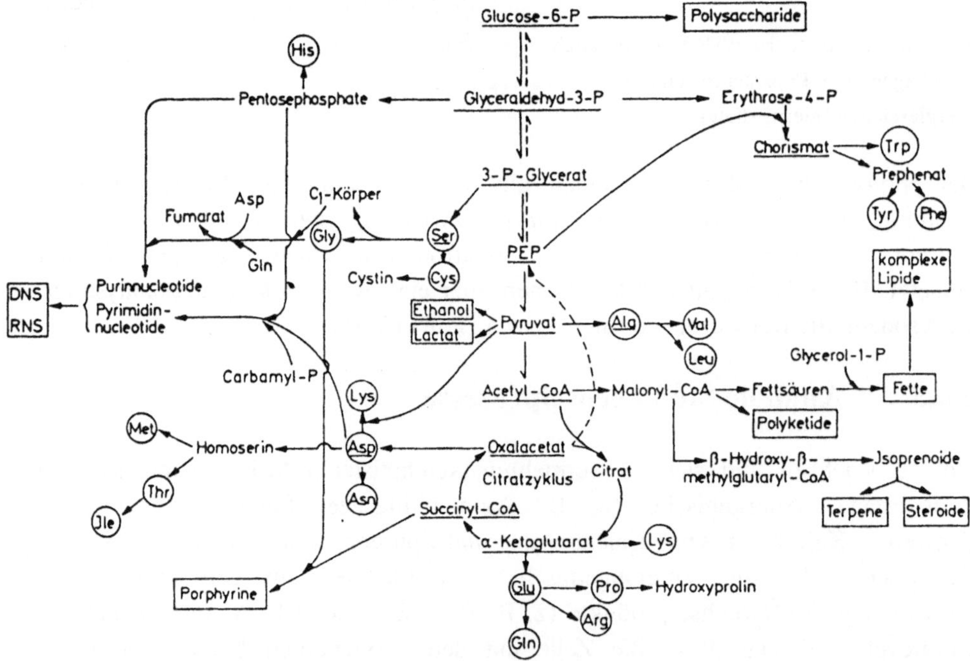

Fig. 2-22: Biosynthese wichtiger monomerer und polymerer Verbindungen (WEIDE et al., 1991)
----- = Gluconeogenese, —— = Schlüsselintermediate, PEP- Phosphoenolpyruvat

Die Synthese der für diesen Cyclus erforderlichen Schlüsselenzyme wird bei Zuckermangel induziert. Sie werden an verschiedenen Stellen des Citratcyclus wirksam. Dies betrifft z. B. die

Phosphoenolpyruvat (PEP)-Synthase, welche Lactat und Pyruvat in den Cyclus einschleust. Die Bildung von PEP aus Oxalacetat, die bei vielen Mikroorganismen von der PEP-Carboxylase katalysiert wird, leitet die Glucosebildung ein.

Aminosäuren werden von vielen Mikroorganismen aus Produkten des Intermediärstoffwechsels synthetisiert. Dies sind überwiegend die Intermediate Oxalacetat und α-Ketoglutarat des Citratcyclus sowie Pyruvat (Fig. 2-22).

Die Bildung dieser Intermediate erfolgt aus verschiedenen N-Quellen. Durch Reduktion von Nitrat und Fixierung von N_2 über verschiedene enzymatische Teilreaktionen entsteht Ammonium. Durch Aminierung mit Ammonium-Ionen werden aus Pyruvat Alanin, aus Oxalacetat Aspartat und aus α-Ketoglutarat Glutamat gebildet. Diese Prozesse laufen unter der katalysierenden Wirkung unterschiedlicher Enzyme ab. Die direkt synthetisierten Aminosäuren sind Ausgangsstoffe für weitere Aminosäuren, deren Bildung durch Transaminierung und Kondensationsreaktionen erfolgt.

Ausgangssubstrat für die **Fettsäuresynthese** (Fig. 2-22) ist Acetyl-CoA, das durch Decarboxylierung von Pyruvat bzw. ß-Oxidation von Fettsäuren entsteht.

Der Aufbau von Fettsäuren verläuft über Malonyl-CoA-Einheiten. Diese werden durch Carboxylierung aus Acetyl-CoA unter Mitwirkung von ATP und Biotin als Enzymwirkgruppe gebildet. Durch Kondensation von Malonyl-CoA mit Acetyl-CoA und nachfolgend mit Fettsäure-CoA entstehen die verschiedenen gesättigten Fettsäuren. Die Synthese der Fettsäuren erfordert im wesentlichen vier unterschiedliche Enzymsysteme:

- Acetyl-CoA-Carboxylase → Bildung von Malonyl-CoA,
- Fettsäuresynthetase   → Kettenverlängerung der Fettsäuren,
- Desaturase → Bildung ungesättigter Fettsäuren,
- Kettenelongationssystem → Verlängerung der Palmitinsäure.

Eine besondere Rolle im Stoffwechsel spielen **Nucleotide**, die als Bausteine der *Nucleinsäuren* (DNA und RNA) sowie einiger *Coenzyme* (z. B. NAD^+, FAD, CoA) dienen. Die Nucleotidsynthese erfolgt über enzymgesteuerte Synthesewege. Durch Variation der drei Bestandteile entstehen die in Abschn. 2.2.4.1 genannten Bausteine der Nucleinsäuren sowie wichtige freie Nucleotide. Dazu folgende Beispiele:

- Durch Ankopplung von Phosphorsäuremolekülen an ein Nucleotid entstehen die energiereichen Phosphate *Adenosin-5'-diphosphat* (ADP) und *Adenosin-5'-triphosphat* (ATP), welche im Energiehaushalt der Zelle eine herausragende Rolle spielen.
- Durch Verknüpfung zweier Nucleotide über eine P-O-P-Brücke werden die Verbindungen *Nikotinsäureamid-adenin-dinucleotid* (NAD^+) und *Nikotinsäureamid-adenin-dinucleotid-phosphat* ($NADP^+$) gebildet, die zu den Wasserstoff übertragenden Coenzymen zählen.

Wie Fig. 2-22 ebenfalls verdeutlicht, werden zur Biosynthese von Aminosäuren und anderer niedermolekularer Verbindungen aus dem Citratcyclus ständig Intermediate, insbesondere Oxalacetat, entzogen. Um diesen Cyclus nicht zum Erliegen zu bringen, sind ständige Auffüllreaktionen erforderlich. Diese als **anaplerotische Reaktionen** bezeichneten Prozesse erfolgen einerseits durch Bildung von Oxalacetat aus Phosphoenolpyruvat (PEP) unter katalytischer Wirkung einer PEP-Carboxylase und anderer Enzyme. Andererseits haben Mikroorganismen, die Fettsäuren und n-Alkane als einzige C-Quelle verwerten können, noch die Möglichkeit, über den Glyoxalatcyclus diese Auffüllreaktion vorzunehmen.

2.4.5.2   Biosynthese polymerer Verbindungen

Aus monomeren Bausteinen werden über sehr komplexe Syntheseprozesse unter Mitwirkung zahlreicher Enzyme verschiedene polymere Verbindungen gebildet. **Polysaccharide** (z. B. Dextran, Laevan, Xanthan, Pullulan, Alginat), die bei einer Reihe von Bakterienarten als Kapsel- oder Schleimstoffe auftreten (s. Abschn. 2.2.2), werden extra- oder intrazellulär synthetisiert.

Auf extrazelluläre Weise wird z. B. Dextran gebildet. So scheidet *Leuconostoc mesenteroides* eine Dextran-Saccharase aus, die nach Spaltung der Saccharose in die beiden Monosaccharide Fructose und Glucose letztere sofort zu Dextran polymerisiert. Unter Ausnutzung der in der Glucosidbindung der Saccharose enthaltenen Energie werden 1,3-, 1,4- und 1,6-Bindungen geknüpft, die zu verzweigtkettigen Makromolekülen mit einer Molmasse von 15000 - 50000 führen. Das natürliche Akzeptormolekül ist Saccharose, unter Produktionsbedingungen kommen niedermolekulare Dextrane zum Einsatz, die durch Hydrolyse hergestellt werden. Im Falle der intrazellulären Synthese verlaufen die ersten Schritte in der Zelle. Das Syntheseprinzip ähnelt dem von Peptidoglycan. So bildet z. B. *Pseudomonas aeruginosa* Alginat, indem zunächst Mannose durch Ankopplung von Nucleotiden aktiviert wird. Nach Membrantransfer mit Hilfe von Lipidcarriern erfolgt die Polymerisierung durch Glycosyltransfer sowie weitere Reaktionsschritte.

Ein wesentlicher Bestandteil der Bakterienzellwand ist **Peptidoglycan (Murein),** welches der Zelle Form und Festigkeit gibt. Beim Zellwachstum wird das Polymer durch Einfügen von Bausteinen vergrößert. Die Synthese des aus Zuckerderivaten und Peptiden bestehenden Heteropolymers erfolgt im Zellplasma.

Ausgangssubstanz ist Fructose-6-phosphat, welches nach Aminierung, Acetylierung und Phosphataktivierung an verschiedene Aminosäuren unter Bildung von zwei kurzkettigen Aminozuckern angekoppelt wird. Nach Verknüpfung dieser Aminozucker in der Zellmembran werden sie mit Hilfe lipophiler Cofaktoren durch die Zellmembran transferiert und in die Zellwand durch Transglycosilierungs- und Transpeptidierungsreaktionen eingebaut.

Lipide (Fette und fettähnliche Substanzen, die meist Ester des dreiwertigen Alkohols Glycerol mit gesättigten und ungesättigten Fettsäuren (FS) darstellen) sind wichtige Bestandteile von Zellmembranen und anderen Zellbestandteilen. Es gibt

Mono-, Di- und Triglyceride, wobei letztere den größten Anteil ausmachen. Unter spezifischen Bedingungen können einige Mikroorganismen (z. B. *Streptococcus-*, *Candida-* und *Penicillium-*Arten) Lipide in größeren Mengen - bis zu 70 % der TS - synthetisieren und speichern.

Bei der Fettsynthese werden Glycerol und FS auf getrennten Wegen gebildet und nachfolgend über eine Reihe von Reaktionsschritten miteinander vereinigt. Die Esterbildung vollzieht sich schrittweise am Glycerolphosphat. Unter katalytischer Wirkung einer Transferase werden CoA-Derivate der FS (Acyl-CoA = aktivierte Form der FS) gebunden, wobei unter Freisetzung von Coenzym A Diglyceridphosphat (Phosphatidsäure) entsteht. Das Enzym reagiert bevorzugt mit C_{16} - C_{18}-FS. Durch nochmalige Anlagerung von Acyl-CoA entsteht schließlich ein Triglycerid.

Bei Wachstum auf Kohlenwasserstoffen bilden einige Mikroorganismen (z. B. Hefen, *Pseudomonas-*Arten) **Biotenside**. Diese grenzflächenaktiven Stoffe befinden sich an der Zelloberfläche oder werden ausgeschieden. Ihre Moleküle sind aus hydrophilen (z. B. Zucker, Aminosäuren) und lipophilen (langkettige Fettsäuren) Komponenten aufgebaut.

Die **Proteinsynthese** wird ausführlich in Abschn. 2.2.4.2 behandelt.

2.4.5.3   Biosynthese von Ausscheidungsprodukten

Der primär auf Erhalt und Vermehrung der Mikroorganismen ausgerichtete Stoffwechsel, welcher in allen Organismenzellen prinzipiell ähnlich verläuft, umfaßt in der Hauptsache die Biosynthese der zum Zellaufbau erforderlichen Biopolymere und ihrer Bausteine, Mechanismen der Energietransformation und Energiebereitstellung sowie den Turnover der Zellbestandteile.

Die **Bildung von Primärmetaboliten** findet bei Mikroorganismen gewöhnlich nur in den Mengen statt, wie sie für den Aufbau der Zellsubstanz bei Wachstum und Vermehrung erforderlich sind. Dies wird durch Regulationsmechanismen im Zellstoffwechsel (s. Abschn. 2.4.6) gesichert. Eine Ausnahme bilden Produkte, welche beim anaeroben Energiemetabolismus anfallen (z. B. Alkohol, organische Säuren). Diese noch sehr energiereichen Verbindungen sind das Ergebnis einer begrenzten Oxidation des Substrates, bei der die frei werdende Energie der ATP-Bildung dient und die entstandenen Reduktionselemente (NADH) auf den Substratrest übertragen und ausgeschieden werden.

Wenn man durch mutagene Veränderungen Regulationsmechanismen des Stoffwechsels außer Kraft setzt, kann eine **Überproduktion** von *aeroben Primärmataboliten* (z. B. Sacchariden, Aminosäuren, Nucleotiden, Vitaminen, Citronensäure) erreicht werden. Dies ist z. B. durch Ausschaltung der Rückkopplungshemmung (*Repression*) oder durch Ausfall eines Enzyms möglich, welches die weitere Umsetzung eines Intermediaten katalysiert. In der Industrie setzt man bevorzugt *Mutanten* mit beiden Defekten ein. Weitere Möglichkeiten, die zur Überproduktion von Primärmetaboliten führen, sind u. a. Substratüberangebote, Mangel an essentiellen

Nährstoffen (z. B. Fe^{2+}) und die Zugabe von Produktvorstufen. Beispiele der industriellen Gewinnung von Primärmetaboliten werden in Abschn. 4 behandelt.

Relativ eigenständig im Zellstoffwechsel ist der **Sekundärmetabolismus**, der vermutlich aus dem primären Metabolismus hervorging. Man nimmt an, daß die genetische Basis für die Bildung von Sekundärmetaboliten durch Verdopplung und nachfolgende Neufunktionalisierung der Duplikate in der Evolution entstand.
Sekundärstoffe sind durch folgende Merkmale gekennzeichnet:

1. Ihre Verbreitung ist auf einige Mikroorganismenarten begrenzt.
2. Sie werden unter bestimmten Bedingungen in besonderen Entwicklungsphasen gebildet.
3. Sie zeigen eine große Mannigfaltigkeit in der chemischen Struktur (bis zu 50 Varianten eines Grundkörpers bei einer Mikroorganismenart).
4. Sie haben keine Funktion im Primärstoffwechsel.
5. Sie sind für die Existenz in natürlicher Umwelt von Bedeutung.

Sekundärmetabolite sind niedermolekulare Produkte, die vermutlich eine *ökologische Funktion* unter natürlichen Lebensbedingungen besitzen. So scheiden verschiedene Mikroorganismen bei Fe-Mangel *Siderophoren* aus, die zur Fe-Aufnahme aus der Umwelt dienen. Bei der Besiedlung von Wirtspflanzen spielen *Phytotoxine* eine Rolle, welche von einigen Mikroorganismen gebildet werden. Zur Hemmung von Nährstoffkonkurrenten, Cytodifferenzierung u. a. Funktionen dient die *Antibiotikasynthese*. Auch Sexualprozesse bei Pilzen werden von Sekundärmetaboliten gesteuert.

Wildstämme bilden im allgemeinen nur relativ geringe Mengen (im ppm-Bereich) an Sekundärmetaboliten. Da ihre Biosynthese aus den gleichen niedermolekularen Bausteinen erfolgt wie die Polymerbildung für die Zellsubstanz (Fig. 2-23), kann es zwischen beiden zu Konkurrenzsituationen kommen. Aus diesem Grunde erfolgt bei Hochleistungsstämmen die Sekundärstoffbildung häufig erst nach der Wachstumsphase (*Trophophase*) in der *Idiophase* (z. B. Penicillinbildung).
Wie einige Beispiele in Fig. 2-23 verdeutlichen, werden Sekundärstoffe aus einem oder mehreren Intermediaten synthetisiert. So sind z. B. Streptomycine *Zuckerderivate*, die durch Abwandlung von Hexosen entstehen, Mutterkornalkaloide gehen aus verschiedenen Primärmetaboliten hervor.

Es sind bereits über 10000 mikrobielle Sekundärmetabolite bekannt, zu denen fast täglich neue hinzukommen. Eine dominierende Stellung nehmen **Antibiotika** ein. Sekundärmetabolite sind für verschiedene Industriezweige (z. B. Lebensmittel-, Pharmaindustrie) von großem kommerziellen Interesse (s. Abschn. 4).

2.4.6   Wie erfolgt die Regulation des Stoffwechsels ?

Zum Überleben unter wechselnden Umweltbedingungen haben Mikroorganismen ein hochentwickeltes System der Stoffwechselregulation entwickelt.

Die Hauptaufgabe dieses Systems besteht darin,

- durch ein kontrolliertes Neben- und Nacheinander von enzymatischen Reaktionen einen für die Zelle möglichst ökonomischen Substrat- und Energieverbrauch zu sichern,
- mit dem koordinierten Ablauf von Reaktionsschritten weder eine Anhäufung noch einen Mangel an Stoffwechselzwischenprodukten zuzulassen,
- für einen ausgeglichenen Energiehaushalt (Bildung und Verbrauch von ATP) zu sorgen und
- je nach Substratangebot bestimmte Stoffwechselwege an- oder abzuschalten.

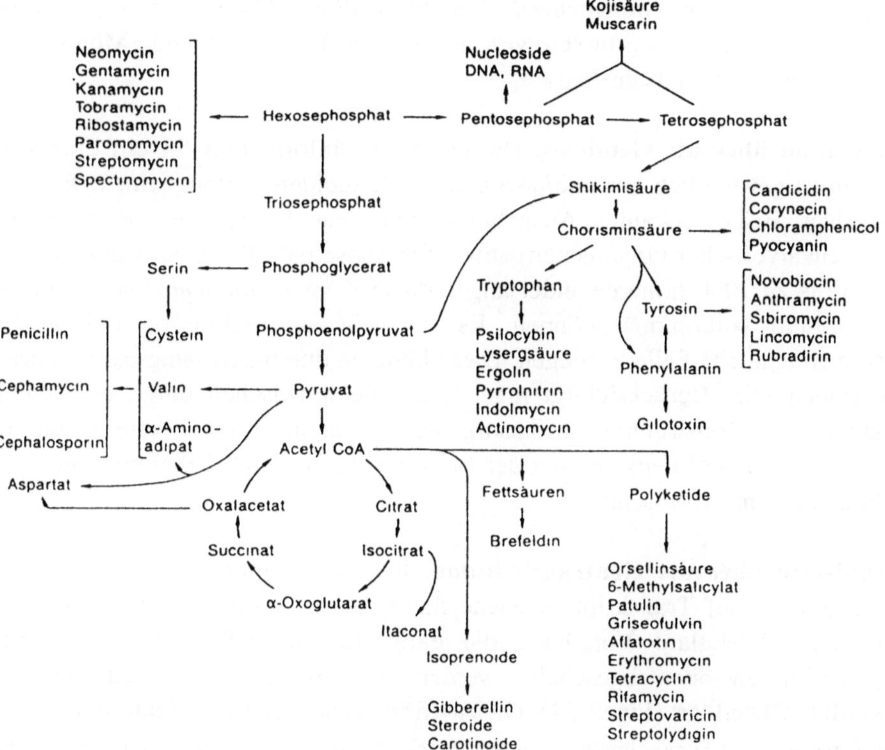

Fig. 2-23: Sekundärstoffbildung aus niedermolekularen Bausteinen des Primärstoffwechsels (DELLWEG, 1992)

Zur Sicherung des Metabolismus unter „Normalbedingungen", d. h. Verfügbarkeit leicht verwertbarer Substrate wie z. B. Glucose und Ammonium, bilden Mikroorganismen eine Grundausstattung an **konstitutiven Enzymen**, welche von den Wachstumsbedingungen unabhängig sind. Verändern sich diese, sind u. U. die Neusynthese bzw. Hemmung oder aber die Veränderung der Wirkung von Enzymen notwendig (s. Abschn. 2.2.1). Die Stoffwechselregulation verläuft im wesentlichen auf zwei Ebenen ab, der Enzymsynthese und der Enzymwirkung.

2.4.6.1 Regulation der Enzymsynthese

Hinsichtlich der molekularen Regulationsmechanismen zur Anpassung der Enzymsynthese an die jeweiligen Umweltverhältnisse gibt es bei Pro- und Eukaryoten erhebliche Unterschiede. Beiden gemeinsam ist, daß sich die Regulation der Enzymsynthese bevorzugt auf Transkriptionsebene abspielt. Im Gegensatz zur kurzfristigen Beeinflussung des Stoffwechsels über die Veränderung der Enzymaktivität (*Feinkontrolle*) ist die Regulation auf der Ebene der Enzymsynthese ein **langfristiger Anpassungsprozeß** (*Grobkontrolle*). Dieser kann in wenigen Minuten bis zu einigen Stunden wirksam werden. Es gibt folgende Möglichkeiten. die Enzymbildung zu beeinflussen:

Regulation über die Gendosis. Die genetische Information für ein Enzym bzw. Protein ist gewöhnlich nur in *einem* Gen des haploiden Genoms eines Organismus festgelegt. Bisher bekannte Ausnahmen sind Gene für Histone (Proteine in der DNA eukaryotischer Organismen) sowie für ribosomale RNA bei Eukaryoten, von denen bis zu 1000 hintereinander angeordnete Kopien (*tandem repeats*) in einem Chromosom vorkommen können. Es ist nicht auszuschließen, daß auch bei Enzymen ähnliche Fälle vorliegen. Diese könnten durch „crossing-over"-Vorgänge entstanden sein. Berücksichtigt man ferner die inzwischen durch gentechnische Manipulation konstruierten Mikroorganismen, dann gibt es bereits zahlreiche Beispiele für eine Intensivierung der Enzymsynthese durch Erhöhung der Kopienzahl eines Gens (s. Abschn. 3).

Regulation über die Gentranskription. Bei Prokaryoten wird die Genaktivität vorzugsweise auf Transkriptionsebene durch Beeinflussung der mRNA-Synthese reguliert. Molekulare Vorgänge, die dafür sorgen, daß bestimmte Gene im Bedarfsfalle an- oder abgeschaltet werden, sind im **Operon-Modell** von JACOB und MONOD erklärt (Fig. 2-24). Dies trifft für viele Gene von Bakterien zu.

Ein **Operon** ist ein DNA-Abschnitt, der aus Promotor, Operator, ein bis mehreren nebeneinander liegenden Strukturgenen und dem Terminator besteht. Der *Promotor* ist eine Basensequenz, an der die RNA-Polymerase die Transkription der DNA und die Synthese der mRNA beginnt. Am *Operator* greifen die Regulatorproteine an, welche die Ablesung der Strukturgene beeinflussen. *Strukturgene* beinhalten die Information für die Synthese von Proteinen (z. B. Enzyme) sowie für tRNA und rRNA. Der *Terminator* zeigt das Ende der Operatoreinheit an. *Repressoren* sind Proteine mit Regulatorfunktion und können bei Anlagerung am Operator die DNA-Ablesung blockieren. Sie werden durch ein Repressorgen codiert, das außerhalb des Operons liegt.

Das Ablesen der Strukturgene kann auch durch *Histone* (bei Eukaryoten) oder Histon-ähnliche Proteine (bei Prokaryoten) gebremst bzw. verhindert werden (sog. „stille Gene"). indem diese bestimmte Teile der DNA durch Anlagerung blockieren.

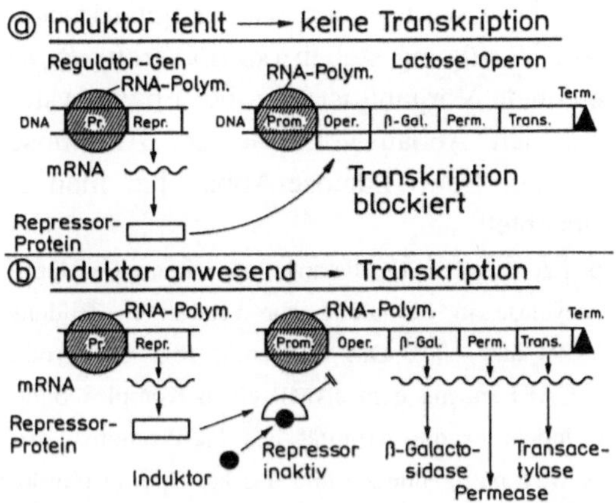

Fig. 2-24: Induktion der Enzymsynthese am Beispiel des Lactose-Operons von *E. coli*

Die **Regulation eines Operons** kann auf folgendeWeise erfolgen:

1. Induktion der Genexpression

Der katabolische Stoffwechsel von Mikroorganismen ist meist auf bevorzugte Verwertung einfacher C- und N-Quellen (z. B. Glucose, NH_4^+) ausgerichtet. Erst wenn diese nicht mehr in ausreichender Menge zur Verfügung stehen, werden komplexere Substrate für die Verstoffwechslung genutzt. Zur Erschließung dieser Nährstoffquellen benötigen Mikroorganismen Enzyme, deren Synthese jedoch üblicherweise durch ein Repressorprotein unterdrückt ist (Fig. 2-24).

Im Falle a) lagert sich der **Repressor** am Operator an und blockiert so dessen Funktion. Die Repressorsynthese erfolgt normalerweise konstitutiv. Ist der Mikroorganismus gezwungen, andere C- oder N-Quellen zu nutzen, müssen die zu ihrer Metabolisierung erforderlichen Enzyme in einer Adaptationsphase induziert werden. Dies geschieht, indem sich das Substrat (**Induktor**) an den Repressor anlagert und ihn so deformiert, daß dieser nicht mehr vom Operator gebunden werden kann und die Transkription des Enzymgens freigegeben wird (Fall b).

Der als **negative Kontrolle** der Enzymsynthese bezeichnete Vorgang ist sehr intensiv beim Lactoseabbau in *E. coli* untersucht worden. Es handelt sich um eine *koordinierte Induktion*, bei der das Substrat die Synthese aller an seinem Abbau beteiligten Enzyme (ß-Galactosidase, Permease, Transacetylase) anregt. Im Gegensatz dazu erfolgt die *sequentielle Induktion* bei langen katabolischen Stoffwechselwegen schrittweise, indem das Produkt einer Enzymgruppe als Induktor für die Synthese der nächsten Enzymgruppe dient. Dies ist beispielsweise beim Abbau aromatischer Kohlenwasserstoffe durch *Pseudomonas putida* gefunden worden.

2. Katabolit-Repression der Genexpression

Sind die von Mikroorganismen bevorzugten Substrate (Glucose, Galactose, Fructose, Acetat, Citrat u. a.) erschöpft, werden neue Enzyme zur Metabolisierung anderer gebildet. Deren Synthese wird jedoch wieder unterdrückt, sobald leichter verwertbare Kataboliten zur Verfügung stehen (*katabolische Repression*). Der als **positive Regulation** bezeichnete Vorgang ist u. a. bei Enzymsystemen von *E. coli* gefunden worden, die für den Abbau von Lactose, Arabinose, Maltose und Rhamnose verantwortlich sind. Beim Lactose-Abbau hat man die in Fig. 2-25 dargestellten Prozesse beobachtet.

Wird in einem Nährmedium nur Lactose als C-Quelle angeboten, kommt es durch die Wirkung einer membrangebundenen Adenylatcyclase in der Zelle zur verstärkten Bildung von **cyclischem Adenosinmonophosphat** (cAMP) aus ATP. Das Nucleotid regt die Synthese eines Proteins (*catabolite-activator-protein* = CAP) an, mit dem cAMP einen Komplex bildet. Dieser Komplex fungiert als Regulatorprotein, indem er die Affinität des lac-Promotors zur RNA-Polymerase aktiviert. Die RNA-Polymerase wird nun gebunden und das lac-Operon transkribiert (Variante b). Steigt durch Lactoseabbau der Glucosegehalt an, sinken die Adenylatcyclase-Aktivität und die Synthese von cAMP. Die Transkription des lac-Operons wird eingestellt (Variante a). Dies erklärt den lange bekannten „*Glucoseeffekt*", der einen Spezialfall der katabolischen Repression darstellt.

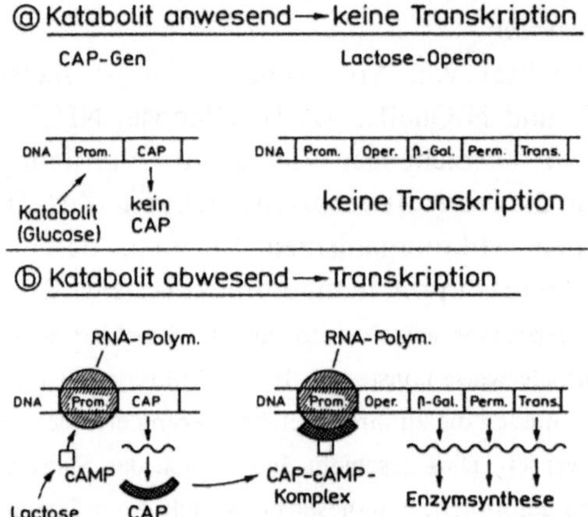

Fig. 2-25: Katabolit-Repression am Beispiel des Lactose-Operons von *E. coli*
CAP = catabolite-aktivator-protein, cAMP = cyclisches Adenosinmonophosphat

3. Endprodukt-Repression der Genexpression

Diese Regulationsart ist meist bei **Enzymen anaboler Stoffwechselprozesse** zu beobachten. Sie macht es der Zelle möglich, die laufende Enzymsynthese einer Stoffwechselkette durch ein im Überschuß anfallendes Endprodukt zu vermindern bzw. völlig abzustellen (Fig. 2-26).

Dies erfolgt, indem das synthetisierte Endprodukt mit dem konstitutiv erzeugten Repressorprotein reagiert, wodurch der Repressor für den Operator „paßfähig" wird. Nach Anlagerung an diesen wird die mRNA-Synthese abgeschaltet (*Endprodukt-Repression*). Trennt man das Endprodukt - welches wegen seiner aktivierenden Wirkung auf den Repressor auch als *Corepressor* bezeichnet wird - vom Medium ab bzw. geht seine Konzentration unter einen bestimmten Schwellenwert zurück, lagern sich weniger Repressormoleküle an den Operator an und die mRNA-Synthese für die benötigten Enzyme ist wieder möglich (*Derepression*). Die Endprodukt-Repression ist besonders intensiv am Operon der Aminosäure Tryptophan bei *E. coli* studiert worden.

4. Kontrolle in Mangelsituationen

Bei Streß- und Mangelsituationen (z. B. zu geringes Angebot an Nährstoffen) wird der Stoffwechsel von Prokaryoten auf Minimalverbrauch umgestellt.

Dies geschieht dergestalt, daß beispielsweise bei Mangel an Aminosäuren durch unbeladene tRNA die **Synthese hochphosphorylierter Nucleotide**, wie z. B. Guanosin-5'-triphosphat-3'-diphosphat (pppGpp) und Guanosin-5'-diphosphat-3'-diphosphat (ppGpp), angeregt wird. Diese Substanzen - wegen ihrer Bildung im „Alarmzustand" des Zellstoffwechsels auch „*Alarmone*" genannt - hemmen die Ablesung der Ribosomen- und tRNA-Gene durch spezifische RNA-Polymerasen. Die Zelle bildet in dieser Phase etwa 90 % weniger rRNA und tRNA als gewöhnlich; die Ablesung anderer Gene bleibt jedoch unbeeinflußt. Wegen seiner Bedeutung für das Überleben der Zelle wird dieser Regulationsmechanismus sehr schnell und durchgreifend wirksam.

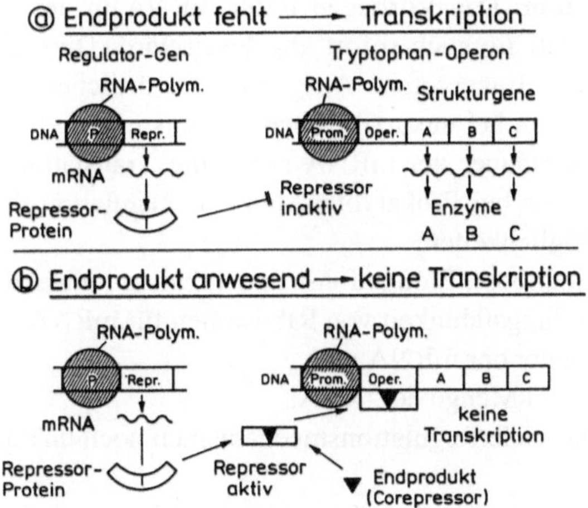

Fig. 2-26: Endprodukt-Repression am Beispiel des Tryptophan-Operons bei *E. coli*

5. Proteinmodifizierung und Enhancer-Sequenzen bei Eukaryoten

Die Kenntnisse über Regulationsvorgänge auf Transkriptionsebene sind bei Eukaryoten noch lückenhaft. Vergleichbare Angaben, wie sie für das Operon-Modell der Prokaryoten vorliegen, fehlen. Es gibt jedoch einige Beispiele, die für die Transkription eukaryotischer Gene spezifisch sind. Dies betrifft in erster Linie

Modifizierungen des Chromatins und Enhancer-Sequenzen, die bei der Erkennung und Bindung der RNA-Polymerase wirksam werden.

Die DNA liegt im Kern eukaryotischer Zellen mit Proteinen (**Chromatin**) assoziiert vor. Die Packung dieser Proteine kann unterschiedlich dicht sein. Eine höhere strukturelle Organisation verhindert die Transkription, eine geringere fördert sie. Acetylierung von Aminosäureresten des Chromatins fördert die Abschrift, Phosphorylierung und Methylierung hemmen sie.

Enhancer sind kurze DNA-Sequenzen, die außer- oder innerhalb von Strukturgenen vorkommen. In Verbindung mit Proteinen bilden sie vermutlich auf der DNA Sekundärstrukturen aus, welche die Anlagerung der RNA-Polymerase an der Promotor-Region begünstigen. Die Transkriptionsrate kann dadurch um den Faktor 200 steigen.

Regulation durch posttranskriptionale Prozesse. Während bei Prokaryoten nach der Transkription der DNA bereits die fertige mRNA vorliegt, entsteht bei Eukaryoten zuerst eine Vorstufe derselben. Vor dem Transport dieses Vorläufers vom Zellkern in das Cytoplasma erfolgen Modifizierungen, die der Zelle eine Kontrolle über Anzahl, Art und Stabilität der mRNA ermöglichen. Diese *Funktionalisierung (processing) der mRNA* erfolgt durch spezielle Enzyme.

Regulation der Translation. Das Vorliegen reifer mRNA in der Zelle bedeutet nicht notwendigerweise, daß sie auch sofort abgelesen wird. Dies gilt sowohl für die Pro- als auch für die Eukaryoten. Aufgrund der örtlichen Trennung von Transkription und Translation bei eukaryotischen Organismen und der sich daraus ergebenden längeren Lebensdauer der mRNA spielt die Translationskontrolle bei diesen eine größere Rolle als bei Prokaryoten. Für die Regulation der Translation bestehen verschiedene Möglichkeiten:
- Verfügbarkeit von Initiations-, Elongations- und Terminationsfaktoren,
- Beeinflussung der Bindungsfähigkeit von Ribosomen für mRNA,
- Variation der Lebensdauer der mRNA und
- Veränderung von Art und Menge der tRNA.

Trotz ihrer Bedeutung sind viele Regulationsmechanismen noch unklar.

Regulation durch Posttranslationsvorgänge. Auch nach Translation der mRNA an den Ribosomen haben pro- und eukaryotische Organismen Mechanismen, mit denen sie kontrollieren können, wann und wo ein Protein wirksam wird. Bei diesen als *„protein-processing"* bezeichneten Vorgängen wirken verschiedene Enzyme (z. B. Kinasen, Methylasen, Proteasen) mit, die charakteristische Aminosäuren an bestimmten Polypeptiden modifizieren, Teile einer Peptidkette abspalten bzw. andere Veränderungen katalysieren.

Ein Beispiel ist die **Synthese sekretorischer Enzyme** und **Proteine,** die für das Durchdringen von Membranen eine *Signalsequenz* benötigen. Nach der Signalhypothese wird dieses etwa 30

Aminosäuren umfassende Peptid am N-Terminus sekretorischer Proteine angekoppelt und nach Membrandurchtritt vom Restprotein mittels Peptidasen wieder abgespalten.

2.4.6.2   Regulation der Enzymaktivität

Um sich an wechselnde Lebensbedingungen schnell anpassen zu können, verfügen Mikroorganismen noch über ein Regulationssystem auf der Ebene der Enzymaktivität. Eine besondere Rolle spielen dabei regulatorische oder **allosterische Enzyme**, die neben dem aktiven Zentrum für das Substrat noch ein *allosterisches Zentrum* für Effektoren besitzen. Durch Bindung niedermolekularer Verbindungen, z. B. ATP, ADP, AMP, Acetyl-CoA, wird die Proteinstruktur dieser Enzyme so verändert, daß eine Erhöhung oder Verminderung der Enzymaktivität erfolgt (Fig. 2-27).

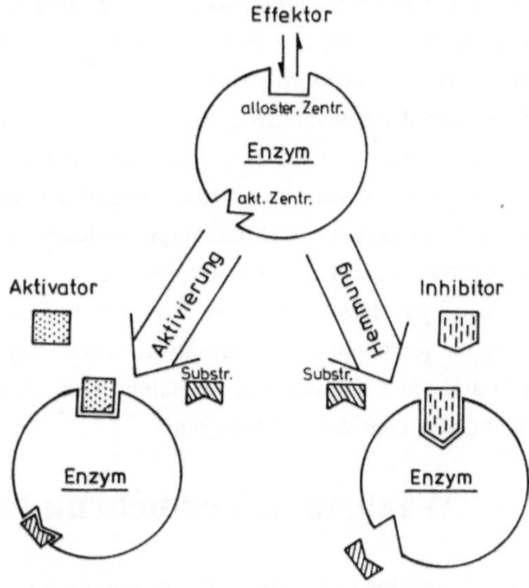

Fig. 2-27: Funktionsweise allosterischer Enzyme (RUTTLOFF, 1994)

Eine derartige Rückreaktion von Signal-Produkten des Stoffwechsels tritt sowohl bei katabolen als auch bei anabolen Prozessen auf und wird als **Rückkopplungs-** oder **Feedback-Mechanismus** bezeichnet. Allosterische Enzyme nehmen Schlüsselstellungen im Stoffwechsel ein und sind häufig die ersten Enzyme einer Biosynthesekette oder nach Verzweigungsstellen von Reaktionsfolgen. Sie bestehen aus mehreren Untereinheiten, welche durch verschiedene Effektoren beeinflußt werden können.

Ein Beispiel für allosterische Hemmung ist der *Pasteur-Effekt.* Er beinhaltet, daß bei Anwesenheit von Sauerstoff Glucose langsamer metabolisiert wird als unter anaeroben Bedingungen. Die

Ursache dafür ist, daß in Gegenwart von Sauerstoff an der Atmungskette viel ATP gebildet wird, welches die Phosphofructokinaseaktivität durch allosterische Hemmung mindert. Die Anreicherung von Fructose-6-phosphat hat die Hemmung weiterer enzymatischer Reaktionen zur Folge, die im Endeffekt zur Verringerung des Glucoseumsatzes führt.

Mit einer Veränderung der Enzymeigenschaften (Spezifität, Substratbindung, Hemmung) sind **chemische Modifikationen** an bestimmten regulatorischen Enzymen verbunden. Hierbei werden spezifische chemische Gruppen kovalent an das Enzymprotein angelagert. Die wichtigsten reversiblen Enzymmodifizierungen bei Mikroorganismen sind *Phosphorylierungen* (z. B. von OH-Gruppen bei den Aminosäuren Serin und Threonin), *Acetylierungen, Methylierungen* und *Oxidationen* (z. B. von SH-Gruppen bei Aminosäuren).
Durch Spaltung von Peptidbindungen können proteolytische Enzyme inaktive Enzymvorstufen (*Proenzyme* oder *Zymogene*) in aktive Enzyme umwandeln. Dabei handelt es sich zumeist um eine Demaskierung des aktiven Zentrums, welches dann mit dem Substrat reagieren kann.
Die Proteasen werden gewöhnlich durch Inhibitoren in ihrer Wirkung gehemmt; unter bestimmten Stoffwechselbedingungen wird diese Hemmung durch Effektoren aufgehoben. Aber auch beim irreversiblen Abbau von Enzymen werden Proteasen wirksam. Die aktiven Enzymproteine werden zunächst durch chemische Modifizierungsreaktionen reversibel inaktiviert, wodurch sie für die proteolytischen Enzyme zugänglich werden.
Durch Abbau und Neusynthese von Enzymen ist den Mikroorganismen eine relativ schnelle Anpassung an veränderte Stoffwechselsituationen möglich. Der *Turnover* eines Enzyms oder anderer Proteine läßt sich durch seine Halbwertzeit ermitteln. Diese kann sich zwischen einigen Minuten und mehreren Wochen bewegen.

2.5   Wachstum, Vermehrung und Produktbildung

Ziel der Kultivierung von Mikroorganismen ist im allgemeinen, diese unter möglichst günstigen Bedingungen zu intensiver Biomassebildung und/oder zu hoher Produktsynthese zu veranlassen.

2.5.1.   Beziehung zwischen Wachstum und Vermehrung

Bezogen auf eine einzelne Mikrobenzelle ist *Wachstum* die irreversible Zunahme von Zellsubstanz, *Vermehrung* deren identische Replikation durch Teilung oder Sprossung. Beide Vorgänge stehen in engem Zusammenhang. Im Falle biotechnologischer Prozesse ist die Gesamtpopulation einer Mikrobenkultur von Interesse. Als Wachstum werden hierbei sowohl die Zunahme der Zellzahl als auch deren Gesamtmasse angesehen. Die Zellvermehrung von Bakterien, Hefen und Schimmelpilzen verläuft unterschiedlich (Fig. 2-28).

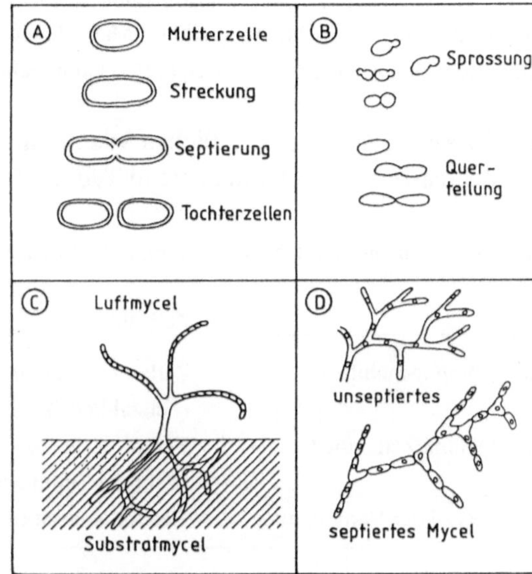

Fig. 2-28: Vermehrungsformen verschiedener Mikroorganismengruppen: A - Bakterien, B - Hefen, C - Actinomyzeten, D - Hyphenpilze

Bakterien vermehren sich nach dem Streckungswachstum der Mutterzelle durch Querteilung in zwei Tochterzellen. Diese trennen sich (z. B. *Bacillus sp.*) oder bilden Pakete (z. B. *Sarcina sp.*) bzw. Ketten (z. B. *Streptococcus sp.*). Der Teilungsvorgang dauert unter günstigen Bedingungen etwa 20 min (z. B. *Escherichia coli*), gewöhnlich aber länger (z. B. 40 min bei *Bacillus megaterium*). Im allgemeinen liegen in einer Population alle Teilungsstadien vor.

Actinomyzeten sind filamentös wachsende Bakterien. Die Filamente sind 0,5 - 1 µm stark (z. B. Streptomyzeten), weisen Verzweigungen auf und wachsen intercalar im gesamten Mycelbereich. Gewöhnlich bilden sie Mycelgeflechte, die sich unter speziellen Bedingungen zu Pellets zusammenlagern können. Auf Nähragar bilden sie Luftmycel, welches beim Übergang zur Sporulation spiral-, quirl- und andersartige Strukturen sowie Farbstoffe entwickelt.

Hefen vermehren sich durch Knospung (z. B. *Saccharomyces cerevisiae*) oder Querteilung (z. B. *Schizosaccharomyces pombe*). Unter bestimmten Bedingungen unterbleibt nach der Teilung die Trennung der Zellen, so daß Pseudomycel ausgebildet wird (z. B. *Endomycopsis bispora*). Die Zellteilung dauert gewöhnlich 1 - 2 Stunden.

Mycelbildende Pilze (z. B. *Aspergillus-* und *Penicillium*-Arten) weisen - im Gegensatz zu den Actinomyzeten - nur an den Hyphenspitzen Wachstum auf, wodurch im Mycel Zellen mit erheblichem Altersunterschied vorliegen.

Eine Reihe von Pilzarten entwickelt unter bestimmten Bedingungen in Submerskultur pellet- bzw. ballenartige Mycelstrukturen. Diese sind biotechnologisch von besonderem Interesse, da sie eine leichte Mycelabtrennung vom Kulturmedium und in einigen Fällen eine intensivere Produktbildung ermöglichen. Durch gezielte Maßnahmen (z. B. hohe Sporeneinsaat, geringe Schüttelfrequenz, Anzucht einer Myceldecke) kann man die Bildung dieser Strukturen induzieren.

Zur Charakterisierung des zeitlichen **Wachstumsverlaufes** bezogen auf die Zellzahl bzw. Zellmasse verwendet man die in Tab. 2-10 genannten Parameter.

Tab. 2-10: Parameter zur Charakterisierung des Wachstums bei Mikroorganismen

	Zellzahl	Zellmasse
Menge/Volumeneinheit	Zellkonzentration (N) ($Zellzahl/cm^3$)	Zelldichte (x) (TS in mg/cm^3)
Verdopplung/Zeiteinheit	Teilungsrate (η) (Zahl der Teilungen/h)	Wachstumsrate (μ) (Massezunahme/h)
Zeitintervall der Verdopplung	Generationszeit (g)	Verdopplungszeit (t_d)

Das Wachstum von Mikroorganismen läßt sich auf Agarnährböden durch Ausmessen von Koloniedurchmessern bzw. visuell einschätzen. In Submerskultur gibt es einige **Meßmethoden**, die eine direkte oder indirekte Wachstumsbestimmung zulassen. Direkte Wachstumsmessungen sind durch Auszählen der Zellen in einem bestimmten Flüssigkeitsvolumen mittels Zählkammer unter einem Mikroskop, durch Trübungsmessungen unter Verwendung photometrischer Geräte sowie elektronischer Zählgeräte möglich. Die gebildete Zellmasse, besonders bei mycelbildenden Mikroorganismen, kann auch durch Auswägen der TS, Bestimmung des Feuchtmassevolumens sowie des Proteingehaltes erfaßt werden. Indirekte Wachstumsmessungen ergeben sich aus dem Verbrauch von O_2 oder aus der Bildung von CO_2, organischen Säuren u. a. Produkten.

Zur Vermehrung als auch zur Überdauerung ungünstiger Lebensverhältnisse dienen einigen Bakterien (z. B. Bacillen, Myxobakterien) und Pilzen (z. B. Aspergillen) **Sporen**. Sie zeichnen sich meist durch stärkere Zellwände und eine größere Widerstandsfähigkeit gegen Umwelteinflüsse aus (z. B. Konidien bei Pilzen).

2.5.2   Wie verläuft das Wachstum von Mikroorganismen ?

Die Kultivierung von Mikroorganismen kann diskontinuierlich (Batch-Kultur), semikontinuierlich (Feeding- oder Feed-batch-Kultur) und kontinuierlich erfolgen. **Die diskontinuierliche Kultur** ist ein geschlossenes System, bei dem während der Fermentation nichts hinzugefügt oder entnommen wird. Durch den Stoffwechsel ändern sich ständig Nährbodenzusammensetzung, Biomasse und Konzentration der gebildeten Produkte. Nach Beimpfung steriler Nährlösungen mit Mikroorganismen (z. B. Bakterien) und Kultivierung unter geeigneten Bedingungen läuft das Wachstum im allgemeinen in 4 Phasen ab (Fig. 2-29).

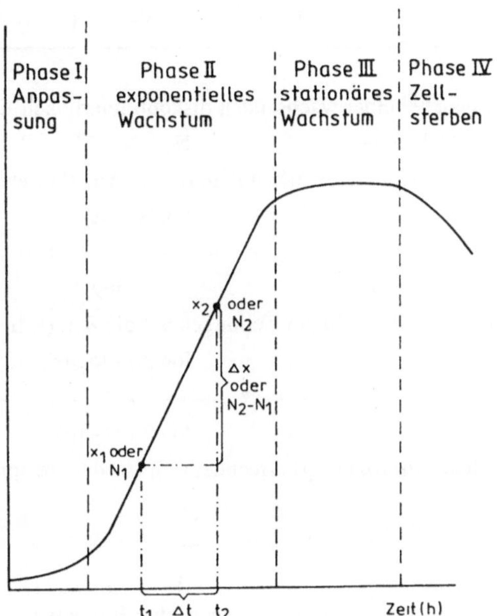

Fig. 2-29: Wachstumsverlauf bei Mikroorganismen in diskontinuierlicher Kultur

In der 1. Phase (*lag-Phase*) adaptieren sich die Mikroorganismen an das neue Milieu. Art der Vorkultur, Alter der Zellen, Medienzusammensetzung u. a. Faktoren haben Einfluß darauf, wie lange die Zellen benötigen, um ihre Transportsysteme für Substrate sowie die zum Substratabbau und Stoffwechsel erforderlichen Enzyme zu bilden. Je größer die Inoculummenge ist, desto kürzer ist auch die lag-Phase. Aus ökonomischen Gründen bemüht man sich darum, diese Phase möglichst kurz zu halten.

In der 2. Phase (*log-Phase*) erreicht das Wachstum unter optimalen Bedingungen größtmögliche Geschwindigkeit. Solange Substrat im Überschuß vorliegt, ist die Wachstumsrate der Mikroorganismen konstant. Die Zunahme der Biomasse (x) oder der Zellzahl (N) verläuft so intensiv, daß eine logarithmische Auftragung der Meßwerte auf der Ordinate einer graphischen Darstellung erforderlich wird.

Wie Tab. 2-11 verdeutlicht, folgt die exponentielle Vermehrung der Zellzahl einer geometrischen Reihe (n), wobei der Exponent die Anzahl der Teilungen oder Generationen angibt. Da beim Auftragen der Logarithmen der Zellzahl (N) gegen die Zeit (t) eine Gerade entsteht, bezeichnet man diese auch als logarithmische oder log-Phase.

Tab. 2-11: Exponentieller Wachstumsverlauf einer Zellpopulation

Zeit (h)	0	0,5	1	1,5	2	2,5	3	3,5	4	4,5	5
Zellzahl (N)	1	2	4	8	16	32	64	128	256	512	1024
(n)	2^0	2^1	2^2	2^3	2^4	2^5	2^6	2^7	2^8	2^9	2^{10}
$\log_2$	0	1	2	3	4	5	6	7	8	9	10

Geht man bei einer wachsenden diskontinuierlichen Kultur von der <u>Zellzahl</u> N_1 aus, so beträgt sie nach n Teilungen $N_2 = N_1 \cdot 2^n$.

Durch Logarithmieren erhält man für die **Anzahl der Teilungen** (n)

$$n = \frac{\log N_2 - \log N_1}{\log 2}$$

Bezieht man die Zahl der Teilungen auf die Zeit (t) in h, dann ergibt sich die **Teilungsrate** (η).

$$\eta = \frac{n}{t} = \frac{\log N_2 - \log N_1}{\log 2 \, (t_2 - t_1)}$$

Die **Generationszeit** (g) errechnet sich aus dem reziproken Wert der Teilungsrate (η).

$$g = \frac{1}{\eta}$$

Legt man für die Berechnungen die <u>Biomasse</u> (x) zugrunde, ergibt sich als Maß für die Biomassezunahme pro Zeiteinheit in der log-Phase die **spezifische Wachstumsrate** (μ).

$$\mu = \frac{\log x_2 - \log x_1}{\log e \, (t_2 - t_1)} = \frac{\ln x_2 - \ln x_1}{t_2 - t_1}$$

Für die **Verdopplungszeit** (t_d) der Biomasse ergibt sich dann

$$t_d = \frac{\ln 2}{\mu} = \frac{0,693}{\mu}$$

Maximale spez. Wachstumsraten (μ_{max}) sind abhängig vom Mikroorganismus und den Kulturbedingungen. Da zur Spaltung längerkettiger Substrate Energie benötigt wird, ist μ_{max} mit einfachen Substraten (z. B. Glucose) größer als mit längerkettigen (z. B. Maltotriose). Einige Beispiele enthält Tab. 2-12.

Häufig beobachtet man beim Einsatz komplexer Nährlösungen zwei und mehr log-Phasen mit dazwischen befindlichen Phasen geringen Wachstums. Diese als **Diauxie** oder **Polyauxie** bezeichneten Vorgänge sind darauf zurückzuführen, daß zwei oder mehr Kohlenhydrate vorliegen und zunächst ein Substrat bevorzugt verwertet wird. Erst nach Verbrauch des einen Substrates werden die Enzyme für den Abbau des nächsten gebildet.

Tab. 2-12: Maximale spez. Wachstumsrate (μ_{max}) und Verdopplungszeit (t_d) einiger Schimmelpilze auf verschiedenen Substraten und bei unterschiedlichen Temperaturen

Schimmelpilze	Substrat	Temperatur (°C)	μ_{max}	t_d
Aspergillus nidulans	Glucose	20	0,09	7,72
		30	0,22	3,23
		37	0,36	1,96
Fusarium graminearum	Glucose	30	0,28	2,48
	Maltose	30	0,22	3,15
	Maltotriose	30	0,18	3,85
Geotrichum candidum	Glucose	25	0,41	1,70
		30	0,61	1,10

Die 3. Phase (*stationäre Phase*) beginnt, sobald das Substrat umgesetzt ist oder durch den Stoffwechsel toxische Substanzen angereichert worden sind, welche das Wachstum hemmen. Durch Zellyse freigesetzte Substrate ermöglichen nur eine geringfügige Biomasseentwicklung. Zwischen der Zahl der neugebildeten und der Zahl absterbender Zellen besteht ein Gleichgewicht. Da in dieser Phase zahlreiche technisch interessante Produkte in großen Mengen gebildet werden, wird versucht, die Kultur so lange wie möglich in diesem Zustand zu halten.

In der 4. Phase (*Absterbephase*) ist die Energiereserve der Biomasse erschöpft. Durch Autolyse sterben mehr Zellen ab als neu gebildet werden, so daß die Zellzahl bzw. Biomasse abnimmt.

Aus dem Wachstums- und Vermehrungsverhalten der Mikroorganismen sind in den einzelnen Anwendungsgebieten der Biotechnologie verschiedene praktische Maßnahmen abgeleitet worden. Um z. B. Lebensmittel vor mikrobiellem Verderb zu bewahren, müssen aus dem Umfeld eingedrungene **Schadkeime** durch ungünstige Lebensbedingungen möglichst lange in der lag-Phase gehalten bzw. ihr Wachstum gehemmt werden. Dies ist durch Einwirkung *niederer Temperaturen* oder durch Zugabe von *Konservierungsmitteln*, die Wasser- und Sauerstoffentzug, pH-Absenkung, Zellwandauflösung u. a. bewirken (s. Abschn. 4.1.2.1), möglich.

Will man hingegen eine **Nutzkultur** möglichst schnell und lange in der log-Phase halten, sind die Lebensbedingungen hinsichtlich Nährstoffversorgung, pH-Wert, Temperatur sowie anderer Parameter optimal einzustellen. Dies ist z. B. bei der Produktion großer *Biomassemengen* (Hefe, Säurewecker u. a.) oder von *Primärmetaboliten* (z. B. Aminosäuren, Citronensäure) der Fall (s. Abschn. 4.1.2). Die *Sekundärstoffproduktion* (z. B. Antibiotika, Aromen, Wachstumsregulatoren, Biopestizide) hingegen erfordert gewöhnlich eine langanhaltende stationäre Wachstumsphase. Die Einstellung dieser ist mittels Substratlimitation (z. B. der N- und P-Quelle) zu erreichen (s. Abschn.. 2.4.6, 4.3, 4.4). Dies läßt sich oftmals sehr erfolgreich mittels semikontinuierlicher und kontinuierlicher Kulturführung in der erforderlichen Weise realisieren.

Die **semikontinuierliche** oder **Feeding-Kultur** ist eine Weiterentwicklung der diskontinuierliche Kultur. Sie wird für die Gewinnung von Stoffwechselprodukten genutzt, die durch hohe Konzentrationen an Kohlenhydraten (z. B. Glucose) bzw. Stickstoffverbindungen (z. B. NH_4^+) einer *katabolischen Repression* unterliegen. In derartigen Fällen beginnt man die Fermentation mit geringen Konzentrationen der kritischen Nährmedienkomponente und dosiert sie in der erforderlichen Menge während der Produktionsphase diskontinuierlich (oder kontinuierlich) zu. Die Zufütterung des Substrates wird gewöhnlich durch Messung indirekter Parameter (z. B. pH, pO_2, pCO_2) gesteuert. Beispielsweise reguliert man die Glucosezufütterung bei der Produktion organischer Säuren über den pH-Wert.

Bei einer **kontinuierlichen Kultur** wird im offenen System ständig sterile Nährlösung (F in l/h) zugeführt und gleichzeitig eine äquivalente Menge Kulturmedium, welches mit Stoffwechselprodukten angereichert ist, aus dem Fermentationsansatz abgeleitet. Das Arbeitsvolumen des Fermentors (V in l) bleibt dadurch konstant. Die *Durchlauf-* oder *Verdünnungsrate* (D) berechnet sich nach der Beziehung $D = F/V$.

Das Fließgleichgewicht (*steady state*) einer Kultur wird erreicht, wenn sich die Konzentration aller Komponenten im Fermentor nicht mehr ändert. Die Biomassemenge (x) ist dann von der Substratkonzentration (S) abhängig. Diese kontinuierliche Kultur wird als *Chemostat* bezeichnet. Wird hingegen die Biomasse als Meßgröße gewählt, erfolgt die Nährlösungszufuhr so, daß stets eine konstante Biomassemenge in der Kultur vorliegt (*Turbidostat*). Die Wirkung der Durchflußrate auf verschiedene Wachstumsparameter und Produktbildung verdeutlicht Fig. 2-30.

Kontinuierliche Verfahren werden sehr häufig im Labor eingesetzt. Ihre Nutzung im technischen Maßstab ist wegen Infektions- u. a. Probleme noch relativ selten (z. B. Gewinnung von Einzellerprotein, die Herstellung von Starterkulturen).

2.5.3   Beziehung zwischen Wachstum und Produktbildung

Hinsichtlich der zeitlichen Beziehung zwischen **Produktbildung**, Wachstum und Kohlenhydratverbrauch gibt es nach GADEN (1959) 3 Grundtypen (Fig. 2-31):

Typ I: Wachstums- (Tropho-) und Produktbildungs- (Idio-)phase sowie Kohlenhydratabbau
verlaufen parallel. Beispiele: Gewinnung von Protein, Ethanol und Gluconsäure.

Typ II: Es gibt zwei Maxima. Zuerst erfolgt gutes Wachstum bei hohem Substratverbrauch, dann
starke Produktbildung bei hohem Substratverbrauch und wenig Wachstum; Tropho- und
Idiophase sind getrennt. Beispiele: Produktion von Citronensäure und Aminosäuren.

Typ III: Tropho- und Idiophase sind getrennt. Zuerst läuft der Primärstoffwechsel mit Wachstum
und Substratverbrauch ab. Anschließend wird das Produkt im Sekundärstoffwechsel
gebildet. Beispiele: Vitamine.

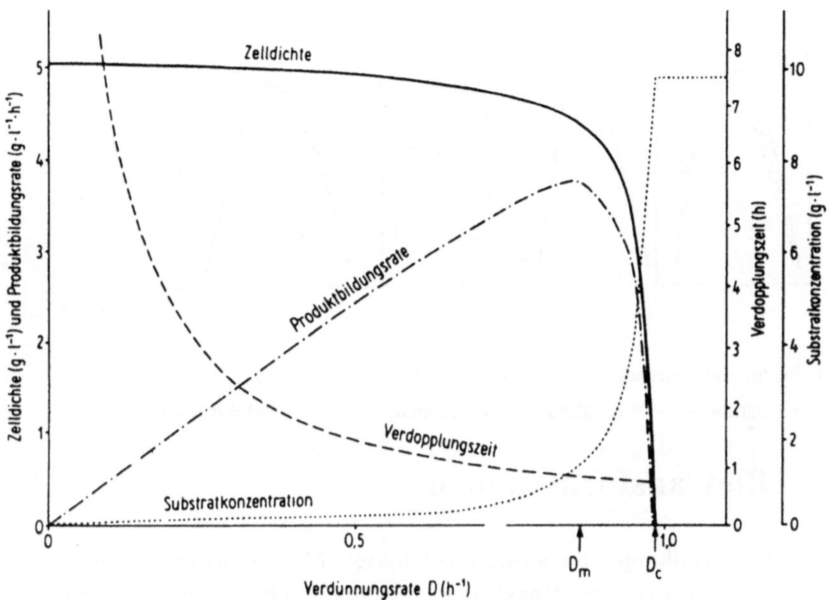

Fig. 2-30: Einfluß der Durchflußrate (D) auf den Wachstumsverlauf einer kontinuierlichen Chemostat-Kultur (FRITSCHE, 1990). D_m - Verdünnungsrate, die maximale Produktbildung ermöglicht; D_c - Verdünnungsrate, bei der Zellen ausgewaschen werden

Nicht alle Fermentationsansätze lassen sich in dieses Schema einordnen. Es gibt einige Übergangsformen, insbesondere bei mycelbildenden Mikroorganismen.

Zur Charakterisierung der Leistungsfähigkeit biotechnologischer Prozesse im Zusammenhang mit Wachstum und Produktbildung sind der Ertrag und die Produktivität von Interesse. Als **Ertrag** oder Ausbeute (engl. yield = Y) bezeichnet man den Quotient aus Zellmassezuwachs (x) bzw. Produktzunahme bezogen auf den Verbrauch eines Substrates (S).

$$Y = \frac{x_t - x_0 \ (g/l)}{S_t - S_0 \ (g/l)}$$

Unter aeroben Wachstumsbedingungen beträgt dieser z. B. bei Verwendung von Glucose als Substrat 0,4 - 0,5, bei Kohlenwasserstoffen (mit hohem C-Gehalt) bis zu 1,0.

Unter **Produktivität** (P) oder Raum-Zeit-Ausbeute versteht man die während einer bestimmten Zeit in einem definierten Volumen gebildete Produktmenge (z. B. $kg/m^3 \cdot h$). Ist das Produkt Biomasse, lautet die Gleichung für eine Batch-Kultur

$$P = \frac{x_t - x_0 \ (g/l)}{t_1 - t_0 \ (h)}$$

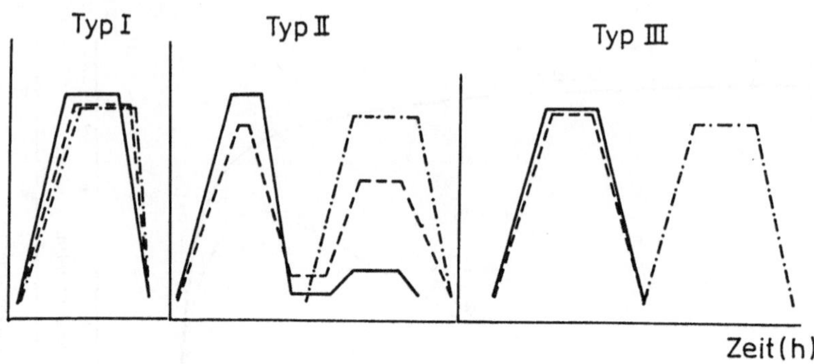

Fig. 2-31: Fermentationstypen nach GADEN (1959)

———— = Wachstum, ------ = Kohlenhydratverbrauch, ·——·— = Produktbildungsrate

2.6   Biotransformationen

Chemische Umwandlungen an Stoffen, die mittels Mikroorganismen bzw. Enzymen
in ein- oder mehrstufigen Reaktionen erfolgen, ohne daß Substrat für die
Gewinnung von Energie oder Zellmasse verbraucht wird, bezeichnet man als
Biotransformationen. Sie gewinnen in den letzten Jahren vor allem als
Zwischenschritte bei chemischen Synthesen an Bedeutung, da sie spezifische
Reaktionen ermöglichen, welche auf chemischem Wege nicht oder nur sehr
kostenaufwendig durchgeführt werden können.

Es gibt eine Reihe von **Vorteilen**, die biologische gegenüber chemischen Stoffumsetzungen
auszeichnen. Einige davon sind:

- Milde Reaktionsbedingungen, z. B. niedere Temperaturen (<50 °C) und neutraler pH-Bereich.
- keine oder wenig umweltbelastende Abfallstoffe.
- einheitliche, reaktionsspezifische Umsetzungen ohne Nebeneffekte.
- hohe Substratspezifität von Enzymen.
- regiospezifische Umsetzungen an einer bestimmten Stelle im Substratmolekül.
- die Stereospezifität einiger Enzyme gegenüber Enantiomeren (stereoisomere Verbindungen,
  die sich wie Bild und Spiegelbild verhalten) ermöglichen die Herstellung optisch aktiver
  Produkte.

2.6.1   Zu welchen Umsetzungen sind Mikroorganismen fähig ?

Prinzipiell kann man alle im Stoffwechsel eines Mikroorganismus ablaufenden
enzymatischen Reaktionen für Biotransformationen nutzen, wenn es gelingt,
Enzyme und Substrat miteinander in Kontakt zu bringen und die Metabolisierung
des gewünschten Produktes durch den Mikroorganismus zu verhindern.

Voraussetzungen dafür sind, daß die Substanz in die Zelle gelangt oder das betreffende Enzym von der Zelle ausgeschieden wird, die Substanz für den Mikroorganismus nicht toxisch ist und keine Konkurrenzreaktionen auftreten.

Die Umsetzung erfordert die lebende, aber nicht unbedingt wachsende Zelle. Bei *Einsatz ruhender Zellen* werden die Mikroorganismen von der Nährlösung abgetrennt, in Pufferl aufgenommen und sodann dem Substrat zugesetzt. Auf diese Weise kann man Nebenreaktionen vermindern, infolge fehlender Nährstoffe Kontaminationen reduzieren und die Aufarbeitung des transformierten Substrates erleichtern. Für die Mehrfachnutzung der Biokatalysatoren und eine möglichst optimale Verfahrensgestaltung ist deren **Trägerfixierung** zweckmäßig (s. Abschn. 3.4.7).

Es gibt in der Literatur zahlreiche Angaben über die mikrobielle Transformation von Stoffen. Von besonderer praktischer Bedeutung sind die in Tab. 2-13 aufgeführten Beispiele.

Tab. 2-13: Beispiele für Biotransformationen mit Mikroorganismen

Reaktionstyp	Anwendungsbeispiel	Mikroorganismus
Oxidation:		
$-CH_2- \rightarrow -CHOH-$	(Reichstein „S")* $\rightarrow$ Hydrocortison	*Curvularia lunata*
$-CHOH- \rightarrow -CO-$	Gluconsäure $\rightarrow$ 5-Oxo-Gluconsäure	*Gluconobacter suboxydans*
$-CH_2-CH_2- \rightarrow -CH{=}CH-$	Hydrocortison $\rightarrow$ Prednisolon	*Arthrobacter simplex*
$-CHO \rightarrow -COOH$	Glucose $\rightarrow$ Gluconsäure	*Aspergillus niger*
Reduktion:		
$-CHOH- \rightarrow -CH_2-$	Äpfelsäure $\rightarrow$ Bernsteinsäure	einige Hefen
$-CO- \rightarrow -CHOH-$	Fructose $\rightarrow$ Mannit	verschiedene Bakterien
$-CH{=}CH- \rightarrow -CH_2-CH_2-$	Progesteron $\rightarrow$ 4-Dihydroprogesteron	*Clostridium sp.*
$-CHO \rightarrow -CH_2OH$	Benzaldehyd $\rightarrow$ Benzylalkohol	einige Hefen
$-NO_2 \rightarrow -NH_2$	Nitrobenzol $\rightarrow$ Anilin	einige Hefen
Decarboxylierung:		
$-CH_2-COOH \rightarrow -CH_3$	Bernsteinsäure $\rightarrow$ Propionsäure	*Propionibacterium sp.*
Hydrolyse:		
$R-COO-R \rightarrow$ $R-COOH + R-OH$	Reichstein „S"-acetat $\rightarrow$ Reichstein „S"	*Streptomyces sp.*
Desaminierung:		
$-CH_2-CHNH- \rightarrow -C{=}C-$	Asparaginsäure $\rightarrow$ Fumarsäure	*E. coli*
Aminierung:		
$-CO- \rightarrow -CHNH_2-$	2-Oxo-glutarsäure $\rightarrow$ Glutaminsäure	*Pseudomonas ovalis*

(* nach dem Entdecker benanntes Steroidhormon der Nebenniere Cortexolon)

Häufig genutzt werden vor allem **hydrolytische Reaktionen**, die z. B. beim Proteinabbau, der Zerlegung von Fetten und bei der Stärkespaltung eine große Rolle spielen. Wie Tab. 2-13 verdeutlicht, sind mikrobielle Transformationen besonders im pharmazeutischen Sektor und in der Lebensmittelindustrie von Bedeutung. Aber auch in anderen Bereichen kommen sie zunehmend zum Einsatz. Eine ausführliche Beschreibung von Beispielen enthält Abschn. 4.

Wichtigste Voraussetzung für mikrobielle Umsetzungen ist ein leistungsfähiger Stamm, der das Substrat in kurzer Zeit mit möglichst wenig Nebenprodukten transformiert. Die Ausprägung der spez. Stammleistung hängt sehr von den Kulturbedingungen (Nährmedium, Temperatur, pH u. a.) ab. Hinsichtlich der **Wasserlöslichkeit der Substrate** unterscheidet man zwei Typen.

Typ I umfaßt *in Wasser schlecht lösliche Substanzen*, zu denen z. B. die Steroide zählen. Der Mikroorganismus wird im Fermentor unter Verwendung eines guten Wachstumsmediums bei geeigneten Kulturbedingungen angezüchtet. Am Ende der logarithmischen Wachstumsphase (s. Abschn. 2.5.2) gibt man die zu transformierende Substanz in den Fermentor und führt den Prozeß fort. Dabei sind folgende Aspekte zu beachten:

- Die Zugabe des Substrates muß zum richtigen Zeitpunkt erfolgen.
- Die Substratmenge muß so bemessen sein, daß keine Enzymhemmung eintritt (0.05 - 0.1 %).
- Wegen der schlechten Wasserlöslichkeit werden Lösungsmittel (z. B. 1 % Methanol) als Lösungsvermittler eingesetzt.
- Die Umsatzleistung hängt sehr von den richtigen Bedingungen ab. Sie liegt etwa bei 20 - 50 mg/l·h, kann aber im Einzelfall auch viel geringer oder höher sein.

Die *Produktgewinnung* erfolgt nach Abtrennung der Mikroorganismen mittels Extraktion unter Verwendung von lipophilen Harzen (XAD) oder klassisch mit Methylethylketon u. a. schlecht mit Wasser mischbaren Lösungsmitteln. Zur Produktreinigung können weitere Aufarbeitungsschritte (z. B. Chromatographie) folgen.

Bei den unter **Typ II** zusammengefaßten Substanzen handelt es sich um *gut wasserlösliche Verbindungen*, wie z. B. Zucker. In diesem Fall wird der Mikroorganismus in ein Kulturmedium gegeben, welches gleich zu Beginn eine hohe Konzentration (z. B. 10 - 30 %) des umzusetzenden Substrates enthält. Die Transformation verläuft parallel zum Wachstum bereits in der log-Phase. Von Bedeutung ist hierbei:

- Die Substratkonzentration ist nicht sehr kritisch.
- Die Umsatzleistung kann bis zu 25 g/l·h betragen.
- Wegen des großen Sauerstoffbedarfs muß die Belüftungsleistung des Reaktors sehr hoch sein.

Nach Abtrennung der Biomasse wird die Lösung konzentriert, ggf. bis zur Kristallisation des Produktes. Weitere Reinigungsschritte können folgen. Da der Wert der zu transformierenden Substanzen in der technischen Dimension gewöhnlich hoch ist, muß die Reproduzierbarkeit und Sterilität der Reaktion gesichert sein. Dies ist durch Vorversuche im Labor- und Pilotmaßstab sowie durch umfassende Kontrollen während des technischen Reaktionsablaufes zu sichern.

2.6.2   Technisch bedeutende enzymatische Umsetzungen

Falls andere Enzyme zu unerwünschten Nebenreaktionen führen können (z. B. bei ganzen Zellen), die Gewinnung von gereinigten Enzymen ökonomisch vertretbar ist und die Immobilisierung der Enzyme eine Mehrfachnutzung ermöglicht, werden auch einzelne Enzyme für Substrattransformationen herangezogen. Durch die Möglichkeit, mittels protein- und gentechnischer Methoden die katalytischen Eigenschaften der Enzyme zu verändern und dem jeweiligen Anwendungsfall besser anpassen zu können, ist die enzymatische Substratumwandlung in jüngster Zeit attraktiver geworden.

Für **Umsetzungen mit immobilisierten Enzymen** gibt es vielfältige Beispiele. Von technischer Bedeutung sind folgende Transformationen:

1. *Isomerisierung von Glucose zu Fructose mittels* **Glucoseisomerase**

    Im großtechnischen Maßstab werden ca. 50 % der Glucose zu Fructose umgewandelt. Da Fructose eine stärkere Süßkraft als Glucose und Saccharose besitzt, wird Fructosesirup für verschiedene Anwendungen im Lebensmittelsektor genutzt.

2. *Trennung eines racemischen Gemisches von D- und L-Aminosäuren*

    Beide Aminosäuren werden am α-Aminostickstoff acetyliert. Nach spezifischer Abspaltung der Acetylgruppe von der L-Aminosäure mittel **L-Aminosäure-Acylase** (z. B. aus *A. niger*) wird die freie Aminosäure nach Einengung auskristallisiert. Die Reaktion wird in Festbett- und Membranreaktoren durchgeführt.

3. *Herstellung von 6-Aminopenicillansäure (6-APA) durch Spaltung von Penicillin G mit* **Penicillin-Acylase**.

    6-APA dient als Grundsubstanz für die Gewinnung halbsynthetischer Penicilline. Das Enzym wird aus *E. coli* gewonnen und an makromolekularen Trägern fixiert. Der Enzymreaktor wird kontinuierlich betrieben.

3 Biotechnologische Methoden und Verfahren

3.1 Arbeiten unter sterilen Bedingungen

Verschiedene Fermentationsverfahren (z. B. Antibiotikaproduktion) erfordern *Sterilbedingungen*, d. h. den Ausschluß unerwünschter Mikroorganismen, da diese durch Überwachsen, Toxinbildung, Produktabbau u. a. Stoffwechselaktivitäten die Ausbeute und Qualität eines Produktes erheblich beeinträchtigen können. In besonderem Maße sind hiervon langsam wachsende Mikroorganismen betroffen. Durch Sterilisationsmaßnahmen müssen daher Fremdkeime von Nährmedien, Pufferlösungen, Luft und Arbeitsgeräten entfernt werden. Dies kann durch Abtötung der Keime mit physikalischen oder chemischen Mitteln sowie durch Eliminierung mittels Filtrationstechnik erfolgen.

Die im **Labor** am häufigsten verwendete und wirkungsvollste Verfahrensweise zur Keimabtötung ist die **Hitzesterilisation**. Für Nährmedien, Pufferlösungen sowie Geräte erfolgt diese vorzugsweise im Autoklaven bei 121 °C für 20 min im gespannten Wasserdampf. Dabei werden sowohl vegetative Zellen als auch temperaturresistentere Sporen von Mikroorganismen inaktiviert (Tab. 3-1). Petrischalen, Schüttelkolben, Pipetten und andere Gerätschaften kann man auch im *Trockensterilisator* (z. B. 180 °C, 2 h) keimfrei machen.

Tab. 3-1: Sterilisationszeit und -temperatur zur Inaktivierung vegetativer Zellen und Sporen

Zelltyp/Mikroorganismus	Sterilisationszeit (min)	Sterilisationstemperatur (°C)
Vegetative Zellen von Mikroorganismen	5 - 10	60
Pilz- und Hefe-Sporen	15	80
Streptomyzeten-Sporen	5 -10	60 - 80
Bakterien-Sporen	5	121
Bacillus stearothermophilus-Sporen	15	121

Zur Entkeimung von Oberflächen (z. B. Tische) und Geräten, bei denen eine Hitzebehandlung nicht möglich ist, werden auch **chemische Substanzen** (z. B. Formalin, Alkohol, ß-Propiolacton) eingesetzt. Für die Desinfektion der Hautoberfläche (z. B. Hände) verwendet man weniger aggressive und nicht toxische *Antiseptika*. Die Keimfreimachung von Einwegartikeln aus Kunststoffen (z. B. Petrischalen, Filter, Spritzen) sowie von hitzeempfindlichen Produkten (z. B. Enzympräparate, Lebensmittel) erfolgt auch mit **Gammastrahlen** (25 - 50 kGy).

Zur Abtrennung von Mikroorganismen aus Flüssigkeiten und Gasen sind häufig **Filtrationsverfahren** von Vorteil.

So werden Lösungen mit hitzeempfindlichen Medienbestandteilen (z. B. Vitamine, Aminosäuren) durch Filtration (Quarz- oder Membranfilter) keimfrei gemacht. Auch die Entkeimung der Zu- und Abluft bei Fermentationsprozessen erfolgt überwiegend durch Filtration (1 m³ Außenluft enthält gewöhnlich 2000 - 5000 Keime). Hierbei werden Filter mit verschiedenen porösen Materialien (z. B. Glaswolle, Keramik, Kieselgur) sowie Membranfilter (Porengröße ca. 0.2 μm) herangezogen. Da Viren hiervon nicht zurückgehalten werden, ist bei ihrer Anwesenheit eine zusätzliche Behandlung der Luft (z. B. Erhitzen, Gaswäsche) erforderlich.

Für steriles Arbeiten im Labor hat sich in den letzten Jahren die Nutzung einer **Sicherheitswerkbank** gut bewährt. Durch Filter entkeimte Luft wird vertikal oder horizontal in einen Arbeitsraum geführt, der frontal geöffnet ist. In diesem können die mikrobiologischen Arbeiten steril durchgeführt werden.

Die im Labormaßstab genutzten Maßnahmen zum Ausschluß von Fremdkeimen kommen prinzipiell auch im **technischen Maßstab** zur Anwendung. In speziellen Fällen werden in der Industrie auch andere Verfahren eingesetzt. Dies betrifft z. B. das **Pasteurisieren** von Milch. Um möglichst keine Qualitätseinbußen (z. B. Geschmack) zu verursachen, erfolgt eine schonende Erhitzung (z. B. 30 - 50 s bei 70 - 75 °C), die lediglich zur Inaktivierung von vegetativen Keimen führt. Da hierbei Sporen nicht abgetötet werden, ist diese Behandlung nur von begrenzter Dauer. Die **Fermentorsterilisation** kann mit oder ohne Nährmedium erfolgen.

Ein befüllter Fermentor wird durch direktes Einleiten von Heißdampf in die Kulturflüssigkeit sterilisiert. Da mit dieser Verfahrensweise auch Nachteile (z. B. Dampfschläge, Verunreinigungen durch Dampf) verbunden sind, wird die Sterilisation häufiger über einen Wärmeaustauscher vorgenommen (Einleitung von Dampf in einen den Fermentor umgebenden Mantel oder eine im Fermentor befindliche Rohrschlange). Große Fermentoren werden gewöhnlich leer mit Dampf sterilisiert und die Nährlösung in einer separaten Anlage keimfrei gemacht. Dies kann chargenweise oder kontinuierlich erfolgen, indem das Sterilisationsgut durch einen Plattenaustauscher oder durch konzentrische Röhren gepumpt wird, die man von außen mit Dampf erhitzt. Durch im Gegenstrom frisch zugeführte Nährlösung wird das Medium abgekühlt und sodann in den Fermentor eingeleitet. Dadurch können 90 % der Energie zurückgewonnen werden.

In Fig. 3-1 werden Temperatur- und Zeitverlauf der chargenweisen und kontinuierlichen Sterilisation gegenübergestellt. Es ist ersichtlich, daß letztere zeitlich und vom Energieverbrauch Vorteile aufweist. Auch hitzeempfindliche Medienkomponenten werden weniger geschädigt. Nachteile dieses Verfahrens sind Salzausfällungen, Wandverkrustungen und Stärkeverkleisterungen.

Die Sterilkontrolle kann mikroskopisch erfolgen. Bei geringer Infektion macht sich jedoch ein Keimnachweis auf Nähragarplatten erforderlich. Aus dem zeitlichen Auftreten der Infektion lassen sich Rückschlüsse auf deren Herkunft ziehen. Der Nachweis von Fremdkeimen wenige Stunden nach Fermentationsbeginn spricht für unsauberes Impfmaterial, nach einem Tag für unzureichende Mediensterilisation und nach einigen Tagen für ein späteres Eindringen von Keimen in den Fermentor.

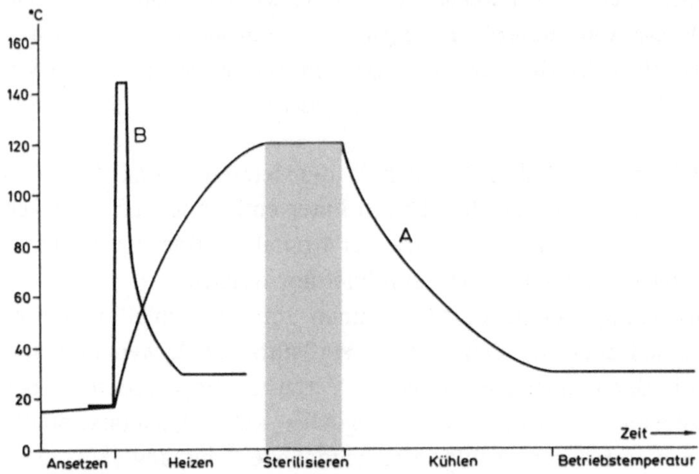

Fig. 3-1: Temperatur- und Zeitverlauf einer chargenweisen (A) und kontinuierlichen (B) Mediensterilisation (DIEKMANN u. METZ, 1991)

3.2   Beschaffung und Aufbewahrung von Stämmen

3.2.1   Wo findet man geeignete Mikroorganismen ?

Für die biotechnologische Produktherstellung und Stoffwandlung werden sowohl Mikroorganismen aus natürlichen Lebensräumen isoliert als auch definierte Stämme von Kultursammlungen eingesetzt. Zur Gewinnung von Produkten mit neuen und verbesserten Eigenschaften isoliert man vorzugsweise Stämme von Standorten, die sich durch spezifische Nährstoffe oder besondere Bedingungen auszeichnen und infolge Selektionsdruckes mit hoher Wahrscheinlichkeit zur Anreicherung adaptierter Keime geführt haben. So kann man z. B. in Erdproben [1 g Erde enthält 10^6 - 10^8 Bakterien (darunter 10^4 - 10^6 Actinomyzeten), 10^2 - 10^4 Pilze] Antibiotikabildner, in Abwasserproben von Schlachthöfen Collagenasebildner und in erhitztem Heu thermophile Mikroorganismen finden. Zur Isolierung geeigneter Stämme verwendet man spezielle **Screening-Methoden**.

Dazu werden 0,1 ml einer wäßrigen Suspension der Mikroorganismen auf der Oberfläche eines mit 2 % Agar verfestigten Nährmediums in Petrischalen ausgespatelt. Durch das Einbringen eines speziellen Substrates in das Medium bzw. durch Einstellung spezieller Kulturbedingungen, die das Wachstum gesuchter Keime in Form von Zellanhäufungen (*Kolonien*) begünstigen, können bereits in der ersten Stufe des Screenings eine Anreicherung von Mikroorganismen mit gewünschten Eigenschaften erreicht und eine gezielte Auswahl vorgenommen werden (Tab. 3-2).

Tab. 3-2: Isolierung von Mikroorganismen mit spezifischen Eigenschaften

Mikroorganismus	Selektionsbedingungen	Erscheinungsbild
Psychrophile	niedrige Temperatur (0 - 20 °C)	Wachstum
Thermophile	hohe Temperatur (50 - 100 °C)	Wachstum
Acidophile	niedriger pH-Wert (pH 1,5 - 4)	Wachstum
Alkalophile	hoher pH-Wert (pH 9 - 14)	Wachstum
Halophile	hohe NaCl-Konzentration	Wachstum
Anaerobier	N_2-Atmosphäre	Wachstum
Proteasebildner	Casein-Agarplatten	farbloser Hydrolysehof in milchigem Agar
Amylasebildner	Stärke-Agarplatten	farbloser Hydrolysehof in blauem Agar
Lipasebildner	Öl-Emulsion im Agar	Trübung von Hydrolysehöfen durch Ca-Fällung freier Fettsäuren

Sucht man z. B. einen Schimmelpilz mit pektinolytischer Aktivität im stark sauren pH-Bereich, so werden in das Agarmedium Pektin als einzige C-Quelle gegeben, der pH-Wert auf 1 - 3 eingestellt und die eingeimpften Konidien bzw. vegetativen Zellen bei etwa 25 - 30 °C bebrütet. Nach 1 - 3 Tagen entwickeln sich Kolonien, die bei Bildung und Ausscheidung hoher Enzymaktivitäten in dem durch Pektin getrübten Agarmedium einen Klarhof hervorrufen. Die Kolonien mit den größten Klarhöfen werden isoliert und auf Schrägagarröhrchen mit einem guten Wuchsmedium (z. B. Bierwürze) übertragen. Nach 3 - 5 Tagen Bebrütung lagert man das Erstisolat bei 4 °C.

Konnten bereits bei der ersten Überprüfung Stämme mit der gewünschten Leistung bzw. Produktbildung isoliert werden, folgt in der zweiten Stufe die Reinigung der Stämme. Die **Herstellung einer mikrobiellen Reinkultur** wird ähnlich wie deren Isolierung aus dem Probenmaterial durchgeführt.

In der Regel suspendiert man Sporen oder Zellen einer Ausgangspopulation in physiologischer Kochsalzlösung (0,9 % NaCl) und spatelt 0,1 % dieser Suspension in geeigneter Verdünnung auf der Oberfläche von Nähragarplatten aus, oder die Probe wird in verflüssigtem Nähragar (bei 45 °C) verteilt und in sterile Petrischalen gegossen. Bei geeigneter Bebrütungstemperatur entwickeln sich Kolonien. Gehen diese aus Einzelzellen hervor, werden sie als **Klone** bezeichnet.

Je nachdem, ob es sich um Bakterien, Hefen oder Schimmelpilze handelt, können auch andere Selektionsverfahren zur Anwendung gelangen. Sehr einfach ist das

Impfstrichverfahren, bei dem das Probenmaterial mittels Impföse auf der Nähragarplatte durch Schlängelbewegungen so lange verteilt wird, bis eine Vereinzelung von Zellen erreicht worden ist. Sporen- bzw. Zellvereinzelungen können auch unter mikroskopischer Kontrolle mittels **Tröpfchenverfahren** oder mit dem **Mikromanipulator** vorgenommen werden. Die isolierte Einzelzelle wird auf eine Agarplatte gebracht, wo sie sich vermehrt und eine Kolonie bildet.

Nach der Isolierung eines Stammes mit gewünschter Leistung oder Eigenschaft ist häufig seine systematische Zuordnung (Familie, Gattung, Art) von Interesse. Diese kann mit Hilfe verschiedener Methoden ermittelt werden. Aufgrund des hohen Arbeits- und Zeitaufwandes läßt man heute die *Stammidentifizierung* meist von Instituten oder Kultursammlungen vornehmen.

Es gibt weltweit ca. 145 bedeutende **Kulturensammlungen**, in denen eine große Anzahl Reinkulturen aufbewahrt wird. Diese Einrichtungen fungieren zugleich als Hinterlegungsstellen für patentierte sowie genetisch veränderte Stämme und Vektoren (s. Abschn. 3.5.4.2). Auch Stammidentifizierungen werden von ihnen durchgeführt. Einige bedeutende Kulturensammlungen enthält Tab. 3-3.

Tab. 3-3: Bedeutende Kulturensammlungen in verschiedenen Ländern

Name	Institution	Land	Mikroorganismen
ATCC	American Type Culture Collection, Rocksville	USA	Bakterien. Hefen. Pilze, Viren
ACAM	Australien Collection of Antarctic Microorganisms, Hobart	Australien	Bakterien.Hefen. Pilze, Viren
AUCM	All-Unions Collection of Microorganisms, Moscow	Rußland	Bakterien. Hefen Pilze, Viren
CNCM	Collection Nationale de Cultures de Microorganismes, Paris	Frankreich	Bakterien.
DSM	Deutsche Sammlung von Mikroorganismen und Zellkulturen, Braunschweig	Deutschland	Bakterien. Hefen. Pilze, Viren
CBS	Centraalbureau voor Schimmelcultures, Baarn	Niederlande	Hefen. Pilze
NCFB	National Collection of Food Bacteria. Shinfield	England	Bakterien
JCM	Japan Collection of Microorganisms. Wako-shi, Saitama	Japan	Bakterien. Hefen. Pilze, Viren

Die *Zentrale Sammlung und Hinterlegungsstelle für Mikroorganismen und Zellkulturen in Deutschland* befindet sich in 38124 Braunschweig, Mascheroder Weg 1b. Sie verfügt über ca. 7.000 Bakterien und Pilze sowie über mehrere hundert Plasmide.

3.2.2   Aufbewahrung und Konservierung von Stämmen

Um isolierte Stämme frei von Fremdkeimen und mit einer hohen Leistung zu erhalten, sind spezielle Maßnahmen zur Stammhaltung und Konservierung erforderlich. Für *kurze Lagerfristen* (z. B. Arbeitskulturen) genügt häufig eine **Stammhaltung** auf Schrägagarröhrchen, die im Kühlschrank gelagert werden. Da die Gefahr der Überalterung, Degeneration und Austrocknung besteht, sind die Kulturen (im Abstand von einigen Monaten) auf frische Schrägagarröhrchen zu überimpfen. Dies kann zum Verlust spezifischer Leistungen sowie zur Kontamination führen. Um die Eigenschaften und Leistungen von Stämmen über *längere Zeit* zu erhalten, sind **Konservierungsmethoden** anzuwenden.

Die einfachste Methode - vor allem für Streptomyzeten und Pilze - besteht in der *Überschichtung* von Schrägagarkulturen mit Paraffinöl oder mit anderen inerten Flüssigkeiten. Auch die *Trocknung* von Stamm-Material an Trägersubstanzen (z. B. Sand, Silikagel) bei normalen Temperaturen unter Vakuum (mit Magermilch oder Serum) hat sich gut bewährt. Sie ist besonders für Sporen geeignet. Die Lagerung erfolgt in geschlossenen Ampullen oder bei niederen Temperaturen im Exsikkator.

Eine weitere Konservierungstechnik ist die *Gefriertrocknung oder Lyophilisation*. Unter Einsatz eines Schutzmittels (z. B. Glucose, Magermilch, Glycerol) werden konzentrierte Suspensionen von Mikrobenzellen in Ampullen mit flüssigem Stickstoff rasch eingefroren, im Vakuum getrocknet und im Kühlschrank gelagert. Die Methode ist besonders für Bakterien einsetzbar. Das derzeit zuverlässigste Konservierungsverfahren ist das rasche *Einfrieren* der Mikroorganismen in flüssigem Stickstoff (-196 °C) und die anschließende Lagerung in bzw. über flüssigem Stickstoff oder bei -80 °C. Die Vorteile dieser Methode sind hohe Überlebensraten und lange Haltbarkeit.

3.3   Kultivierung von Mikroorganismen

3.3.1   Submers- und Emerskultur

Für Produktbildungs- und Stoffwandlungsprozesse werden meist Reinkulturen unter definierten Bedingungen eingesetzt. Je nach den Voraussetzungen, unter denen die Fermentation durchgeführt wird, unterscheidet man folgende wichtigen Kultivierungsarten.

Am häufigsten wird die **Submerskultur** verwendet (z. B. Antibiotikaproduktion, Abwasserreinigung), bei der die Mikroorganismen in der Kulturflüssigkeit mittels Rühreinrichtung, Begasung oder Pumpsystem suspendiert werden, um eine möglichst homogene Verteilung und eine optimale Nährstoffversorgung zu gewährleisten. Sowohl freie als auch immobilisierte Mikroorganismen aller Hauptgruppen kommen zum Einsatz. Die Betriebsweise kann diskontinuierlich, halbkontinuierlich oder kontinuierlich vorgenommen werden.

Im Falle der **Emers-(Oberflächen-)Kultur** erfolgt homogenes Wachstum von Mikroorganismen an der Oberfläche flüssiger, halbfester oder fester Substrate. Wegen ihrer leichten Handhabung wird die Emerskultur sehr häufig im Labor verwendet. Im technischen Maßstabe dient sie vorrangig zur Enzymproduktion, Abwasserreinigung und Erzlaugung. Die häufig mehrschichtig vorliegende Biomasse weist im Hinblick auf die Nährstoffversorgung und den Stoffwechsel innerhalb der verschiedenen Ebenen erhebliche Unterschiede auf. Zahlreiche Fermentationsprodukte in der Lebensmittelindustrie wurden ursprünglich im Emersverfahren hergestellt. Da dieses jedoch hinsichtlich des Stofftransportes, der Prozeßsteuerung und des Arbeitsaufwandes einige Unzulänglichkeiten aufwies, wurde es im Laufe der Zeit durch das Submersverfahren ersetzt.

Als Sonderform der Emerskultur ist die **Festphasenkultur** anzusehen, bei der Mikroorganismen auf festen Substraten in Abwesenheit von freiem Wasser wachsen und dabei den Feststoff abbauen. Sie nutzen das im Substrat enthaltene Wasser, welches im allgemeinen etwa 30 - 80 % des Substrates ausmacht. Bei einem Wassergehalt unter 12 % findet kein Mikrobenwachstum mehr statt. An diese Bedingungen sind Schimmelpilze und Hefen am besten angepaßt.

Die Festphasen-Fermentation kann für aerobe und anaerobe Stoffumwandlungen eingesetzt werden. Sie findet besonders breite Anwendung bei der fermentativen Herstellung *asiatischer Lebensmittel* (z. B. Sojasauce, Tempeh). Aber auch zur Herstellung von Antibiotika, Enzymen u. a. Fermentationsprodukten sowie bei der Kompostierung wird sie genutzt (s. Abschn. 4).

3.3.2   Bioreaktoren

Bioreaktoren sind Apparaturen, die eine reproduzierbare und kontrollierbare Durchführung mikrobieller und biochemischer Reaktionen gestatten. Um unterschiedlichen Ansprüchen gerecht zu werden, sind verschiedene Fermentoren entwickelt worden. Generell wird angestrebt, mit wenig Aufwand an Investitionen und Betriebskosten ein Maximum an Produktausbeute zu erreichen.

Keine besonderen apparativen Ausführungen erfordern **Bioreaktoren für anaerobe Prozesse**. So können z. B. Alkohol oder Biogas in einfachen Behältern (Fassungsvermögen bis zu mehreren 100 m^3) unter Luftausschluß gewonnen werden. Dies wird meist durch hohe Behälterfüllung erreicht. Die Temperierung erfolgt durch die Umgebungstemperatur bzw. Kühlwasserberieselung der Reaktoren. Für die Durchmischung sorgt z. B. CO_2 bei der alkoholischen Gärung oder Biogas bei der Güllevergärung. Neben Submersfermentoren können auch Festbettreaktoren zum Einsatz gelangen, bei denen an Träger fixierte Mikroorganismen von der Substratlösung umspült werden.

Hingegen sind **Bioreaktoren für aerobe Prozesse**, die bei Emers- und Submersfermentationen verwendet werden, sehr vielfältig gestaltet. Nach der Art der Gasverteilung lassen sie sich in 4 Gruppen einteilen (Fig. 3-2).

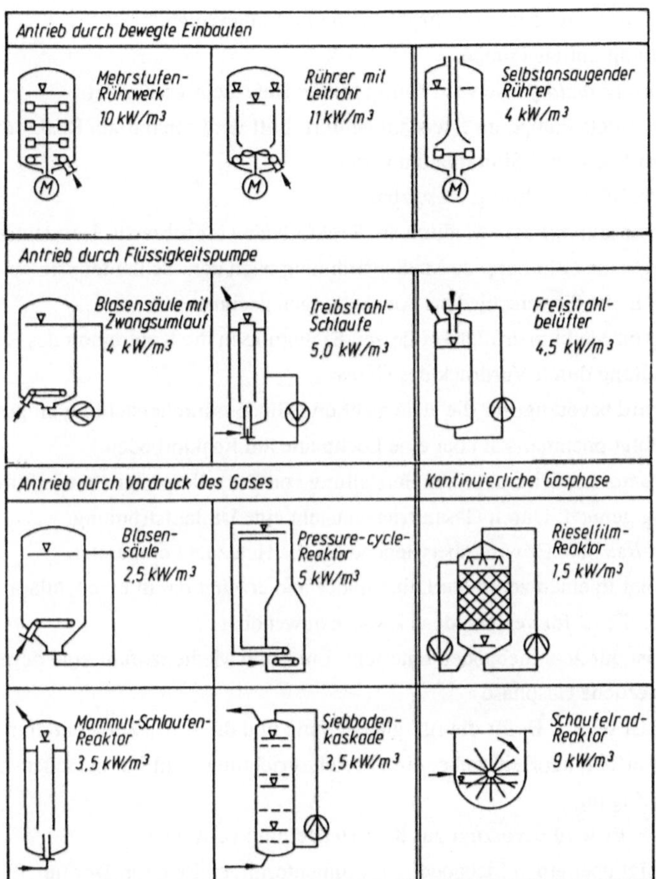

Fig. 3-2: Grundtypen von Bioreaktoren für aerobe Fermentationen (SMITH, 1990)

Gruppe I: Gasverteilung durch bewegte Einbauten

1. *Rührwerkskessel.* Er ist vielfältig einsetzbar und wird am häufigsten verwendet.

   Es gibt zahlreiche Rührsysteme, die zum Vermischen und Dispergieren von Komponenten in flüssiger Phase dienen. Die erzeugten Strömungsverhältnisse sind vom Rührertyp, der Drehzahl, dem Einbauort und den Reaktoreinbauten abhängig. Für niedrigviskose Medien werden bevorzugt <u>Propeller-</u> und <u>Schrägblattrührer</u> mit axialer bzw. <u>Scheiben-</u> oder <u>Schaufelrührer</u> mit radialer Medienförderung eingesetzt. Bei hochviskosen Medien verwendet man häufig <u>Wendel-</u> und <u>Ankerrührer</u> mit tangentialer Wirkung.

2. *Umwurf- o. Rührschlaufenreaktor.* Er dient vielfältigen Anwendungszwecken.

   Der bodenständige Rührer und der koaxiale Leitzylinder erzeugen eine Umlaufströmung (Schlaufenprinzip).

3. *Hohlrührerreaktor.* Er wird vorzugsweise zur Essigherstellung eingesetzt.

Durch den hohlen Rührer wird beim Rührprozeß die Luft angesaugt.

Gruppe II: Gasverteilung mittels Pumpe

1. *Blasensäule mit Zwangsumlauf.* Sie wird häufig für die Hefezucht verwendet.
   Das Medium wird mittels Pumpe im Kreislauf geführt. Luft wird separat am Reaktorboden
   eingeleitet und über Loch- und Sinterplatten verteilt.
2. *Treibstrahlschlaufe.* Sie ist vielseitig einsetzbar.
   Die Luft wird gemeinsam mit dem Medium am Reaktorboden eingebracht. Der zentrale
   Leitzylinder erzeugt eine zirkulierende Medienströmung nach dem Schlaufenprinzip.
3. *Freistrahlbelüfter.* Er ist für verschiedene Anwendungen geeignet.
   Die Luftverteilung im Medium erfolgt vor dessen Einleitung in die Kopfregion des Reaktors.

Gruppe III: Gasverteilung durch Vordruck des Gases

1. *Blasensäule.* Sie wird bevorzugt für die Hefezucht und Gluconsäureherstellung eingesetzt.
   Die Luftzufuhr erfolgt pneumatisch über eine Lochplatte am Reaktorboden.
2. *Pressure-cycle-Reaktor.* Er wird u. a. zur Herstellung von Einzellerprotein sowie für die
   Abwasserreinigung genutzt. Durch Gasauftrieb entsteht eine Umlaufströmung.
3. *Mammutschlaufen-Reaktor.* Er wird überwiegend für die Hefezucht eingesetzt.
   Die Belüftung erfolgt in einen zentralen Leitzylinder und erzeugt damit eine Umlaufströmung.
4. *Siebbodenkaskade.* Sie ist für verschiedene Zwecke anwendbar.
   Der Reaktorraum ist durch   Siebböden unterteilt. Luft- und Medienzufuhr sind gegenläufig.

Gruppe IV: Kontinuierliche Gasphase

1. *Rieselfilmreaktor.* Er wird z. B. für die Essigherstellung und die Abwasserbehandlung genutzt.
   Die Medienzufuhr erfolgt kopfseitig über eine Rieselvorrichtung. Luft hat in Boden- und
   Kopfregion freien Zugang.
2. *Schaufelradreaktor.* Er wird bevorzugt zur Koji-Herstellung verwendet.
   Die Belüftung erfolgt über einen Siebboden im wannenförmigen Reaktor. Der mit
   Schimmelpilzen beimpfte gedämpfte Reis wird mittels Schaufelrad umgewälzt.

Bei der technischen Produktherstellung mit frei beweglichen Mikroorganismen ist der **zwangsbelüftete Rührwerkskessel** am weitesten verbreitet (Fig. 3-3). Die Hauptgründe dafür sind seine große Flexibilität und universelle Einsetzbarkeit.

Die Produktionsfermentoren variieren in ihrem Höhen-Durchmesser-Verhältnis zwischen 2:1 bis 6:1 und im Bruttovolumen zwischen 1 bis 500 m^3. Zwecks homogener Durchmischung des Fermentorinhaltes sowie für eine möglichst intensive Dispergierung der Luft im Kulturmedium werden bevorzugt Scheiben- und Propeller-Rührer eingesetzt. Ein Kühlmantel oder eine Kühlschlange im Fermentor ermöglichen die Temperaturregelung während der Fermentation. Der Fermentor wird zu etwa 2/3 mit Medium befüllt. Leichter Überdruck während des Betriebes mindert u. a. das Eindringen von Fremdkeimen.

Für **immobilisierte Biokatalysatoren** kommen die in Fig. 3-4 aufgeführten Reaktoren in Betracht. Sie sind so konstruiert, daß die Diffusionsgeschwindigkeit des Substrates zum Biokatalysator (externer Massentransfer) hoch genug ist, um eine Limitation der Reaktion zu vermeiden. Der interne Massentransfer (z. B. in einer Matrix) wird durch die Immobilisierungsart bestimmt.

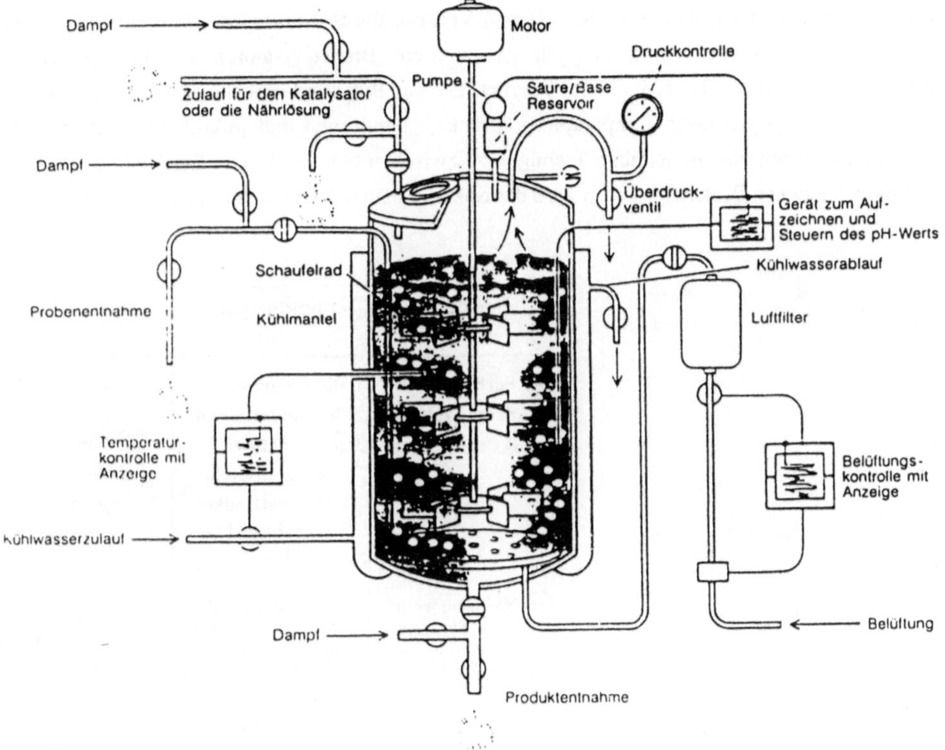

Fig. 3-3: Aufbau eines klassischen Bioreaktors (DELLWEG, 1987)

Für Reaktionen mit **partikelgebundenen Biokatalysatoren**, in denen sehr viskose Nährmedien verwendet werden bzw. für die viel Sauerstoff erforderlich ist, eignen sich vor allem *Rühr- und Schlaufenreaktoren*. Allerdings besteht hier die Gefahr, daß durch hohe Scherkräfte eine mechanische Zerstörung der Biokatalysatoren erfolgen kann.

Festbettreaktoren ermöglichen wegen der hohen Packungsdichte der immobilisierten Systeme den höchsten Substratumsatz pro Zeiteinheit. Nachteilig bei diesem Reaktortyp ist die schlechte Temperatur- und pH-Regelung, eine verminderte Kontaktfläche zwischen Substrat und Biokatalysator durch Gasbildung sowie ein geringerer Substratumsatz durch Kanalbildung.

Beim *Fließbettreaktor* wird der Biokatalysator durch den Substratstrom in Schwebe gehalten. Eine Variation von Flußrate und Rückmischung ist nicht möglich. Das Scale-up ist erschwert. Im

Wirbelschichtreaktor wird eine gute Rückmischung durch Einbauten sowie intensiven Gasdurchsatz gesichert, jedoch ist die Umsetzung nicht vollständig.

Bei **Membranreaktoren** werden Biokatalysator und Substrat durch eine Dialysemembran zurückgehalten, während die entstehenden niedermolekularen Produkte durch Poren das System verlassen. Vorteilhaft ist, daß keine Kosten und Verluste durch Immobilisierung entstehen, eine kontinuierliche Prozeßgestaltung möglich ist, mehrere Biokatalysatoren gleichzeitig wirken können und ein Scale-up keine Probleme bereitet. Die aus Polyamid bzw. Polysulfon hergestellten Membranen sind gegen hohe Temperaturen, Drücke, chemischen und mikrobiellen Abbau sehr beständig und haben eine molekulare Trenngrenze zwischen 0,5 - 300 kDa. Bei Bioreaktoren mit membrangebundenen Biokatalysatoren wird das Substrat beim Membrandurchtritt umgesetzt.

Immobilisierungsart	Reaktortypen	Beispiele
(A) Partikelgebundene Systeme	1. Rührreaktor 2. Schlaufenreaktor 3. Bettreaktoren 3.1 Festbettreaktor 3.2 Fließbettreaktor 3.3 Wirbelschichtreaktor	Typ 3.1 Typ 3.2
(B) Membrangebundene Systeme	4. Rührreaktor mit Membran und frei beweglichen Enzymen o. Zellen 5. Reaktor mit membrangebundenen Enzymen o. Zellen	Typ 4. Substrat Enzym Membran Produkt

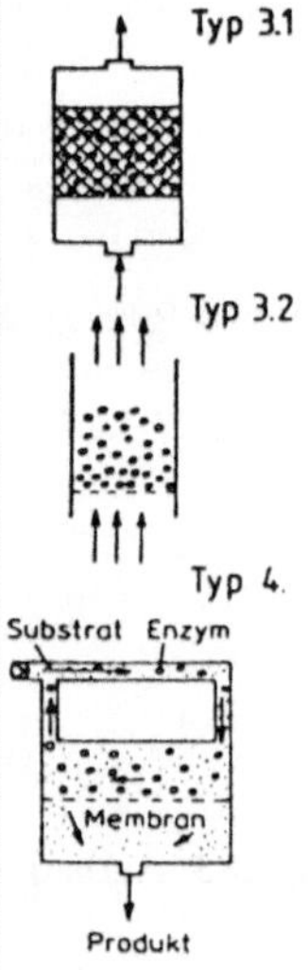

Fig. 3-4: Bioreaktoren für immobilisierte Mikroorganismen oder Enzyme

3.3.3 Zusammensetzung von Nährmedien

Mikroorganismen benötigen zum Zellaufbau sowie zur Energiegewinnung Nährstoffe, welche die 10 Hauptelemente S, C, H, O, N, Ca, Fe, K, P und Mg enthalten. Für verschiedene Verwendungszwecke (Biomasse-, Sporenbildung, Produktsynthese u. a.) wurde eine Anzahl von Nährmedien unterschiedlicher Zusammensetzung entwickelt, wobei diese entweder für diverse oder aber nur spezifisch für wenige Arten einsetzbar sind (Tab. 3-4).

Nährmedien enthalten im allgemeinen einen hohen Wasseranteil. In der Biotechnologie sind gelegentlich auch spezifische Bedingungen (z. B. hoher Feststoff-, Zucker- und Salzgehalt) von Bedeutung. Da man davon ausgeht, daß in Abhängigkeit vom Verfahren 25 - 70 % der Fermentationskosten allein auf die C-Quelle entfallen, werden zunehmend komplexe Substrate eingesetzt. Hierfür bieten sich besonders industrielle **Abfallprodukte** an, deren Zusammensetzung stark schwanken kann. Als Extremfall einer komplexen Nährlösung mit wechselnder Zusammensetzung sind kommunale oder industrielle Abwässer anzusehen. Die in Kläranlagen lebenden Mikroorganismen sind jedoch in der Lage, sich diesen Nährstoff-Verhältnissen allmählich anzupassen.

Tab. 3–4: Nährmedien zur Kultivierung und Differenzierung von Mikroorganismen

Medientyp	Charakteristik, Anwendung
Komplexmedium	Komponenten chemisch nicht definiert
synthetisches Medium	chemisch definierte Substanzen, z. B. Zucker, Aminosäuren
Flüssigmedium	Nährbrühe (komplexe Substrate), Nährlösung (definierte Substanzen)
Nährboden	Nährmedium versetzt mit 2 % Agar, Gelatine u. a. Verfestigungsmitteln
Feststoffmedium	komplexe Substrate (z. B. Kleie) ergänzt mit Nährsalzen
Kollektivmedium	bietet verschiedenen Mikroorganismen gute Wachstumsbedingungen
Selektivmedium	ermöglicht nur bestimmten Mikroorganismen Wachstum
Indikatormedium	Nachweis bestimmter Stoffwechselleistungen, Einsatz zur biochemischen Differenzierung von Stämmen (Farbumschlag eines Indikators)
Vollmedium	enthält alle Komponenten eines Kollektivmediums in größeren Mengen, z. T. mehrere C- und N-Quellen
Minimalmedium	enthält essentielle Komponenten in optimierter Menge

Für gutes Wachstum bzw. eine hohe Produktausbeute macht sich häufig eine Ergänzung der Medien erforderlich. Dies erfolgt vorwiegend mittels statistischer Methoden unter Einsatz von Computerprogrammen.

Als **Kohlenstoff- und Energiequelle** kommen zahlreiche organische Verbindungen in Betracht. Im allgemeinen setzt man etwa 1 - 2 %, in speziellen Fällen mehr als 10 % dieser Substanzen ein. Da reine Zucker (z. B. Glucose) zu teuer sind, werden überwiegend Stärke, Melasse, Sulfitablauge, Cellulose, Molke, tierische und pflanzliche Fette/Öle sowie Alkohole (z. B. Methanol) genutzt.

Für Laborversuche verwendet man an **Stickstoffquellen** sowohl organische als auch anorganische Verbindungen. Sehr häufig eingesetzte organische Substanzen sind Pepton, Fleisch- und Hefeextrakt, Maisquellwasser, Soja- und Erdnußmehl. Ammoniumsalze sind die billigsten anorganischen N-Quellen. Bei industriellen Fermentationen werden neben Ammoniumsalzen Maisquellwasser, Hefeextrakt, Pepton und Sojamehl bevorzugt.

Bei den **Mineralstoffen** unterscheidet man zwischen Makro- und Mikroelementen. Von den *Makroelementen* (Konzentration ca. 10^{-3} - 10^{-4} mol/l) werden vor allem P (ca. 1 - 2 g/l), K (ca. 0,1 - 0,25 g/l), Na (ca. 90 mg/l), S (ca. 25 - 60 mg/l), Mg (ca. 2 - 5 mg/l und Ca (ca. 0,4 mg/l) benötigt. Bei *Mikro- oder Spurenelementen* sind besonders Fe, Zn, Cu, Mn, Co, Mo und B zu nennen. Da letztere nur in sehr geringen Mengen gebraucht werden, ist ihr Zusatz bei Verwendung von Leitungswasser meist nicht erforderlich.

Die von Mikroorganismen benötigten **Vitamine** werden - als Coenzyme oder deren Vorstufen - den Medien meist in µg-Mengen (ca. 1 - 100 µg/l) zugesetzt. Die wichtigsten sind Thiamin, Biotin, Riboflavin, Pyridoxin, Nicotinsäure, Cobalamin und Folsäure. In der Regel gibt man diese in Form vitaminreicher organischer Substanzen (z. B. 0,1 % Hefeextrakt) zu.

Da flüssige Kulturmedien bei intensiver Rührung und Belüftung zur Schaumbildung neigen, werden zu Beginn bzw. während der Fermentation häufig **Entschäumer** zudosiert. Sie reichern sich in der Grenzfläche zwischen Gas- und Flüssigphase an und erhöhen die Oberflächenspannung der Flüssigkeit. Für biotechnologische Prozesse sind nur die technischen Entschäumer geeignet, die gegenüber Mikroorganismen nicht toxisch sind. Zur Anwendung kommen verschiedene Fette und Lipide, Fettsäureester, Silikone, Polypropylenglykol u. a. Verbindungen. In Abhängigkeit vom Medium und dem Entschäumer betragen die Zusatzmengen gewöhnlich 0,1 - 2 g/l. Für lebensmitteltechnologische Ansätze kommen vor allem pflanzliche sowie tierische Öle und Fette (z. B. Sonnenblumen-, Soja-, Fischöl) in Mengen von 0,02 - 0,05 % in Betracht.

Nachfolgend einige **Beispiele von Nährmedien** sowie ihre Verwendung.

Vollmedium für Bakterien: Pepton 1,0 %, Hefeextrakt 0,1 %, NaCl 0,2 %,
                                 $MgSO_4$ 7 H_2O 0,02 %, pH 7,0
Minimalmedium für Bakterien: Glucose 0,3 %, NH_4Cl 0,1 %, NaCl 0,2 %, KCl 0,1 %,
                                 K_2HPO_4 0,05 %, $MgSO_4$ 7 H_2O 0,02 %, pH 7,0
Malzextraktmedium für Pilze: Malzextrakt 3,0 %, Pepton 0,3 %, pH 4,8
Czapek-Dox-Medium für Pilze: Saccharose 3,0 %, $NaNO_3$ 0,3 %, $MgSO_4$ 7 H_2O 0,05 %,
                                 KCl 0,05 %, K_2HPO_4 0,1 %, $FeSO_4$ 0,001 %, pH 7,3

Zur Verfestigung von Nährmedien, die im Labor für Oberflächenkulturen in Petrischalen und Schrägröhrchen häufig verwendet werden, nutzt man überwiegend 1 - 2 % **Agar**. Dieses pektinartige Polysaccharid aus Rotalgen löst sich beim Kochen und erstarrt bei 35 - 40 °C.

3.3.4   Unter welchen Bedingungen wird kultiviert ?

Um intensives Wachstum und hohe Produktsynthese zu gewährleisten, sind neben der Nährsubstratzusammensetzung weitere Kultivierungsparameter den jeweiligen Erfordernissen der Mikroorganismen anzupassen.

Für jeden Mikroorganismus gibt es einen unterschiedlich breiten **pH-Bereich**, innerhalb dessen er wachsen kann. Im allgemeinen sind Pilze säuretoleranter als Bakterien. Größtmögliches Wachstum erfolgt im Optimalbereich, der z. B. für Pilze und Milchsäurebakterien zwischen pH 2 - 4,5 liegt. Die meisten Bakterien, wie z. B. Bazillen, wachsen jedoch im Neutralbereich (pH 6 - 8) am besten. Die wachstumshemmende Wirkung niederer pH-Werte für viele Mikroorganismen wird u. a. bei der Konservierung von Lebens- und Futtermitteln genutzt.

Wie alle chemischen und enzymatischen Reaktionen ist auch das Wachstum von Mikroorganismen temperaturabhängig. Wird in ein Koordinatensystem die spez. Wachstumsrate (μ) gegen die **Temperatur** aufgetragen, erhält man eine verschobene Optimumskurve, die derjenigen für Enzyme gleicht (s. Fig. 2-18a). Ein Temperaturanstieg fördert zunächst das Wachstum bis μ_{max} erreicht ist. Danach kommt es zur Schädigung von Enzymen u. a. Zellbestandteilen, wodurch zuerst eine Wachstumshemmung und schließlich der Zelltod eintritt.

Hinsichtlich der **optimalen Temperaturbereiche** für das Wachstum unterscheidet man *4 Gruppen* (Tab. 3-5). Die größte Gruppe sind die *Mesophilen*, zu denen die meisten Produktionsstämme von Primär- und Sekundärmetaboliten (z. B. *Bacillus*-Arten) gehören. Für vegetative Zellen mesophiler Mikroorganismen beginnt bei 55 °C, für verschiedene Pilzsporen bei 65 °C der Letalbereich. *Psychrophile Keime* haben vor allem als Schadorganismen bei Kühllagerung von Lebensmitteln eine Bedeutung. *Thermophile Stämme* sind z. B. für die Produktion von Enzymen und Alkohol wegen der nicht erforderlichen Fermentorkühlung sowie wegen geringerer Infektionsanfälligkeit von Interesse. Thermophile Arten gibt es z. B. bei den Gattungen *Bacillus, Clostridium* und *Thermoactinomyces*, bei den Hefen *Torulopsis, Candida* und *Saccharomyces* sowie einigen Schimmelpilzen. Zu den *Extrem-Thermophilen* zählen verschiedene Archaebakterien, welche in heißen Quellen und in vulkanischen Sedimenten zu finden sind.

Da Wachstum und Stoffwechsel von Mikroorganismen auf enzymatischen Prozessen beruhen, ist deren Temperaturverhalten von Bedeutung. Man kennt etwa 10 Faktoren, die zur Temperaturstabilität von Enzymen beitragen (z. B. Bindung von Ca^{2+}, -S-S- und -S-H-Brücken im Proteinmolekül). Welche Mechanismen die extreme Hitzestabilität der Archaebakterien bewirken, ist unklar. Man nimmt an, daß u. a. histonartige Proteine und Glycerolether eine Rolle spielen.

Tab. 3-5: Temperaturbereiche für das Wachstum von Mikroorganismen

Gruppe	Temperaturbereich (°C)			Beispiele
	Minimum		Optimum	
	Maximum			
Psychrophile	-10 - 0	15 - 20	20 - 30	*Pseudomonas sp., Photobacterium sp.*
Mesophile	10 - 30	20 - 37	35 - 50	*Lactobacillus lactis, E. coli, Bacillus subtilis*
Thermophile	25 - 50	50 - 65	60 - 95	*B. stearothermophilus, Thermoactinomyces vulgaris*
Extrem-Thermophile	65 - 75	80 - 85	90 - 110	*Sulfolobus acidocaldarius, Methanothermus sociabilis*

Wasser ist der Hauptbestandteil des äußeren Milieus von Mikroorganismen, die es zum Leben benötigen und selbst zu 70 - 85 % daraus bestehen. Als Maß für frei verfügbares Wasser im Lebensraum dient die **Wasseraktivität** (s. Abschn 2.4.2.3). Die Ansprüche der Mikroorganismen an diese sind sehr unterschiedlich. Die Mehrzahl der Bakterien wächst bis zu dem minimalen a_w-Wert von 0,9, die meisten Hefen und Schimmelpilze bei einem von 0,85. Spezielle Gruppen von Mikroorganismen (z. B. osmotolerante und halophile) wachsen auch noch in stark salz- und zuckerhaltigen Substraten. Einige Beispiele enthält Tab. 3-6.

Osmotolerante Mikroorganismen verhindern bei osmotischen Streßsituationen die Wasserdiffusion aus der Zelle durch Synthese osmotisch wirksamer Substanzen in der Zelle (z. B. Aminosäuren, Zucker, Glycerol, Betaine) und erhöhen damit die Wasserbindungskapazität. Da nur wenige Mikroorganismen über ein derartiges Osmoregulationssystem verfügen, kann man die Lebensmittelkonservierung mit hoher Salz- und Zuckerkonzentration gefahrlos vornehmen.

Tab. 3-6: Substrate mit unterschiedlichem a_w-Wert und darauf wachsende Mikroorganismen

Wasseraktivität (a_w-Wert)	Substratbeispiele	Mikroorganismenwachstum
1	Wasser, Fleisch, Früchte	zahlreiche Bakterien und Pilze
0,95	Brot	zahlreiche Bakterien und Pilze
0,90	Marmelade (14 % Saccharose)	Aspergillus-, Penicillium-Arten
0,80	gesättigte NaCl-Lösung (30 %)	*Halobacterium sp.*
0,70	Getreide, Trockenfrüchte	*Aspergillus glaucus*
0,60		*Saccharomyces rouxii*

Für ihre Stoffwechseltätigkeit benötigen Mikroorganismen Energie, die sie aus biologischen Stoffumwandlungsreaktionen in Gegenwart von **Sauerstoff** (Aerobier) oder ohne diesen (Anaerobier) beziehen. Aerobe Mikroorganismen wachsen auf der Oberfläche fester Nährböden (*Emerskultur*) oder in Flüssigmedien (*Submerskultur*). Letztere erfordern zusätzliche Belüftung, weil der im Wasser gelöste Sauerstoff (bis zu 8 mg/l) schnell verbraucht ist. Die O_2-Löslichkeit in der Kulturlösung ist von verschiedenen Bedingungen abhängig. Sie beträgt z. B. 11 mg O_2/l bei 10 °C und 7,5 mg/l bei 30 °C. Der O_2-Bedarf von Mikroorganismen kann erhebliche Unterschiede aufweisen. *E. coli* benötigt z. B. bei einer Zellkonzentration von 25 g/l etwa 30 g O_2/l·h, *Saccharomyces cerevisiae* hingegen bei gleicher Zellmasse ca. 44 g O_2/l·h.

Im **Labormaßstab** läßt sich die Belüftung einfach durch Schütteln von Kulturflaschen realisieren. Mittels unterschiedlicher Gefäßformen, Schikanen, Füllvolumen, Schüttelfrequenz u. a. Maßnahmen ist es möglich, den Luft(O_2)-Eintrag zu variieren. Weil der O_2-Bedarf von Mikroorganismen in Schüttelkultur meist nur teilweise gedeckt wird, sind optimales Wachstum und Produktbildung selten erreichbar. Dennoch sind in der 1. Stufe eines Optimierungsprogramms Schüttelkulturversuche notwendig, da Fermentoransätze bedeutend aufwendiger und kostspieliger sind und daher erst nach Vorklärung wesentlicher Kulturparameter zum Einsatz gelangen.

Mischvorgänge dienen bei Kultivierung von Mikroorganismen der Verteilung von Nährstoffen als auch dem Stoffübergang. Bei aeroben Fermentationen werden durch Belüftung Sauerstoffversorgung der Mikroorganismen und Durchmischung des Kulturmediums gewährleistet. Infolge verstärkter Bewegung der Zellen im Medium werden der Stoffaustausch an der Zelloberfläche gefördert und die Bildung von Zellaggregaten gehemmt. Große Bedeutung hat der Mischprozeß auch für die rasche und gleichmäßige Energie- und Nährstoffverteilung im Medium. Dies gilt z. B. für die Wärmeabführung nach der Mediensterilisation bzw. für die feine Zerteilung großer Luftblasen bei Belüftung.

3.3.5 Kontrolle und Regelung von Kulturansätzen

Zur Gewinnung von Informationen über den Verlauf des Fermentationsprozesses sowie zu dessen Regelung im Hinblick auf eine optimale Produktausbeute ist die Erfassung einer Reihe von meßtechnischen und analytischen Daten erforderlich. Dies geschieht sowohl im Labor als auch im technischen Maßstab weitgehend mit Hilfe von **Sensoren**; einige spezielle Messungen müssen weiterhin mit analytischen Methoden durchgeführt werden.

Zur **Grundaustattung eines Fermentors** zählen überwiegend Meßeinrichtungen für Temperatur, Belüftung, Drehzahl, Druck, pH-Wert, Gelöst-O_2, Schaumstand und Gewicht. Von Fall zu Fall können weitere Meß- und Analysensysteme zur Bestimmung des Redoxpotentials, des gelösten CO_2 im Medium, der Trübung (als Maß für das Wachstum), der NADH-abhängigen Fluoreszenz (als indirektes Maß für die Biomassemenge bzw. O_2-Versorgung) sowie des O_2- und CO_2-Gehaltes im Abgas angeschlossen werden. Auch die Koppelung eines Fermentors mit **Analysenautomaten** zur Bestimmung von Enzymaktivitäten sowie von weiteren Produkten und Substanzen ist möglich.

Bei einigen Meßsonden bereitet der direkte Einsatz im Fermentor Probleme, da sie nicht ausreichend sterilisierbar sind. Dies gilt insbesondere für **Biosensoren**, in denen biochemische Rezeptoren (z. B. Enzyme, Mikroorganismen, Antikörper, Hormone) mit physikochemischen Umformern (Transduktoren) kombiniert sind. Den prinzipiellen Aufbau von Biosensoren zeigt Fig. 3-5.

Die *Rezeptoren* (Selektoren) eines Biosensors können an oder hinter einer für die zu messende Substanz (Analyt) permeablen Membran immobilisiert sein. Durch Wechselwirkung zwischen dem spezifischen Substrat und dem Rezeptor erfolgt eine physikochemische Veränderung, welche mittels *Signalwandler* in ein elektrisches Ausgangssignal umgeformt und elektronisch verstärkt wird. Als *Transduktoren* können relativ unspezifische Sensoren, wie potentiometrische (H^+, OH^-, CO_2, NH_4^+), amperometrische (O_2, H_2O_2) u. a. Elektroden dienen (Tab. 3-7).

Vorteile von Biosensoren sind die Einsetzbarkeit für in-situ-Messungen aufgrund ihrer kleinen Dimension (ca 1 mm^2), mehrfache Verwendbarkeit, schnelles Ergebnis sowie Messung gefärbter und trüber Lösungen. Als **Nachteile** sind die begrenzte Lebensdauer durch enzymatischen Abbau der Biokatalysatoren sowie die Verstopfungsgefahr der ionenpermeablen Membran anzusehen.

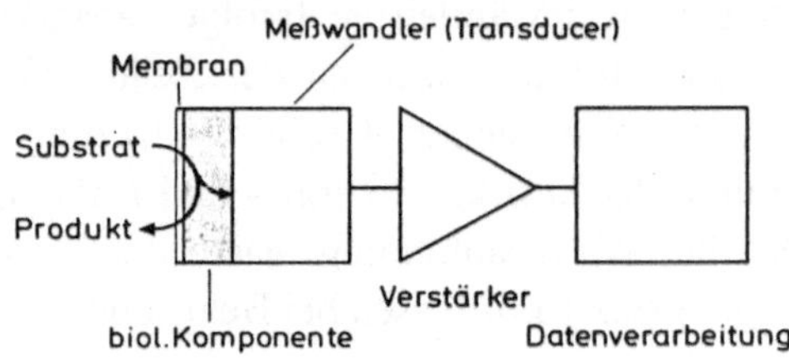

Fig. 3-5: Prizipieller Aufbau von Biosensoren (DIEKMANN u. METZ, 1991)

Ein Ergebnis jüngster Entwicklungsarbeiten sind **Biochips**, die integrierte Schaltkreise auf der Basis immobilisierter Biomoleküle (z. B. Proteine) darstellen und die Schaltstrukturen vom µm- in den nm-Bereich verlagern. Sie sind ein Versuch, die Funktionsweise des Nervensystems nachzuempfinden.

Tab. 3-7: Biosensoren zur Bestimmung niedermolekularer organische Substrate (Beispiele)

Substrat	Rezeptor	Transduktor
Glucose	Glucoseoxidase (GOD)	pH-, O_2-, H_2O_2-Elektrode
	Pseudomonas fluorescens	O_2-Elektrode
Saccharose	Invertase, Mutarotase, GOD	O_2-Elektrode
L-Glutaminsäure	Glutamatdehydrogenase	NH_4^+-Elektrode
	E. coli	CO_2-Elektrode
Harnstoff	Urease	NH_4^+-, pH-, CO_2-Elektrode
	nitrifizierende Bakterien	O_2-Elektrode
Penicillin G	Penicillinase	O_2-Elektrode

Bei Nervenbahnen wird eine Aktion ausgelöst, sobald eine Potentialdifferenz über einen Schwellenwert ansteigt. Die Potentialentwicklung kann durch Neuronen gefördert oder gehemmt werden. Es ist das Ziel von Forschungsarbeiten, dieses Prinzip in die Elektronik zu übertragen. Die sehr kleinen Schaltelemente sollen keine Wärme erzeugen und vielfältige Schaltmöglichkeiten zulassen. Ihre technische Realisierung erfordert die reproduzierbare Beherrschung molekularer Schaltfunktionen und der Signaltransformation von der biomolekularen auf die elektronische Ebene.

Neuere Fermentoranlagen werden mit **Prozeßrechnern** betrieben, die folgende Funktionen übernehmen:

1. *Kontrolle der Betriebsparameter:* Erfassung von Parametern; Sterilisation der Fermentoren nach Programm; Anzeige von Parameterabweichungen.
2. *Datenspeicherung und -verarbeitung:* On-line erfaßte Daten werden gespeichert und nach Bedarf in Tabellen, Protokollen und Kurven ausgedruckt.
3. *Regelung und Steuerung:* In Abhängigkeit von den Meßwerten und dem vorgegebenen Programm werden Betriebsparameter automatisch an aktuelle Bedürfnisse der Mikroorganismen während der Fermentation angepaßt.

3.3.6 Entwicklung eines Verfahrens und Scale-up

Die Entwicklung eines Produktionsverfahrens beinhaltet die Erarbeitung konkreter Betriebsbedingungen, Prozeßgrößen und Analysenmethoden, die eine hohe Ausbeute sowie reproduzierbare Betriebsergebnisse sichern. Alle Schritte des Verfahrensablaufes, von der Stammkultivierung bis zur Produktaufarbeitung, sind auszuarbeiten, zu erproben und letztendlich festzulegen. Nach Ausarbeitung grundsätzlicher Erfordernisse im Labor erfolgt die schrittweise Überführung des Verfahrens über den Technikumsmaßstab in die großtechnische Dimension. Man bezeichnet diesen Vorgang als **Maßstabsvergrößerung** (engl. Scale-up). Charakteristische Merkmale der drei Dimensionen sind:

1.) Labor-Maßstab (bis 10 l)

- Isolierung bzw. Beschaffung und Haltung geeigneter Stämme

- Vergleich von Nährstoffansprüchen und Produktbildung mehrerer Stämme in Schüttelkultur

- Abklärung analytischer und meßtechnischer Fragen

- Kultivierung ausgewählter Stämme im Laborfermentor (3 - 10 l) zwecks Ermittlung wichtiger Parameter (Belüftungsintensität, Rührergeschwindigkeit, Temperatur, pH-Wert u. a.)

- Nachbesserung ausgewählter Kulturmedien, ggf. mittels feeding oder kontinuierlicher Kultur

- Erprobung der Vorkulturstufen (Simulation des großtechnischen Ablaufes)

- On-line-Messung verschiedener Parameter (pH, Temperatur, O_2, CO_2 u. a.) mittels Sonden

- Bilanzierung von Substrat- und O_2-Verbrauch, Wachstum und Produktbildung

2.) Technikums-Maßstab (30 - 3000 l)

- Nacharbeit und Ergänzung der Laborergebnisse hinsichtlich einiger für diese Dimension spezifischer Parameter (z. B. hydrostatische Druckverhältnisse)

- Herstellung von Kulturlösungen für Aufarbeitungsversuche mit produktionsnahem Verfahren

- Sicherung der Reproduzierbarkeit des Verfahrens

- Bereitstellung von Material für Applikationsversuche und toxikologische Untersuchungen

3.) Produktions-Maßstab (ab 1 m^3)

- Versuchsproduktion mit dem im Technikum erarbeiteten Verfahren

- ggf. Nachbesserungen bei einigen Parametern (z. B. Inoculumzugabe, Rührung, Belüftung)

Eine Zusammenstellung wichtiger Parameter, die in Fermentoransätzen generell zu bearbeiten sind, enthält Tab. 3-8.

Tab. 3-8: Einstellung wichtiger Fermentationsparameter im Rührfermentor

Parameter	Maßnahmen, Eigenschaften
Medium	- Ermittlung der optimalen Komponentenzusammensetzung, Chargenschwankungen komplexer Medienbestandteile sind zu berücksichtigen. - Untersuchung des Einflusses von Sterilisation, pH u. a. auf die Substratqualität.
Temperatur	- Die Optima für Wachstum und Produktsynthese sind getrennt zu ermitteln.
Belüftung	- Optimale Belüftungsraten liegen im allgemeinen zwischen 0,25 - 1 vvm.
Rührung	- Ermittlung der geeigneten Rührerform und -geschwindigkeit. - Die Rührergeschwindigkeit nimmt mit höherem Fermentorvolumen ab (z. B. 20 - 200 l: 250 - 450 Upm, 40 - 150 m^3: 120 - 150 Upm bei Scheibenrührern)
Druck	- 0,2 - 0,5 bar Überdruck im Luftraum mindern die Kontaminationsgefahr. - Hydrostatischer Druck im Großfermentor beeinflußt O_2- und CO_2- Löslichkeit.

Geht man bei der **Verfahrensüberführung** vom Labor in die Produktion von geometrisch analogen Fermentoren aus, so können bei Konstanthaltung eines Parameters andere erhebliche Veränderungen erfahren. Um hohe Ausbeuten zu erzielen, ist daher eine Nachoptimierung der Parametereinstellung erforderlich. Obwohl es für verschiedene Fermentationsverfahren kein generelles Scale-up-Prinzip gibt, hat sich bisher die Orientierung an einem konstanten *Energieeintrag pro Reaktorvolumen* bzw. einer konstanten *O_2-Transferrate* gut bewährt. Die Verfahren zur Produktgewinnung im technischen Maßstab verlaufen über mehrere Stufen (Fig. 3-6).

In **Stufe I** wird gewöhnlich das über längere Zeit in Form von Konserven gelagerte Stammaterial über eine Schrägagarkultur aktiviert. Zur Impfgut-Vermehrung in Schüttelkolben dient **Stufe II**. Hier sind die Medienzusammensetzung sowie die anderen Kulturbedingungen des Verfahrens zu optimieren. Die Kultivierung des Impfmaterials kann submers oder emers erfolgen, je nachdem, ob eine Flüssigkultur oder eine Konidienabschwemmung (z. B. bei Schimmelpilzen) als Inoculum zum Einsatz kommen. Die *Impfgutqualität* ist entscheidend für den Produktionserfolg. Daher sind nicht nur ausreichende Impfmaterialmengen, sondern auch das Alter u. a. physiologisch wichtige Faktoren (z. B. Induktion entsprechender Gene) von wesentlicher Bedeutung.

In Abhängigkeit von der geplanten Größe des Produktionsfermentors umfaßt **Stufe III** ein bis mehrere Ansätze in Rührfermentoren verschiedener Dimension. Als Richtwert gilt im allgemeinen eine Inoculummenge von 0,1 - 5% bei Bakterien sowie von 5 - 10 % bei Actinomyzeten und Pilzen. Bei zu geringen Mengen kommt es zu Wachstumsverzögerungen und Ausbeuteverlusten.

Je nach Art und Menge des angestrebten Produktes werden in der Produktionsstufe (**Stufe IV**) Ansätze in Fermentoren mit 1 - 450 m^3 Bruttovolumen vorgenommen. Für diagnostische Enzyme. rekombinante Mikroorganismen und Laborsubstanzen bevorzugt man Fermentoren mit 1 - 20 m^3. für technische Enzyme und Aminosäuren solche mit 40 - 150 m^3 Volumen sowie für Aminosäuren (z. B. Glutaminsäure) und mikrobielles Protein 150 - 450 m^3-Fermentoren.

Sowohl die Nährmedienzusammensetzung und -herstellung als auch die Fermentationsbedingungen sind für jeden Stamm zu optimieren.

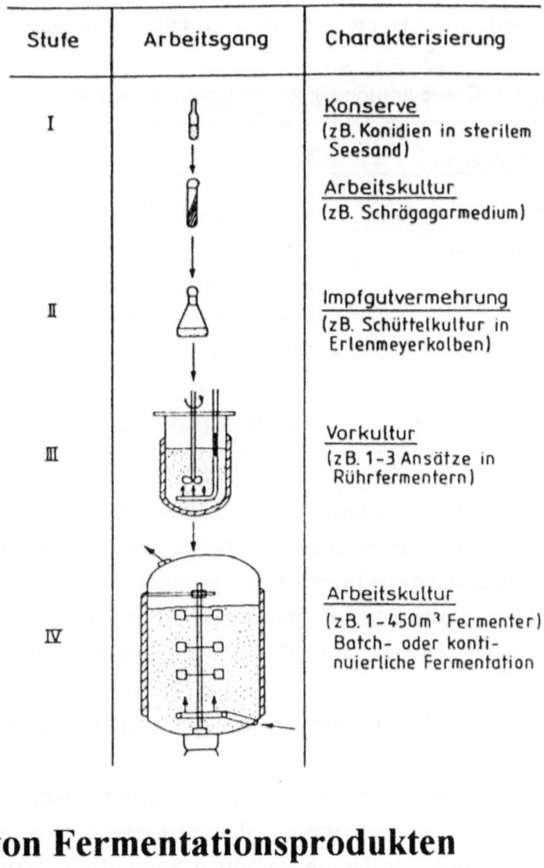

Stufe	Arbeitsgang	Charakterisierung
I		Konserve (zB. Konidien in sterilem Seesand) — Arbeitskultur (zB. Schrägagarmedium)
II		Impfgutvermehrung (zB. Schüttelkultur in Erlenmeyerkolben)
III		Vorkultur (zB. 1–3 Ansätze in Rührfermentern)
IV		Arbeitskultur (zB. 1–450 m^3 Fermenter) Batch- oder kontinuierliche Fermentation

Fig. 3-6: Ablaufschema für Fermentationsansätze im Rührfermentor

3.4 Aufarbeitung von Fermentationsprodukten

Während der Kultivierung von Mikroorganismen gebildete Primär- oder Sekundärprodukte werden entweder in der Zelle angereichert (z. B. Proteine, intrazelluläre Enzyme) oder von diesen in das Kulturmedium ausgeschieden (z. B. extrazelluläre Enzyme, Gärungsprodukte). In welcher Konzentration verschiedene

Produkte zum Abschluß einer Fermentation im Kulturmedium vorliegen können, verdeutlicht Tab. 3-9. Ziel der Produktaufarbeitung ist es, die im Kulturmedium vorliegenden gewünschten Stoffe in möglichst hoher Ausbeute und Qualität zu isolieren und zu reinigen. Dazu sind mehrere Verfahrensschritte erforderlich (Fig. 3-7). Neben bewährten Grundoperationen der chemischen Verfahrenstechnik (z. B. Fällung, Trocknung) werden auch neue Verfahren großtechnisch eingesetzt (z. B. Membrantrennprozesse, Chromatographie, Fest-Flüssig-Extraktion). Letzteres hat weitgehend die Flüssig-Flüssig-Extraktion verdrängt.

Für die **Fest-Flüssig-Extraktion** verwendet man bevorzugt Kunstharze auf Amberlit-Basis (Handelsbezeichnung XAD), die zur Adsorption organischer Substanzen (z. B. Proteine) in wäßrigen Systemen geeignet sind. Die adsorbierten Stoffe werden z. B. mittels Methanol extrahiert, eingeengt und ggf. durch Kristallisation weiter gereinigt.

Tab. 3-9: Konzentration einiger Metaboliten im Kulturmedium zum Fermentationsende

Metabolitenart	Beispiele	Konzentration (g/l)
organische Säuren	Citronensäure, Milchsäure	40 - 100
Aminosäuren	L-Lysin,	60 - 80
	L-Tryptophan	12
Enzyme	L-Asparaginase aus *E. coli*	0,04 - 0,06
	Glucoamylase aus *A. niger*	5 - 20
Vitamine	Cobalamin (B_{12})	0,02 - 0,06
	Riboflavin (B_2)	0,10 - 7,0

Wichtige Faktoren, die den Aufarbeitungsprozeß beeinflussen, sind:

- Eigenschaften der Zellen (z. B. Größe, Adsorptionsvermögen, Struktur),
- Konzentration und Größe von Substratresten,
- Eigenschaften (z. B. Molmasse, chemischer Aufbau, Löslichkeitsverhalten, Stabilität gegenüber Temperatur, pH-Wert u. a. Milieubedingungen) und Menge des Zielproduktes.

3.4.1   Wie erfolgt die Abtrennung der Feststoffe ?

Mit der Abtrennung von Zell- und Substratresten aus der Kulturflüssigkeit wird gewöhnlich die Gewinnung der Fermentationsprodukte eingeleitet. Dies geschieht bei Bakterien und Hefen vorzugsweise mittels Zentrifugation. Durch Flockung kann die Abtrennung von Bakterien gefördert werden. Bei der Gewinnung von Einzellerprotein wird das Flotationsverfahren als Vorstufe genutzt. Mycelbildende Mikroorganismen werden überwiegend durch Filtration abgetrennt.

Bei der **Flockung** werden feindisperse Teilchen (1 - 10 µm) in grobdisperse Partikel (20 - 100 µm) überführt. Sie wird vor allem bei Bakterien bzw. Zellbruchstücken mit geringer Dichtedifferenz zum Medium und geringer Sedimentationsgeschwindigkeit angewandt. Um eine Flockung herbeizuführen, haben sich u. a. eine Verschiebung des pH-Wertes, kurzzeitiges Erhitzen, das Anlegen elektrischer Felder, der Einsatz anorganischer Salze und synthetischer Polymere bewährt. Im Falle der **Flotation** werden Zellen an feinverteilte Gasblasen adsorbiert, die sich in der Schaumschicht an der Flüssigkeitsoberfläche ansammeln und durch Abschöpfen aus dem Bioreaktor entfernt werden können.

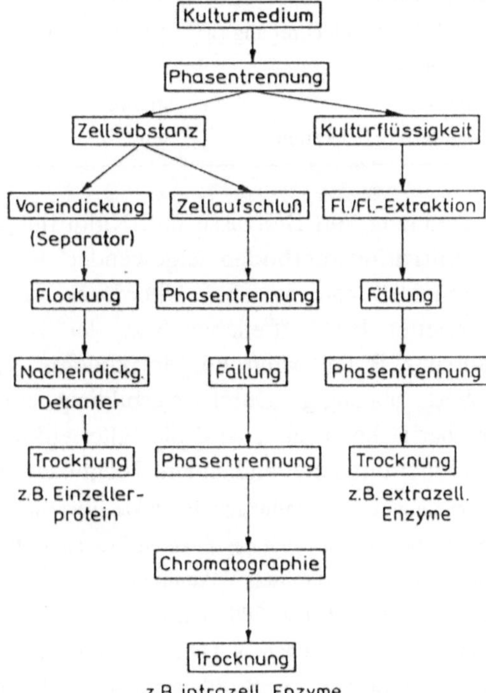

Fig. 3-7: Ablaufschema zur Aufarbeitung von Fermentationsprodukten

Für die Abtrennung von Feststoffen durch **Zentrifugation** kommen verschiedene Apparatesysteme zur Anwendung.

Nach dem spezifischen Gewicht von Lösung und Partikeln trennen <u>Sedimentierzentrifugen</u>. Die Dichtedifferenz muß mindestens 2 - 5 % betragen. Der Feststoffaustrag kann periodisch oder kontinuierlich erfolgen. Beispiele dieses Zentrifugentyps sind *Separatoren, Dekanter* und *Röhrenzentrifugen*. Unterschiede in ihrem Leistungsvermögen zeigt Tab. 3-10.

Im technischen Maßstab werden Trennleistungen bis zu 300 m³/h realisiert (z. B. Hefeproduktion). Die Vorteile der Sedimentierzentrifugen bestehen u. a. in der Verarbeitung großer Stoffströme, der kontinuierlichen Arbeitsweise, maximaler Klärleistung und Entfeuchtung des Feststoffanteils, einfache Reinigung und Maßstabsübertragung sowie Trennung im geschlossenen System. Nachteilig sind der hohe Investitions- und Energieaufwand.

Bei <u>Filter- und Siebzentrifugen</u> erfolgt die Trennung durch Filtergewebe und den sich aufbauenden Filterkuchen. Beispiele dafür sind *Siebkorbzentrifugen* und *Siebschneckenschleudern*. Sie eignen sich besonders zum Entfeuchten von grobkörnigem und wenig quellfähigem Material.

Tab. 3-10: Leistungsvergleich von Vollmantelzentrifugen (CRUEGER u. CRUEGER, 1989)

Parameter	Dekanter	Separator	Röhrenzentrifuge
Feststoffanteil (%)	5 - 80	1 - 30	1 - 5
maximale Endbeschleunigung (g)	1.500 - 4.500	5.000 - 15.000	13.000 - 17.000
Entwässerung	mittel	mittel	gut
Feinklärung	mäßig	gut	sehr gut
Reinigungsmöglichkeiten	gut	gut	sehr gut

Zur Trennung von Biomasse und Kulturflüssigkeit werden neben Zentrifugations- auch **Filtrationsmethoden** angewendet. Je nach Triebkraft für die Stofftrennung unterscheidet man zwischen Überdruck- und Vakuumfiltration. Die Abtrennung dispergierter Feststoffteilchen von der Kulturflüssigkeit ist von verschiedenen Faktoren, z. B. Partikelgröße, Morphologie, Viskosität der Lösung, Temperatur und pH-Wert, abhängig. Durch Ausbildung eines Filterkuchens, der sich auf der Filteroberfläche absetzt, wird die Filterwirkung beeinträchtigt. Dieser Prozeß kann durch Filterhilfsmittel und andere Techniken verbessert werden.

Zur Gewinnung extrazellulärer Produkte verwendet man häufig <u>Vakuumfiltrationsmethoden</u>. Besonders bewährt hat sich das *Vakuum-Trommelzellenfilter*, das mit Textilgewebe belegt ist. Die Kulturflüssigkeit wird mittels Vakuum durch das Gewebe in die Trommel gezogen und so von der Biomasse abgetrennt. Die Filtrationsleistung liegt bei 0,1 - 0,5 m^3/m$^2 \cdot$h. Die Filter eignen sich besonders für Suspensionen mit hohem Feststoffanteil und für filamentöse Mikroorganismen.

<u>Druckfiltrationsgeräte</u> (z. B. *Plattenfilter*) sind für Lösungen mit geringem Feststoffgehalt geeignet. Die Filtration erfolgt durch Filterplatten, die in einen Rahmen gespannt sind.

Für die Abtrennung von Bakterien eignet sich die <u>Überströmungs-(Cross-flow-)Filtration</u>. Wesentliches Prinzip für dieses Verfahren ist, daß die zu filtrierende Kulturflüssigkeit im Kreislauf gepumpt wird und die Partikelabtrennung seitlich mittels Filter aus Textil- oder Metallgewebe bzw. Mikrofiltrationsmembranen erfolgt. Moderne Verfahren arbeiten bevorzugt mit Membranen aus Celluloseestern oder Polysulfonen. Für die Trennung ist die Porengröße entscheidend. In Abhängigkeit von dieser unterscheidet man zwischen *Umkehrosmose* (0,0001 - 0,001 µm), *Ultrafiltration* (0,001 - 0,1 µm) und *Mikrofiltration* (0,1 - 10 µm).

Da im Vergleich zu den vorherigen Filtermethoden beim Cross-flow-Verfahren die zurückgehaltene Biomasse durch die hohe Konzentratströmung ständig von der Membran fortgespült wird, ist eine Steigerung der Durchsatzrate um den Faktor 100 möglich. Die

Membranen liegen als Flachmembranen in Kassetten, spiralgewickelte Module, Röhrenbündel oder Kapillarröhrchen vor.

3.4.2   Welche Verfahren zum Zellaufschluß gibt es ?

Die Methodenauswahl zur Freisetzung der in Mikroorganismenzellen enthaltenen Metaboliten ist von der Zellwandbeschaffenheit, dem physiologischen Zustand, den Eigenschaften des Metaboliten, der Menge des zu verarbeitenden Materials, den Kosten und anderen Faktoren abhängig. Während man im Labor verschiedene Methoden, z. B. *enzymatischen Aufschluß, Ultraschall, Frieren/Tauen*, nutzt, haben sich im technischen Maßstab die mechanischen Methoden *Naßmahlen* und *Dekompression* durchgesetzt (Tab.3-11).

Tab. 3-11: Methoden zum Aufschluß mikrobieller Zellen

Gruppen	Methoden	Wirkung
physikalische Methoden	Mahlung	Scherwirkung
	Dekompression	Scherwirkung und Kavitation *
	Einfrieren und Auftauen	Scherwirkung der Eiskristalle
	Ultraschall	Scherwirkung und Kavitation
chemische Methoden	Säurebehandlung	Hydrolyse der Zellwand
	Behandlung mit Detergenzien	Auflösung von Zellwandbestandteilen
	Extraktion mit Aceton,	Wasserentzug, Strukturveränderung
	Toluol u.a.	der Zellwand, Autolyse
biologische Methoden	Enzyme	Abbau von Zellwandbestandteilen
	Phagen	Auflösung der Zelle

(* Bildung von Unterdruckhohlräumen)

Bei der *Naßmahlung* wird in einer Rührwerkskugelmühle die zellhaltige Kulturlösung mit Glas-, Stahl- oder Aluminiumperlen durch ein Rührwerk hochtourig bewegt. Mittels Sieb wird die Suspension kontinuierlich abgeleitet. Der Aufschluß ist vom Volumenstrom, der Konzentration der Kulturlösung, dem Mahlkörperdurchmesser u. a. Parametern abhängig. Die Aufschlußrate liegt zwischen 80 - 90 %. Empfindliche Produkte (z. B. Enzyme) können u. U. geschädigt werden.

Beim Aufschluß mit *Hochdruckhomogenisatoren* - eine Variante der Dekompressionstechnik - wird die Zellsuspension durch Hochdruckpumpen auf einen Druck von ca. 500 bar verdichtet und dann über ein Ventil entspannt. Bei einem Durchgang werden in Abhängigkeit vom Organismus etwa 10 - 60 % aufgeschlossen. Für einen 90 %-igen Aufschluß sind ca. 3 Durchgänge erforderlich. Zum Aufschluß von Pilzhyphen eignen sich am besten Messerhomogenisatoren.

3.4.3   Verfahren zur Produktanreicherung

Die Anreicherung von Fermentationsprodukten umfaßt in erster Linie die Eliminierung flüssiger Komponenten (hauptsächlich Wasser) und trägt weniger zu deren Reinigung bei. Die Abtrennung der flüssigen Phase erfolgt durch Erwärmung, Extraktion, Filtration und Fällungsoperationen.

Verdampfung. Unter Berücksichtigung der Produkteigenschaften sowie ökonomischer Aspekte wird durch Wärmeeinwirkung die Kulturlösungsmenge reduziert. Für empfindliche Produkte verwendet man bevorzugt *Vakuum-Umlaufverdampfer* und *Dünnschichtverdampfer* mit rotierenden Einbauten. Das Produkt verweilt etwa 1 min bei Temperaturen unter 40 °C. Für hochempfindliche Produkte kommen *Zentrifugalverdampfer* (z. B. Centritherm) zum Einsatz, bei denen die Verweilzeiten unter 1 s liegen.

Extraktion. Zur Abtrennung *hydrophiler Substanzen* (z. B. Proteine) sind wäßrige Zweiphasensysteme aus Dextran-Polyethylenglycol-Puffergemischen geeignet. Obwohl in beiden Phasen Wasser vorliegt, sind sie nicht miteinander mischbar. Die Zellbestandteile lassen sich ohne Aktivitätsverlust in einer Phase anreichern. Die Extraktion der Citronensäure erfolgt häufig mit einem Gemisch tertiärer aliphatischer Amine (C_8 - C_{11}) in Extraktionskolonnen.

Bei *lipophilen Stoffen* werden der Kulturlösung organische Lösungsmittel (z. B. Butylacetat) oder XAD-Harze (s. S. 104) zugesetzt und diese nach kurzen Verweilzeiten (ca. 1 min) über Zentrifugalextraktoren abgetrennt. Die Ausbeuten betragen z. B. bei Antibiotika über 90 %. Zur Extraktion von Farb- und Geschmacksstoffen aus biologischem Material sind Extraktionen mit superkritischen Lösungen (z. B. CO_2) vorteilhaft.

Membranverfahren. In neuerer Zeit werden Konzentrierungsvorgänge häufig mittels Membranen durchgeführt. Diese energetisch günstigen Verfahren belasten die zu gewinnenden Produkte weder chemisch noch thermisch. Die Trennwirkung der Membranen beruht auf unterschiedlichen Transportgeschwindigkeiten der Stoffkomponenten. In Abhängigkeit vom Anwendungszweck sind verschiedene Membranen und Verfahren entwickelt worden (Tab. 3-12).

In der industriellen Praxis werden Ultrafiltration und Umkehrosmose genutzt. In Abhängigkeit von den Eigenschaften der eingesetzten Lösungen kann eine Konzentrierung um den Faktor 10 ohne große Verluste - in besonderen Fällen bis zum Faktor 100 - erreicht werden.

Bei der *Ultrafiltration* werden gelöste Moleküle, die größer als die Poren sind, zurückgehalten, während Wasser und niedermolekulare Substanzen hindurchtreten können. Die Ausschlußgrenze liegt zwischen 100 - 300 kDa. Bei der *Umkehrosmose* erfolgt die Aufkonzentrierung von Stoffen mit einer Molekülmasse oberhalb 0,15 kDa, indem durch hydrostatischen Druck überwiegend das Lösungsmittel aufgrund der Wechselwirkung mit der Löslichkeitsmembran durch die Membran diffundiert. Der transmembrane Stofffluß ist relativ gering.

Lösungsmittel aufgrund der Wechselwirkung mit der Löslichkeitsmembran durch die Membran diffundiert. Der transmembrane Stofffluß ist relativ gering.

Die Membranen werden als Filme, Schläuche, Kapillaren und Hohlfasern hergestellt. Bevorzugte Materialien sind Celluloseacetat, Polyamide und Polysulfone. Um bei geringen Filtratstromdichten hohe Leistungen zu erreichen, wurden Membranfiltermodule mit großer Membranfläche hergestellt.

Ausfällung. Zur Isolierung von Produkten aus großen Kulturlösungsmengen werden seit langem Fällungsverfahren genutzt. Bekannt ist die Gewinnung von Citronensäure und Milchsäure durch Ausfällen mit Ca^{2+}. Die Freisetzung dieser Säuren aus den schwer löslichen Calciumsalzen erfolgt mittels Schwefelsäure. Proteinfällungen werden bevorzugt unter Einsatz von *Neutralsalzen* [z. B. Na_2SO_4 und $(NH_4)_2\,SO_4$] sowie von mit Wasser mischbaren *organischen Lösungsmitteln* (z. B. Ethanol, Propanol, Aceton) durchgeführt.

Tab. 3-12: Wirkprinzip und Einsatzgebiete von Membranverfahren (WEIDE et al., 1991)

Trennprozeß	Triebkraft	Trennprinzip	Membrantyp	Anwendung
Dialyse	Konzentrationsgradient	Diffusion	Porenradius 25 - 30 nm	Entfernung niedermolekularer Substanzen im Labormaßstab
Mikrofiltration	hydrostatische Druckdifferenz (0,1 - 5 bar)	Siebeffekt	Porenradius 0,1 - 20 µm	Abtrennung von Keimen und Zellbruchstücken in Pilotanlagen
Ultrafiltration	hydrostatische Druckdifferenz (1 - 10 bar)	Siebeffekt	Porenradius 1 - 10 nm	Konzentrierung von Makromolekülen in Lösung im technischen Maßstab
Umkehrosmose	hydrostatische Druckdifferenz (10 - 100 bar)	Löslichkeit, Diffusion	homogene Polymermatrix	Konzentrierung von z. B. Aminosäuren, Antibiotika im technischen Maßstab
Elektrodialyse	elektrische Potentialdifferenz	Ionenaustausch	Poren mit +/- Wandladung	Reinigung niedermolekularer Produkte (z. B. Lysin) in Pilotanlagen

Die Proteinfällung bei hohen Salzkonzentrationen (*Aussalzeffekt*) beruht auf der Abnahme der Proteinhydratation zugunsten der Neutralsalzionen. Die Wirkung organischer Lösungsmittel ist ebenfalls eine Minderung der Hydratation und damit der Löslichkeit des Proteins. Vorteile dieser Verfahrensweise sind gut absetzbare Niederschläge und geringe Aktivitätsverluste bei Enzymen, sofern unter Kühlbedingungen gearbeitet wird. Nachteilig sind große Volumina sowie der Bedarf an explosionsgeschützten und Kühlanlagen. Die Nachteile können bei Verwendung *polymerer Flockungsmittel* (z. B. Tannin, Polyethylenimin, Polyethylenglycol) teilweise eliminiert werden. Diese sind jedoch im Lebensmittelsektor nicht uneingeschränkt verwendbar.

Durch Abkühlen von Lösungen bzw. Teilentzug von Lösungsmitteln lassen sich infolge Übersättigung Substanzen *auskristallisieren*. Dies wird z. B. mit Enzymproteinen aus mit Ammoniumsulfat gesättigten Lösungen praktiziert.

3.4.4 Hinweise zur Feinreinigung der Produkte

Zur Herstellung hochgereinigter Produkte werden vor allem **chromatographische Verfahren** eingesetzt. Sie sind zwar teuer, aber sehr schonend für das biologische Material. Ihre *Vorteile* liegen in hoher Selektivität und Ausbeute, der Möglichkeit zur Automatisierung sowie der Wiederverwendbarkeit der Trägermaterialien. Im Pilot- und Produktionsmaßstab werden mit ihrer Hilfe u. a. hochgereinigte Enzyme, Aminosäuren und Arzneimittel hergestellt. Meist verwendet man mehrere Methoden nacheinander. Die Abtrennung der gewünschten Produkte von den Begleitstoffen erfolgt nach unterschiedlichen Prinzipien (Tab. 3-13).

Tab. 3-13: Anwendung verschiedener Chromatographieverfahren (WEIDE et al., 1991)

Chromatographieart	Trennprinzip	Anwendungsbeispiele
Gel-	Molekülgröße	Fraktionierung und Entsalzung von Proteinen
Adsorptions-	adsorptive Bindung	Reinigung von Enzymen und Aminosäuren
Ionenaustausch-	Ladungsunterschiede	Reinigung von Enzymen und Aminosäuren
Verteilungs-	Löslichkeitsunterschied	Reinigung von Antibiotika
Affinitäts-	biospezifische Adsorption und Desorption	Reinigung von Enzymen, Inhibitoren, Nucleinsäuren und Polysacchariden

Gerätemäßig anspruchsvollere Methoden der Feinreinigung, vor allem im Labor, sind *Elekrophorese, Isoelektrische Fokussierung, high performance liquid chromatography (HPLC), fast protein liquid chromatography (FPLC)* und andere.

3.4.5 Wie werden die Präparate getrocknet ?

Die Trocknung biotechnologisch gewonnener Produkte wird in Abhängigkeit von der Produkteigenschaft (z. B. Thermolabilität), der anfallenden Menge und dem gewünschten Zustand des Endproduktes mit verschiedenen Apparaturen durchgeführt. Man unterscheidet im wesentlichen drei Grundtypen:
Bei der **Konvektionstrocknung** wird erhitzte Luft in unterschiedlicher Weise mit dem Produkt in Kontakt gebracht.
Im *Stromtrockner* wird die Trocknung des Gutes in einem Gleichstrom erwärmter Luft vollzogen. Diese sorgt auch für dessen Beförderung. Im *Zerstäubungs-* oder *Sprühtrockner* führt man das

Feuchtmaterial mittels Düsen oder Scheiben fein verstäubt einem Heißluftstrom zu. Für die Enzymtrocknung werden Sprühtrockner im Gleichstrom betrieben. Bei *Wirbelschichttrocknern* wird der intensive Stoff- und Wärmeaustausch in Wirbelschichten aus feinkörnigen Feststoffen mit geringer bis mittlerer Restfeuchte genutzt. Sie gestatten eine schonende Trocknung z. B. von Backhefe. Im *Wirbelschichtgranuliertrockner* wird das Produkt auf inerte Träger aufgetrocknet.

Kontakttrockner (z. B. *Walzentrockner*) werden für weniger empfindliche Produkte, z. B. Futterhefe, eingesetzt.
Bei der **Gefriertrocknung** erfolgt die Trocknung durch Sublimation von Eis. Die notwendige Wärme wird über Heizflächen bzw. Wärmestrahler zugeführt. Kostenaufwendig sind Vakuumerzeugung und Kälteleistung zur Kondensation der Feuchtigkeit. Getrocknet werden besonders empfindliche Produkte, z. B. Reinstenzyme und Mikroorganismen.

3.4.6   Welche Ausbeuten werden erzielt ?

Die bei der Aufarbeitung und Reinigung auftretenden Ausbeuteverluste hängen von verschiedenen Faktoren ab. Wesentlichen Einfluß haben die Anzahl der Aufarbeitungsstufen sowie die Empfindlichkeit des Produktes. In Tab. 3-14 sind Aufarbeitungsverluste bei typischen Fermentationsprodukten aufgezeigt.

Fermentationsprodukt	Aufarbeitungsverlust (%)
mikrobielles Protein	ca. 5
technische Enzyme	10 - 30
intrazelluläre Enzyme	ca. 90
Aminosäuren	40 - 60

Tab. 3-14: Aufarbeitungsverluste bei einigen Fermentationsprodukten

Der für die Reinigungsoperationen erforderliche Anteil an den gesamten Herstellungskosten (Fermentation und Aufarbeitung) kann erheblich schwanken. Im günstigsten Falle liegt er bei 20 % (z. B. extrazelluläre technische Enzyme), im ungünstigsten Falle bei 90 % (z. B. intrazelluläre Metaboliten).

3.4.7   Methoden zur Immobilisierung von Biokatalysatoren

Da die Anzucht von Biomasse für die Produktgewinnung und Stoffwandlung sowohl zeit-, energie- als auch kostenaufwendig ist, hat man Verfahren zu ihrer Mehrfachnutzung entwickelt. Dies kann durch Fixieren (Immobilisieren) ganzer **Zellen** in oder an inerten Trägermaterialien erreicht werden. Beispiele dafür sind traditionelle Verfahren der Essigproduktion, wo die Bakterien an Buchenspänen haften, oder die biologische Abwasserreinigung, bei der die Mikroorganismen an porösen Stein-, Keramik- oder Kunststoffpartikel adsorbiert sind.

Aber auch Zellbestandteile - hauptsächlich **Enzyme** - werden immobilisiert. Im Vergleich zu löslichen Präparaten haben diese den *Vorteil*, daß sie nach Abschluß des Fermentationsprozesses vom Reaktionsprodukt abgetrennt und nach ihrer Regenerierung erneut verwendet werden können. Sie sind außerdem häufig stabiler und ermöglichen eine kontinuierliche Prozeßgestaltung.

Um Kosten für die Herstellung gereinigter Enzyme einzusparen sowie komplexe Enzympräparate für die Katalyse von Mehrschrittreaktionen zur Verfügung zu haben, werden in steigendem Maße ganze Zellen von Mikroorganismen immobilisiert. Sie ermöglichen auch die Nutzung von Reaktionsketten, an denen Coenzyme beteiligt sind. Als *Nachteil* ist allerdings anzusehen, daß bei Verwendung ganzer Zellen unerwünschte Nebenreaktionen auftreten können. Diese versucht man durch Einsatz geeigneter Mutanten zu eliminieren.

Zur Immobilisierung von Biokatalysatoren wird eine Vielzahl von anorganischen oder organischen **Trägermaterialien** verwendet (z. B. poröses Glas, Silicagel, Aluminiumoxid, Cellulose, Alginat, Agarose, Carrageen, Polyacrylamid, Nylon). Die gängigsten Immobilisierungsmethoden sind in Fig. 3-8 dargestellt.

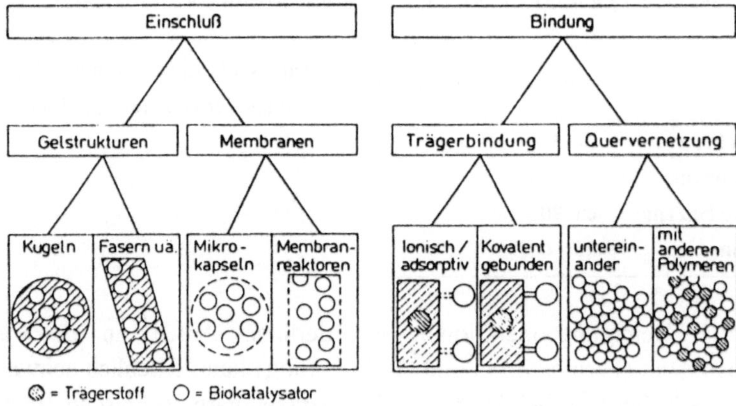

Fig. 3-8: Methoden zur Immobilisierung von Biokatalysatoren (HARTMEIER, 1986)

Die älteste und einfachste Methode ist die **Adsorption**. Sie nutzt physikalische Bindungskräfte (Van-der-Waals-Kräfte), hydrophobe Wechselwirkungen oder H-Brücken-Bindungen zwischen dem Trägermaterial und dem Enzympräparat und hat nur geringen Einfluß auf die Konformation des Biokatalysators. Von *Nachteil* ist die schwache Bindung, die bei Veränderung der Substrat- und Ionen-Konzentration, Temperatur u. a. Bedingungen schnell zur Desorption führen kann. Bei der Adsorption ganzer Zellen dienen als Haftvermittler ferner Polysaccharide, die von den Zellen gelegentlich ausgeschieden werden. Mycelbildende Mikroorganismen können sich auch mittels ihrer Hyphen an Unebenheiten der Trägeroberfläche relativ fest verankern.

Auf der elektrostatischen Anziehung zwischen gegensätzlich geladenen ionischen Gruppen am Biokatalysator und am Trägermaterial beruht die **ionische Bindung.** Sie ist häufig mit der Adsorption gekoppelt. Ihre *Vorteile* sind in der leichten Zugänglichkeit kostengünstiger Träger, der einfachen Immobilisierungstechnik sowie in der geringen Beeinflussung des Biokatalysators zu sehen. *Nachteilig* ist, daß die Bindung bei Nichteinhaltung definierter Bedingungen (z. B. pH-Wert, Ionenstärke) relativ leicht gelöst wird. Bei den Trägermaterialien bevorzugt man handelsübliche Anionenaustauscher (z. B. DEAE-Cellulose, Sephadex), die u. a. zur Fixierung von Aminoacylase für die Racematspaltung von Aminosäuren im technischen Maßstab genutzt werden.

Die **kovalente (chemische) Bindung** wird häufig zur Fixierung von Enzymen verwendet. Um mit Aminosäure-Seitenketten der Biokatalysatoren homöopolare Bindungen eingehen zu können, müssen Trägermaterialien reaktive Gruppen aufweisen. Zu diesem Zweck wird die Oberfläche der Träger *„aktiviert"*, z. B. Silanbehandlung von porösem Glas. Die Hydroxy-Gruppen natürlicher Polymere können durch Bromcyan, die Carboxy-Gruppen derselben mit Thionylchlorid aktiviert werden. Geeignete Kopplungsstellen der Proteine sind Carboxy-, Hydroxy- und Amino-Gruppen. Im Vergleich zu den vorher genannten Kopplungsarten ist diese Bindung stabiler, was jedoch eine stärkere Konformationsänderung des Enzyms und einen Aktivitätsverlust zur Folge hat. Wegen der toxischen Wirkung der Reagenzien ist diese Methode für lebende Zellen wenig geeignet. Als Träger kommen viele natürliche und synthetische Polymere in Form von Partikeln, Fasern, Filmen und Schläuchen zum Einsatz.

Im Falle der **Quervernetzung** werden die Biokatalysatoren durch bifunktionelle Agenzien (z. B. Glutaraldehyd, Benzidin, Diisothiocyanat) miteinander verbunden, so daß polymere Aggregate entstehen. Diese sind gelatinös und leicht verformbar. Ihre Stabilität kann durch Zugabe von Gelatine, Albumin u. a. Komponenten verbessert werden. Von *Nachteil* ist die geminderte spezifische Enzymaktivität, die durch die schlechtere Substratzugänglichkeit der im Aggregat befindlichen Biokatalysatoren verursacht wird.

Bei den sehr häufig verwendeten **Einschlußmethoden** werden die Biokatalysatoren mit natürlichen oder synthetischen Polymeren umhüllt. Die Polymerisation erfolgt in wäßriger Lösung. Im einfachsten Falle wird das Polymer (z. B. Agar, Gelatine) in heißem Wasser gelöst, nach Abkühlung unter 50 °C mit dem Biokatalysator vermischt und dann tropfenweise in eiskalte Pufferlösung gegeben. Carrageen und Alginsäure kann man durch Eintropfen in Salzlösungen verfestigen. Andere Methoden sind Lösungsmittelfällungen (bei Celluloseacetat oder Polystyrol), Polykondensation (bei Epoxyharzen oder Polyurethan) oder Polymerisation löslicher Monomerer (z. B. Polyacrylamid) in Gegenwart des Biokatalysators. *Vorteilhaft* ist, daß die Biokatalysatoren in dem Netzwerk frei beweglich vorliegen. Um sie zurückzuhalten, müssen die Poren der Matrix kleiner als das Biokatalysator-Molekül sein. *Nachteilig* ist, daß größere Substratmoleküle auch keinen Zugang zum Enzym haben.

Die **Mikroverkapselung** wurde bisher nur für Enzyme verwendet. Sie beruht darauf, daß der Biokatalysator zusammen mit einem hydrophilen Monomer in einem mit Wasser nicht mischbaren organischen Lösungsmittel zu kleinen Tröpfchen dispergiert wird. Nach Zugabe eines hydrophoben Monomers, welches sich an der Grenzfläche der beiden Phasen löst, findet eine Polymerisation statt. Es werden Mikrokapseln gebildet, in welche die Biokatalysatoren eingeschlossen sind. Bei der Liposomentechnik erfolgt der Einschluß in Lipide.

Immobilisierte Biokatalysatoren finden vielfältige **Anwendung** in verschiedenen Industriezweigen. Einige Beispiele enthält Tab. 3-15.

Tab. 3-15: Anwendungsbeispiele für immobilisierte Biokatalysatoren

Biokatalysator	Beispiele	Industrielle Nutzung	Maßstab
Mikroorga-	*Saccharomyces cere-*	Ethanolgewinnung aus Glucose	Industrie
nismen	*visiae*	Bierherstellung aus Glucose	Pilotanlage
	Escherichia coli	L-Asparaginsäure aus Fumarsäure	Industrie
	Methanosarcina barkeri	Methan aus Methanol	Industrie
	Candida tropicalis	Phenolabbau im Abwasser	Industrie
	Acetobacter sp.	Essigherstellung aus Ethanol	Industrie
Enzyme	Glucoseisomerase	Fructose aus Glucose	Industrie
	ß-Galactosidase	Glucose aus Lactose	Industrie
	Penicillinacylase	Penicillin G aus 6-Aminopenicillans.	Industrie
	Glucoamylase	Glucose aus Stärke	Industrie
	Cellulase	Glucose aus Cellulose	Pilotanlage

Entgegen ursprünglichen Erwartungen hat sich die **industrielle Nutzung** fixierter Biokatalysatoren u. a. wegen zu geringer Ausbeuten und Instabilität in Grenzen gehalten. Von größerer industrieller Bedeutung sind Verfahren mit den *Enzymen* Glucoseisomerase, ß-Galactosidase, Aminoacylase und Penicillinacylase sowie mit *ganzen Zellen* zur Herstellung von L-Asparaginsäure, L-Apfelsäure, Essig und zum Abbau von Schadstoffen im Abwasser.

3.5 Leistungsverbesserung von Mikroorganismen

Bei der Entwicklung von Verfahren spielen Stammpflege und Verbesserung der Stammleistung eine wesentliche Rolle. Die Minimierung der Kosten durch effektivere Produktbildung, bessere Verwertbarkeit billiger Rohstoffe, günstigere Filtrationseigenschaften, erhöhte Temperatur- und Säurestabilität sowie Qualitätssteigerungen bestimmter Produkte stehen dabei im Vordergrund.
Zur Realisierung dieser Zielstellung werden neben der ständigen Isolierung neuer Wildstämme auch verschiedene Methoden zur künstlichen Veränderung ihrer

Erbeigenschaften herangezogen. Obwohl in den letzten Jahren neue Verfahren, z. B. die In-vitro-Rekombinationstechnik, stärker in den Vordergrund rücken, nutzt man nach wie vor auch klassische Methoden (z. B. Mutagenese).

3.5.1   Veränderungen der Erbsubstanz durch Mutagene

Aufgrund zunehmender molekularbiologischer Erkenntnisse hat das Verständnis der bei mutagenen Vorgängen ablaufenden biochemischen Veränderungen an der DNA in den letzten Jahren erheblich zugenommen. Dadurch sind die Anwendung von Mutagenen und die Isolierung von Mutanten mit erwünschten Eigenschaften zielgerichteter möglich. Unter Nutzung statistischer Methoden und Testautomaten führten spezifische Selektionsbedingungen ferner zur Steigerung der Probenanzahl pro Zeiteinheit und zur Reduzierung des Personalaufwandes.

Mutationstypen. Die erbliche Veränderung einer Nucleotidsequenz in der DNA, die zur Bildung eines neuen Phänotyps bei dem betroffenen Mikroorganismus führen kann, wird als **Mutation** bezeichnet. Die Häufigkeit natürlicher mutagener Vorgänge liegt bei Bakterien zwischen 10^{-6} und 10^{-10}, bei Pilzen um 10^{-7} - 10^{-8}.

In Abhängigkeit vom Ausmaß der Veränderungen in der Erbsubstanz unterscheidet man *Gen- oder Punktmutationen* (ein oder wenige Nucleotide verändert), *Chromosommutationen* (längere DNA-Abschnitte betroffen) und *Genommutationen* (Veränderungen der Chromosomenzahl). Auch *extrachromosomale Mutationen* (z. B. in Plasmiden und Mitochondrien-DNA) sind bekannt.

Mutagene Behandlung. Mutationen können spontan ablaufen oder durch verschiedene physikalische und chemische Mittel künstlich ausgelöst werden.

Zu den „klassischen" *physikalischen Mutagenen* zählen vorrangig UV-Licht und ionisierende Strahlen (Röntgenstrahlen, Radioisotope). Wirkungsvolle *chemische Mutagene* sind vor allem alkylierende Substanzen, wie z. B. Methyl- und Ethylmethansulfonat (MMS, EMS), Dimethyl- und Diethylsulfonat, Ethylenimin, N- und S-Lost, 1-Nitroso-3-nitro-1-methylguanidin (NNMG), ferner Basenanaloge (z. B. 5-Bromuracil, 2-Aminopurin), Acridinfarbstoffe (z. B. Proflavin) sowie EDTA und andere Chelatbildner. Die meisten Mutagene verursachen mehr als eine DNA-Schädigung. Ihr Ausmaß ist unterschiedlich und hängt sehr wesentlich von den Umweltbedingungen ab.

Für die Leistungsverbesserung industriell relevanter Stämme empfiehlt es sich, mehrere Mutagene anzuwenden, da durch eine größere Anzahl von DNA-Schäden auch eher die gesuchte Mutante isoliert werden kann. Aufgrund ihrer effektiven Wirkung und relativ unkomplizierten Handhabung bevorzugt man *UV-Strahlen*. Von großer Bedeutung für die optimale Wirkung eines Mutagens ist die *Dosis*. In Abhängigkeit von den Versuchsbedingungen und dem Mikroorganismus kann diese sehr unterschiedlich sein. Allgemein gilt, daß die optimale Wirkung häufig nicht mit der höchsten Mutationsrate identisch ist, da bei dieser auch eine Vielzahl unerwünschter Nebeneffekte auftritt.

Die Empfindlichkeit von Organismen gegenüber Mutagenen (*Mutabilität*) ist genetisch determiniert. Art und Ort der Mutation unterliegen meist dem Zufall (**ungerichtete Mutagenese**). Durch tiefere Einsichten in die molekularbiologischen Geschehnisse mutagener Veränderungen sind inzwischen Techniken zur Erhöhung der Mutationsrate spezifischer Gene entwickelt worden (**gerichtete Mutagenese**). Es wurde z. B. festgestellt, daß Gene in der Phase der Transkription eine größere Mutabilität aufweisen. Daraus wird abgeleitet, daß eine Mutagenisierung unter den Bedingungen einer maximalen Produktsynthese zur Erhöhung der spezifischen Mutantenausbeute führen kann. Dies läßt sich am besten in kontinuierlicher Kultur realisieren.

3.5.2   Mutantenauslese (Screening)

Für die Auswahl von Mutanten wurden im Laufe der Jahre zahlreiche Methoden entwickelt, die man grundsätzlich in ungerichtete und gerichtete (rationelle) Screeningmethoden einteilen kann.

Die traditionelle Verfahrensweise ist die **ungerichtete Mutantenauslese,** bei der eine große Anzahl von Mikroorganismen-Kolonien einer systematischen Durchmusterung, z. B. auf erhöhte Produktsynthese, unterworfen wird. Da theoretisch bei etwa 10^5 behandelten Zellen im statistischen Mittel nur jeweils eine mit einer mutagenen Veränderung und bei etwa 10^8 Zellen nur eine Mutante mit erwünschten Eigenschaften vorkommt, wäre zur Auffindung dieser Mutanten ein erheblicher experimenteller Aufwand erforderlich.

Zur Minderung des Zeit- und Arbeitsaufwandes werden häufig *Plattentest-Methoden* genutzt. Dabei kommen verschiedene Prinzipien zur Anwendung (z. B. Hemmung des Bakterienwachstums auf Agaroberflächen bei Antibiotikabildnern, Hydrolysehofbildung auf speziellen Substratagarplatten durch enzymatisch aktive Mikroorganismen). Eine Variante zur Isolierung von Enzymbildnern ist die *Potenzindex-Methode*, bei der auch das Koloniewachstum in die Bewertung einbezogen wird (Fig. 3-9).

Nach der Vorauswahl von Mutanten mittels Plattentest folgen mehrere Ansätze in Schüttelkultur, die eine exaktere analytische Bewertung der Biosyntheseleistung und anderer Parameter ermöglichen. Die mehrstufigen Testverfahren führen schließlich zur Isolierung von Mutanten mit verbesserten Leistungen.

Es hat sich als vorteilhaft erwiesen, wenn eine relativ große Anzahl von Stämmen (ca. 10 %) auf einer frühen Stufe des Testprogramms bereits einer erneuten mutagenen Behandlung unterzogen wird. Auf diese Weise kommt es zu einer Anreicherung kleiner Mutationen, die sich nachfolgend in einer deutlichen Leistungssteigerung eines Stammes stabil manifestieren. Eine starke Reduzierung des personellen und zeitlichen Selektionsaufwandes ist durch Miniaturisierung und Automatisierung erreicht worden.

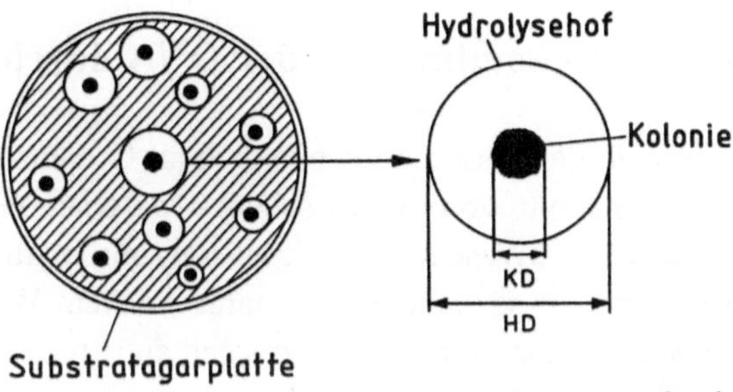

Fig. 3-9: Isolierung leistungsverbesserter Enzymbildner mittels Potenzindex-Methode

$$\text{Potenzindex}\,(\text{PI}) = \frac{\text{Hydrolysehofdurchmesser}\,(\text{HD})}{\text{Koloniedurchmesser}\,(\text{KD})}$$

Von verschiedenen Autoren wurde die Erfahrung gemacht, daß für die Selektionsprozedur einkerniges Sporen- und Hyphenmaterial am vorteilhaftesten ist. Der Einsatz mehrkerniger Sporen- und Hyphenfragmente oder von Clustern einkerniger Sporen führt zur Verminderung der Screeningeffizienz, da die mutagene Veränderung in einem Kern durch nicht mutierte andere Kerne der Zelle wieder aufgehoben wird. Zur Manifestierung einer mutagenen Veränderung in der DNA sollte zwischen Mutagenbehandlung und Screening genügend Zeit vergehen. Dies kann durch längere Standzeit oder durch Subkultur mit wenigen Verdopplungen erreicht werden.

Auf der Basis neuerer Erkenntnisse wurden **gerichtete (rationelle) Screenigverfahren** erarbeitet, die wesentlich effektiver als die vorangehend genannten sind. Man untergliedert sie in direkte und indirekte Methoden.

Die *direkte rationelle Auslese* beruht darauf, daß durch Zusatz von analogen biosynthetischen Intermediaten oder des Endproduktes zum Agarmedium z. B. die Biosyntheseleistung künstlich unterdrückt wird. Dabei soll das Wachstum nicht beeinträchtigt sein. Auf diese Weise können mutagen veränderte Stämme isoliert werden, bei denen die Katabolit- bzw. Endproduktrepression unwirksam ist und diese zu einer erhöhten Produktsynthese befähigt sind. Unter Substratlimitation kann man so auch Mutanten mit einer besseren Substratausnutzung erhalten. Eine andere Variante ist die Reversion von Negativmutanten, welche häufig eine höhere Produktsynthese als der Elternstamm aufweisen.

Die *indirekte rationelle Auslese* ist eher ein Anreicherungsverfahren für leistungsverbesserte Mutanten und basiert auf der Erfassung und Messung von Eigenschaften, die mehr oder weniger mit der Synthese des erwünschten Produktes korrelieren. So sind z. B. bei *Thermoactinomyces vulgaris* braun pigmentierte Kolonien proteolytisch aktiver als weiße. In der Literatur wird auch eine Korrelation zwischen morphologischen Merkmalen und erhöhter Produktbildung angeführt. Bei

Aspergillus niger fand man z. B. eine Beziehung zwischen der Wuchsform des Mycels und der Synthese pektinolytischer Enzyme.

3.5.3   Rekombination der DNA durch parasexuelle Prozesse

Im Verlaufe der Evolution haben sich im Organismenreich zahlreiche Varianten der Neukombination von genetischem Material (Rekombination) in einer Zelle herausgebildet. Wesentliche Voraussetzung dafür ist die Zusammenführung der Erbsubstanz auf sexuellem oder parasexuellem Wege. Charakteristisch für *sexuelle Vorgänge*, die man nur bei Eukaryoten antrifft, ist die Verschmelzung ganzer Kerne sowie eine koordinierte Chromosomenverteilung während der Meiose.

Rekombinationsprozesse, bei denen nur Teile der Genome verschmelzen bzw. eine unkoordinierte Verteilung des genetischen Materials erfolgt, werden als **parasexuelle Vorgänge** bezeichnet. Man findet diese bei pro- und eukaryotischen Organismen. Für parasexuelle Ereignisse bei Eukaryoten ist wesentlich, daß zwar ganze Zellen verschmelzen, aber die Verteilung der Chromosomen unkoordiniert erfolgt. Bei Prokaryoten hingegen werden nur Teilgenome überführt.

Die Rekombination des genetischen Materials kann intra- und interchromosomal ablaufen. Eine *allgemeine Rekombination* liegt vor, wenn homologe Basensequenzen durch crossing-over ausgetauscht werden. Bei *ortsspezifischer Rekombination* werden fremde Nucleotidsequenzen integriert, wobei einige homologe Basen als Anlagerungsregion dienen (z. B. Einbau des λ-Phagenchromosoms in das Chromosom von *E. coli*). Werden transponible DNA-Sequenzen (z. B. Transposons, Episome) ohne Vorliegen homologer Basenabschnitte in das Wirtsgenom integriert, spricht man von *Transposition*.

Das genetische Potential einer Zelle kann außerdem durch Aufnahme oder Abgabe von Plasmiden, Viren sowie Mitochondrien- und Plastiden-DNA verändert werden. Ein bekanntes Beispiel ist der Einbau des Phagen Mu (= Mutation) in das Genom von *E. coli*, wodurch Gene (z. B. für die Synthese von Aminosäuren) unwirksam gemacht werden und dadurch auxotrophe Mutanten entstehen können.

3.5.3.1   Welche Rekombinationsvorgänge gibt es bei Bakterien ?

Zwischen Prokaryoten kann Erbsubstanz durch Transduktion, Transformation und Konjugation übertragen werden. Im Falle der **Transduktion** werden DNA-Teilstücke durch Bakteriophagen von einem Bakterium in ein anderes eingeschleust.

Transduzierende Phagen entstehen durch spontane oder induzierte (z. B. UV-Strahlen) Umwandlung eines in der DNA von lysogenen Bakterienzellen integrierten Prophagen. Bei ihrer Freisetzung kann ein Teil der DNA des Spenderbakteriums am Phagen haften bleiben und von diesem auf eine andere Bakterienzelle übertragen werden. Transduktionsvorgänge sind von Bakterienarten z. B. der Gattungen *Escherichia, Salmonella, Pseudomonas* und *Bacillus* bekannt.

Wird reine DNA von einer Bakterienzelle auf eine andere übertragen, handelt es sich um **Transformation**. In Abhängigkeit vom Verwandschaftsgrad zwischen Donor- und Rezipientenstamm unterscheidet man zwischen intraspezifischer und interspezifischer Transformation.

Fremd-DNA kann nur von kompetenten Zellen aufgenommen werden. Der Grund dafür ist, daß die Bakterienzelle in diesem Zustand eine veränderte Zelloberfläche aufweist und artspezifische Proteine exprimiert, die für die Bindung von Donor-DNA-Fragmenten an der Zelloberfläche verantwortlich sind. Sowohl Gram-positive (z. B. *Bacillus-*, *Streptococcus*-Arten) wie Gram-negative Bakterien (z. B. *Neisseria-*, *Pseudomonas*-Arten) können isolierte DNA auf natürliche Weise („natürliche" Kompetenz) aufnehmen. Bei einigen Gram-negativen Bakterien (z. B. *E. coli*) ist die Kompetenz nur künstlich (z. B. durch $CaCl_2$-Behandlung) herstellbar.

Durch Transformation können Teile genomischer DNA als auch Plasmide übertragen werden. Derartige Vorgänge sind inzwischen auch bei Hefen und anderen Eukaryoten beobachtet worden.

Bei der **Konjugation** werden DNA-Sequenzen nur nach vorherigem Kontakt zweier Bakterienzellen unterschiedlicher Polarität über eine Plasmabrücke (Sexualpilus) übertragen.

Die Polarität entsteht durch An- oder Abwesenheit eines *Fertilitätsfaktors* (F-Plasmid). Beim Übertritt des F-Plasmids wird gelegentlich ein DNA-Fragment des Bakterienchromosoms „mitgenommen". Wieviel chromosomale DNA aus der Donor- in die Rezeptorzelle transferiert wird, ist vom Zeitpunkt der durch äußere Einflüsse verursachten Unterbrechung der Konjugation abhängig. Bei *E. coli* werden etwa 30 Genorte/min übertragen. Das Gesamtgenom umfaßt ca. 3000 Genorte. Konjugationsvorgänge sind von mehreren Bakteriengattungen, wie z. B. *Erwinia, Serratia, Pseudomonas,* sowie verschiedenen Streptomyzeten bekannt.

3.5.3.2   Welche Rekombinationsvorgänge kennt man bei Pilzen ?

Natürliche Rekombinationsereignisse. Parasexuelle Prozesse spielen bei Pilzen mit sexuellem Vermehrungscyclus eine untergeordnete Rolle. Für Pilze ohne sexuelle Vermehrung, vor allem solche aus der Gruppe der *Fungi imperfecti*, sind parasexuelle Vorgänge jedoch lebensnotwendig. Charakteristisch für diese ist die Fähigkeit vegetativer Hyphen, über Plasmabrücken (**Anastomosen**) Kern-DNA auszutauschen. Durch Verdopplung von im Rezipientenstamm vorhandenen Genen (Genaddition) bzw. durch Aufnahme neuer Gene kann es zur Verstärkung oder Neuausprägung von Merkmalen kommen.

Die parasexuelle Rekombination ist für Pilze erstmals bei *Aspergillus nidulans* entdeckt worden. Inzwischen wurden derartige Prozesse auch bei vielen anderen Pilzen, wie z. B. *Aspergillus niger, Penicillium chrysogenum* sowie *Puccinia-* und *Verticillium*-Arten, gefunden. Nach SERMONTI et al. (1959) unterscheidet man beim parasexuellen Cyclus im wesentlichen folgende Stadien (Fig. 3-10):

1. Bildung eines Heterokaryon durch Vereinigung von zwei genetisch verschiedenen Kernen über eine Plasmabrücke zwischen vegetativen Hyphen von zwei haploiden Pilzstämmen;

2. Entstehung eines heterozygoten diploiden Klons durch Verschmelzung der beiden genetisch verschiedenen Kerne;

3. Vermehrung des diploiden neben haploiden Elternkernen;

4. Rekombination des genetischen Materials durch mitotisches crossing-over verschiedener Chromosomen im diploiden Kern bzw. durch Genumlagerung auf einem Chromosom;

5. Bildung haploider Rekombinanten aus diploiden Kernen mit einer Häufigkeit von 10^{-3}.

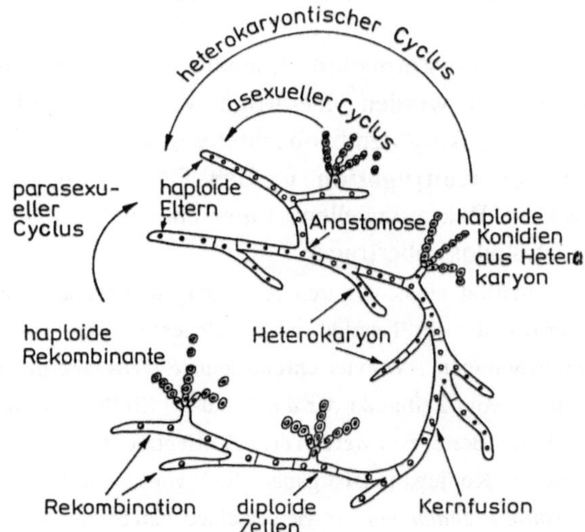

Fig. 3-10: Parasexueller Cyclus bei
Penicillium chrysogenum (SERMONTI, 1959)

Künstliche Rekombinationsverfahren. Zur Leistungsverbesserung industriell interessanter Stämme werden neben der Mutagenese auch künstliche Rekombinationsverfahren auf der Basis parasexueller Prozesse genutzt.

Bei der **parasexuellen Hybridisierung** stellt man von zwei haploiden Stämmen, deren Eigenschaften miteinander gekreuzt werden sollen, komplementäre auxotrophe Marker (z. B. Aminosäurebedürftigkeit) durch Anwendung von Mutagenen her. Diese auxotrophen Stämme werden dann zur Bildung eines Heterokaryons veranlaßt, indem man sie gemeinsam auf einem Minimalmedium wachsen läßt, auf dem beide allein nicht entwicklungsfähig sind. Im Heterokaryon kommt es gelegentlich zur Bildung diploider Kerne. Zwecks Identifizierung brauchbarer Rekombinanten sind sowohl genetische Selektivmarker (z. B. komplementäre Auxotrophie, Resistenz gegenüber Antibiotika, direkte Produktbestimmung mittels Agarplatten) als auch nichtgenetische Verfahren (z. B. Hitze- bzw. UV-Inaktivierung) geeignet.

Ein bedeutender Fortschritt bei der Verbesserung industriell genutzter Pilzstämme wurde durch die Einführung der **Protoplastenfusion** erreicht. Ihre besondere Bedeutung besteht darin, daß sich mit dieser Technik das genetische Material von zwei Zellen weit oder gar nicht verwandter Organismen in einer Hybridzelle vereinigen läßt, was durch natürliche sexuelle und parasexuelle Prozesse nicht möglich ist.

Zur Herstellung von Protoplasten werden die Zellwände beider Elternzellen mittels geeigneter komplexer lytischer Enzympräparate (z. B. Lysozym, Novozym) aufgelöst. Wegen der stark negativen Ladung der Protoplastenoberfläche treten Fusionen normalerweise ohne äußere Einflüsse selten auf. Mit Hilfe von Polyethylenglycol (PEG) in Gegenwart von Ca^{2+}-Ionen bei einem pH-Wert von 7 - 9 sowie mittels Elekrofusion kann die Verschmelzung der Protoplasten gefördert werden. Danach sind die Fusionsprodukte in osmotischen Stabilisatoren zu waschen und auf geeigneten Selektionsmedien zwecks Regenerierung der Zellwand zu kultivieren.

Die Protoplastenfusionstechnik ist bislang für Pilze und einige Bakterien (Streptomyzeten) genutzt worden. Verlauf und Ergebnis der Protoplastenfusion sind bei beiden Organismengruppen verschieden. Ein entscheidender Vorteil, den diese Methode gegenüber allen anderen bisher angeführten Verfahrensweisen der Rekombination aufweist, ist die Überwindung von *Imkompatibilitätsbarrieren* zwischen Stämmen verschiedener systematischer Gruppen, wie z. B. Gattungen und Familien. Es können auf diese Weise Stämme mit völlig neuen Eigenschaften entwickelt werden. Beispiele für Protoplastenfusionen bei Schimmelpilzen sind *Geotrichum candidum* und *Aspergillus nidulans* sowie *Pen. roquefortii* mit *Pen. chrysogenum*. Interspezifische Protoplastenfusionen bei Hefen sind u. a. zwischen *Candida tropicalis* und *Saccharomycopsis fibuligera*, *Saccharomyces cerevisiae* und *Kluyveromyces lactis*, *Yarrowia lipolytica* und *K. lactis* durchgefürt worden.

3.5.4   In-vitro-Rekombination mit gentechnischen Methoden

Mittels gentechnischer Methoden sind in jüngster Zeit die größten Fortschritte bei der Veränderung industrieller Mikrobenstämme erzielt worden. Im Gegensatz zur Mutagenese und Hybridisierung kann man mit dieser Technik gezielt spezifische Gene verändern, neu kombinieren und in eine andere Wirtszelle übertragen. Durch Erhöhung der Gendosis, Austausch regulatorischer Sequenzen sowie In-vitro-Mutagenese sind ferner Veränderungen der Produktqualität und -quantität möglich.

Der allgemeine Verfahrensablauf der Genklonierung und -expression bei *E. coli* ist in Fig. 3-11 in groben Zügen schematisch dargestellt.

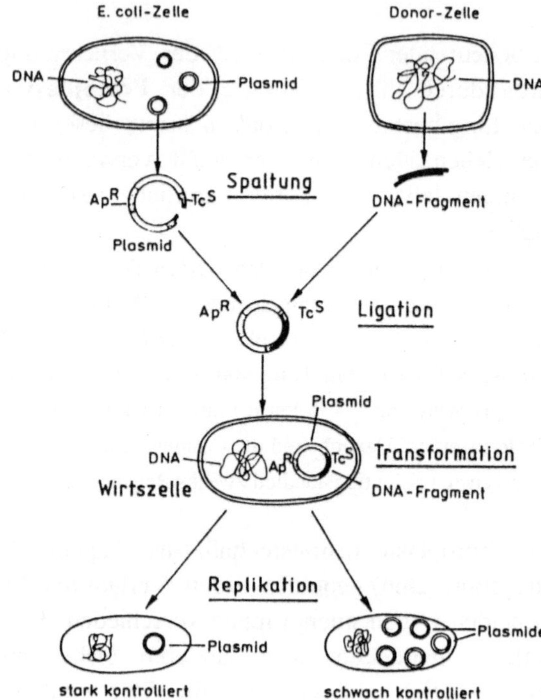

Fig. 3-11: Schema der Übertragung von Fremd-DNA in eine *E. coli*-Zelle

Wegen ihres relativ einfachen Aufbaus, ihrer guten Handhabung und des schnellen Wachstums wurden die Grundtechniken gentechnischer Manipulation zuerst bei Bakterien entwickelt. Gentechnische Veränderungen von Mikroorganismen umfassen gewöhnlich folgende Schritte:

- Gewinnung des DNA-Fragments,
- Auswahl oder Entwicklung eines Vektors,
- Verbindung von Fragment- und Vektor-DNA (Ligation),
- Einschleusung der rekombinanten DNA in die Wirtszelle (Transformation),
- Expression von Fremdgenen,
- Selektion und Charakterisierung rekombinierter Klone.

Je nach Art der Mikroorganismen gibt es jedoch bei den einzelnen Teilabschnitten Unterschiede.

3.5.4.1   Wie gewinnt man die Fragment-DNA ?

Eine Möglichkeit, an die gewünschten DNA-Sequenzen zu gelangen, besteht in der **DNA-Isolierung** aus Chromosomen, Mitochondrien oder Plastiden.

Hierzu werden die Zellen aufgeschlossen, die DNA extrahiert, von Protein- und anderen Kontaminationen befreit und mittels Ethanol ausgefällt. Zur Herstellung von DNA-Fragmenten mit definierten Enden erfolgt ein Verdau mittels verschiedener Restriktionsenzyme (Restriktasen). Es gibt inzwischen mehr als 250 kommerziell verfügbare Restriktasen, die sich durch verschiedene Erkennungssequenzen und Schnittstellen unterscheiden (Tab. 3-16). Die anfallenden DNA-Fragmente werden durch Agarose- bzw. Polyacrylamidgel-Elektrophorese sowie Gradientenzentrifugation in der Ultrazentrifuge nach ihrer Größe getrennt.

Tab. 3-16: Charakteristik häufig verwendeter Restriktasen

Restriktase	Herkunft	Nucleotidzahl pro Fragment	Erkennungssequenz, DNA-Schnittstelle
Eco R I	*Escherichia coli*	4096	G|AATTC CTTAA|G
Hind III	*Haemophilus influenzae* Rd	4096	A|AGCTT TTCGA|A
Hae III	*Haemophilus aegyptius*	500	GG|CC CC|GG
Bam H I	*Bacillus amyloliquefaciens* H	500	G|GATCC CCTAG|G
Hha I	*Haemophilus haemolyticus*	500	GCG|C C|GCG

Eine weitere Möglichkeit besteht in der **enzymatischen Synthese** von DNA-Fragmenten.
Die DNA der meisten eukaryotischen Organismen enthält auch nichtcodierende Sequenzen (*Introns*). Da Bakterien nach der Transkription der DNA diese nicht eliminieren können, ist eine Expression der genetischen Information meistens nicht möglich. Für die Klonierung der DNA-Sequenzen aus eukaryotischen Organismen geht man daher häufig von der mRNA aus, die keine Introns mehr enthält. Mittels verschiedener Enzyme wird von der mRNA eine doppelsträngige DNA-Kopie (komplementäre DNA oder cDNA) synthetisiert, die nunmehr für Klonierungszwecke einsetzbar ist.

Oligonucleotide gewünschter Zusammensetzung für gentechnische Experimente können auch mittels **chemisch-synthetischer Methoden** hergestellt werden. Unter Einsatz von DNA-Syntheseautomaten lassen sich inzwischen DNA-Sequenzen mit einer Kettenlänge von über 100 Nucleotiden synthetisieren.
Mit Hilfe der **Polymerase-Kettenreaktion** (polymerase chain reaction = PCR) ist es möglich, wenige Moleküle einer synthetisch oder anderweitig gewonnenen DNA-Sequenz in kurzer Zeit in vitro um den Faktor 10^6 - 10^8 zu vermehren.

Man benötigt dazu zwei synthetisch hergestellte Oligonucleotid-Primer mit 15 - 30 Nucleotiden, deren Sequenzen zu den Anfangs- und Endsequenzen der beiden zu vervielfältigenden DNA-Stränge komplementär sind. Das Verfahren umfaßt drei Reaktionsschritte, die je nach benötigter DNA-Menge beliebig oft wiederholt werden können.

1. Schritt: Auftrennung der zu vervielfältigenden doppelsträngigen DNA-Sequenz in zwei Einzelstränge durch Erwärmung auf 94 °C.

2. Schritt: Nach Zugabe des Primergemisches und Abkühlung auf 50 °C lagern sich die Primer an den Einzelstrangenden an.

3. Schritt: Erhöhung der Temperatur auf 72 °C und Zugabe eines Gemisches der 4 Desoxy-nucleotid-5'-triphosphate sowie einer temperaturstabilen Polymerase (z. B. Taq aus *Thermus aquaticus*). Die Polymerase synthetisiert die komplimentären DNA-Stränge.

Das Verfahren kann in kleinen Ansätzen automatisch im 10 min-Takt durchgeführt werden. Das Endprodukt sind Moleküle mit stumpfen Enden. PCR findet vielfältige Anwendung in Forschung und Praxis, z. B. Sequenzanalyse, Genkartierung, Diagnostik von Gendefekten, HIV-Nachweis, Nachweis pathogener Bakterien in Lebensmitteln, Spurenanalyse, Vaterschaftsnachweis.

3.5.4.2   Auswahl und Entwicklung von Vektoren

Um ausgewählte DNA-Sequenzen in eine Wirtszelle übertragen und klonieren zu können, benötigt man Vektoren. Für **Bakterien** kommen Plasmide, Bakteriophagen oder Phasmide (Cosmide) in Betracht. Die einfachsten und am häufigsten verwendeten Überträgersysteme sind **Plasmide** (s. Abschn. 2.2.2).

Im allgemeinen sind Plasmide mit geringer Kopienzahl konjugativ, d. h. sie können aus eigener Kraft von einer Donor- zu einer Rezeptorzelle wechseln und haben eine große Molmasse. Multicopy-Plasmide hingegen sind nicht konjugativ und weisen eine niedrige Molmasse auf. Eine weitere Erhöhung der Kopienzahl (Genamplifikation) auf 1000 - 3000 pro Zelle ist durch Zugabe von Chloramphenicol sowie durch Beeinflussung des Kontrollgens für die Replikation mittels Temperaturveränderung und Mutation möglich. Auf Plasmiden sind einige Gene lokalisiert, die vielen Bakterien bestimmte Selektionsvorteile bieten. Zu diesen zählen u. a. die Resistenz gegenüber Antibiotika und die Verwertung ungewöhnlicher Substrate.

Zur Genklonierung verwenden die meisten Autoren kleine nichtkonjugative Plasmide mit Resistenzmarkern und Spaltstellen für verschiedene Restriktasen. Viele häufig verwendete Plasmide leiten sich vom Plasmid pBR322 (Fig. 3-12) ab.

Im Hinblick auf den beabsichtigten Verwendungszweck wurden aus Plasmiden verschiedene *Vektortypen* (z. B. Klonier-Vektoren zur Vervielfältigung eines Gens, Expressions-Vektoren für hohe Genexpression, Shuttle-Vektoren für pro- und eukaryotische Wirtszellen) entwickelt.

Schneidet man bestimmte DNA-Bereiche beim Genom des **Bakteriophagen** λ heraus, kann dieses genetisch so umgebaut werden, daß es sich zur Übertragung

langer fremder DNA-Sequenzen (ca. 25 kb) eignet. Weil längere DNA-Fragmente
in Bakteriophagen meist stabiler als in Plasmiden integriert sind, verwendet man sie
häufig zum Anlegen von Genbanken.

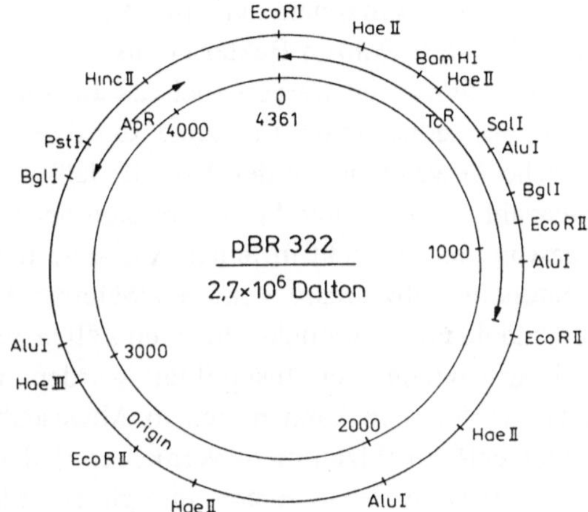

Fig. 3-12: Schnittstellen, Resistenzgene für Antibiotika und Replikationsstart-
punkt (Origin) beim Plasmid pBR 322

Phasmide sind Hybridmoleküle, die aus Phagen- und Plasmid-DNA konstruiert
werden und zur Übertragung von DNA-Fragmenten im Bereich von 32 - 45 kb
geeignet sind. Eine spezielle Variante der Phasmide sind *Cosmide*, welche die cos-
Region (= DNA-Sequenz mit kohäsiven Enden) des Phagen λ enthalten. Sie
können in vitro und in vivo in λ- Phagen verpackt werden.
Einige autonome genetische Elemente (Mitochondrien-DNA, 2µ-Plasmid, Killer-
Faktor) von **Hefen** sind ebenfalls zur Herstellung von Vektoren geeignet. In
Abhängigkeit von ihrer Zusammensetzung und der Wechselwirkung mit den
Rezipientenzellen unterscheidet man integrierende YIp- (yeast integrating
plasmids), replizierende YRp- (yeast replicon plasmids) und episomale YEp- (yeast
episomal plasmids) Hefevektoren.
Für Transformationsversuche eignet sich im Prinzip jedes **Selektionsmerkmal**, für das es
Hefemutanten gibt. Dies betrifft insbesondere dominante Merkmale, wie z. B. die Antibiotika- und
Schwermetall-Resistenz. Obwohl Hefen gegenüber Antibiotika wenig empfindlich sind, ist es auf
der Basis von Resistenzgenen aus *E. coli* gelungen, derartige Selektionen vorzunehmen. Zur
Expression eines eukaryotischen Gens in Hefe ist möglichst eine intronfreie Sequenz unter die
Kontrolle eines Hefe-Promotors zu bringen. In Gegenwart eines starken Promotors wird das
gewünschte Protein in Mengen von 1 - 5 % des Gesamtproteins der Zelle produziert.

Plasmide sind inzwischen auch bei **hyphenbildenden Pilzen** gefunden worden. Für die Vektorentwicklung bei Pilzen ist von Bedeutung, daß Origins der DNA von Mitochondrien und anderen Organellen der Pilzzelle hierfür geeignet sind. Prinzipiell unterscheidet man autonome und integrative Vektoren.

Durch Integration eines Origin und anderer für Selektionsmarker codierende DNA-Sequenzen aus Pilzorganellen in Bakterienplasmide wurden *Shuttle-Vektoren* hergestellt, die sowohl in Bakterien als auch in filamentösen Pilzen wirksam sind. Diese Hybridvektoren werden auch als **autonome Vektoren** bezeichnet, da sie im Cytosol als selbständige Elemente existieren und vermehrungsfähig sind. Ihre praktische Anwendung hat den Vorteil, daß sie gewöhnlich in jeder Zelle in großer Kopienzahl vorliegen und bei Expression der in diesen Vektoren enthaltenen Gene das gewünschte Produkt in hoher Ausbeute liefern. Ein wesentlicher Nachteil ist, daß autonom replizierbare Vektoren während der Zellvermehrung oftmals verloren gehen und damit die produktbildenden Zellen abnehmen.

Zur Überwindung der Instabilität wurden **integrative Vektoren** entwickelt. Autonome Vektoren können sich in Abwesenheit eines eukaryotischen Origin in den filamentösen Pilzen nicht vermehren, jedoch zu einem geringen Anteil in die genomische DNA des Rezeptors integriert werden. Die Integrationshäufigkeit eines Vektors in das Rezeptorgenom hängt von der Sequenzübereinstimmung zwischen Vektor- und chromosomaler DNA sowie von den Umweltbedingungen ab. Obwohl die meisten Vektorsysteme bisher für *Aspergillus nidulans* und *Neurospora crassa* vorliegen, gibt es inzwischen auch derartige für andere Pilze (z. B. *Mucor circinelloides, Ustilaga maydis* und *Penicillium chrysogenum*).

Die Entwicklung eines Transformationssystems für filamentöse Pilze erfordert auch den Einbau von Genen für **Selektionsmarker**, welche das Erkennen transformierter Zellen ermöglichen. Als vorteilhaft hat sich die Anwendung bakterieller Resistenzgene erwiesen, die teilweise auch bei Eukaryoten wirksam sind. Beispiele dafür sind Gene für das Amyloglycosid G 418 aus *Micromonospora sp.*, Hygromycin B aus *Streptomyces hygroscopicus* sowie Oligomycin. Durch Integration dieser Gene in das Empfängergenom und deren Amplifikation lassen sich z. B. resistentere Stämme von *A. niger* und *Cephalosporium acremonium* isolieren, die durch ihre erhöhte Gendosis auch zu einer verstärkten Proteinsynthese befähigt sind.

3.5.4.3 Auf welche Weise koppelt man Fragment- und Vektor-DNA ?

Die auch unter der Bezeichnung Ligation bekannte Verknüpfung von DNA-Fragment und Vektor verläuft über drei Teilschritte:
1. Öffnung (Linearisierung) des Vektors mit Hilfe geeigneter Restriktionsenzyme,
2. Einfügen der Fragment- in die Vektor-DNA,
3. Verbindung beider Enden mittels DNA-Ligase.

Da sich diese Reaktionen außerhalb der Mikrobenzelle abspielen, spricht man auch von **„in-vitro-Rekombination der DNA"**.

Die Kopplung der DNA-Enden kann je nach deren Beschaffenheit mit unterschiedlichen Methoden durchgeführt werden. Die wichtigsten sind:

- Kopplung *klebriger oder kohäsiver Enden:* Durch Schneiden der doppelsträngigen Fragment- und Vektor-DNA mit bestimmten Restriktasen der Klasse II (z. B. Eco RI) entstehen sog. „klebrige Enden", bei denen jeweils ein Einzelstrang über den anderen hinausragt (s. Tab. 3-16). Durch das Enzym Ligase aus *E. coli* werden die Enden verknüpft und damit der DNA-Ring geschlossen.

- *Kopplung glatter Enden:* Unter Einhaltung spezifischer Bedingungen lassen sich mittels T_4-Ligase aus T_4-Phagen auch glatte Schnittstellen miteinander verbinden.

- Kopplung *mittels homopolymerer Schwänze:* Durch enzymatischen Anbau von 15 - 20 gleichartigen Nucleotiden an Fragment- und Vektor-DNA werden sog. „homopolymere Schwänze" geschaffen, die mittels Ligase verknüpft werden.

- *Kopplung durch Linker (oder Adapter):* Bei cDNA-Molekülen ohne definierte Enden werden synthetisch hergestellte kurze doppelsträngige DNA-Fragmente mit einer Schnittstelle für Restriktasen durch eine Ligase angekoppelt. Mittels Restriktasen stellt man an Linker und Vektor klebrige oder glatte Enden her, die dann enzymatisch verbunden werden.

3.5.4.4 Einschleusung der Hybrid-DNA in die Wirtszelle

Ein wichtiger Schritt für die Klonierung eines Gens in einer Wirtszelle ist dessen unbeschadete Einschleusung durch die Zellwand. Dies kann durch **Transformation** von Zellen mit „nackter" DNA geschehen. Aufgrund erheblicher Unterschiede im Zellwandaufbau bei Gram-positiven und Gram-negativen Bakterien sowie bei Hefen und Schimmelpilzen (s. Abschn. 2.2) wurden dafür vielfältige Methoden entwickelt. Voraussetzung für alle ist die Herstellung aufnahmefähiger (kompetenter) Zellen bzw. Protoplasten.

Im allgemeinen ist die natürliche Kompetenz bei **Bakterien** gering, so daß Methoden zu ihrer Verbesserung entwickelt werden mußten. Für *E. coli* und zahlreiche andere Bakterien ist eine Behandlung der Zelle mittels mono- und divalenter Kationen (z. B. Li^+, Ca^{2+}, Mn^{2+}) von Vorteil. Ihre Wirkung beruht vor allem auf einer begrenzten Destabilisierung der äußeren Zellmembran. Das inzwischen weiter verbesserte Verfahren ermöglicht nunmehr Transformationsraten von 10^8 Transformanten pro µg DNA. Bei Streptomyzeten kann eine Überführung freier DNA gewöhnlich erst nach Herstellung von Protoplasten durch Entfernung der Zellwand mittels Lysozym erfolgen.

Die Übertragung von Fremd-DNA kann auch durch deren in-vitro-Verpackung in Bakteriophagen und nachfolgende Infektion von Wirtszellen vorgenommen werden **(Transduktion).** Man verwendet dafür bevorzugt temperente Phagen, die ihre DNA in das Wirtsgenom integrieren. Der bekannteste ist der Phage λ.

Sehr gute Ergebnisse werden ferner mittels **Elektroporation** erzielt, bei der die DNA durch mit Elektroschock künstlich erzeugte Poren aufgenommen wird.

Die Zellwand von **Hefezellen** besteht aus einem Gerüst von Chitin, Mannanen und Glucanen und ist für freie DNA-Moleküle gewöhnlich undurchlässig. Für die Transformation mit in-vitro-rekombinierter DNA ist daher ihre Permeation erforderlich, wozu unterschiedliche Methoden eingesetzt werden können:

- *Sphäroplasten-Transformation*: Teilweiser enzymatischer Abbau der Zellwand;
- *Ganzzell-Transformation*: Induktion der DNA-Aufnahme mit Alkaliionen (z. B. Li$^+$) in Gegenwart von Polyethylenglycol;
- *Elektrofusionsmethode*: Kurzzeitige Einwirkung eines starken elektrischen Feldes auf Sphäroplasten und rekombinierte DNA.

Die Transformationsausbeute bei Hefen liegt zwischen 10^2 - 10^5 pro µg DNA. Ähnliche Transformationsverfahren wie bei Hefen gibt es für **Schimmelpilze**. Im allgemeinen liegen die Transformationsraten noch sehr niedrig (ca. 100 Transformanten pro µg DNA). Mit integrativen Vektoren wurden jedoch auch schon $5 \cdot 10^4$ Transformanten pro µg DNA erreicht.

3.5.4.5   Wann werden Fremdgene in der Wirtszelle exprimiert ?

Auch wenn ein bestimmtes Gen in eine Wirtszelle erfolgreich transferiert werden konnte, ist dessen Expression noch nicht gewährleistet. Voraussetzung dafür ist ein passender Promotor, der in dem Wirt auch funktionsfähig ist. So sind z. B. eukaryotische Promotoren für Bakterienzellen häufig ungeeignet. Die Gensequenz muß außerdem an der richtigen Stelle der Codonfolge (wegen des Leserasters) sowie in der richtigen Ableserichtung integriert sein. Zur Realisierung dieser Bedingungen kann man verschiedene Techniken anwenden.

Im Falle der **direkten Exression** wird das in-vitro-rekombinierte Gen hinter dem Promotor eines anderen Strukturgens angekoppelt. Liegt ein eukaryotisches Gen vor, kann dieses ggf. nur nach Eliminierung nichtcodogener Regionen (Introns) exprimiert werden. Wird ein bestimmtes Gen in die Sequenz eines anderen Strukturgens eingebaut, kann dieses u. U. auch von der DNA-Polymerase des Rezeptorgens mit abgelesen werden (**indirekte Methode**). Die Zelle synthetisiert dann ein Fusionsprotein, welches aus einem bakterieneigenen Protein und dem Fremdprotein besteht. Das Fremdprotein wird nachfolgend z. B. mit Bromcyan vom Fusionsprotein abgespalten. Dieses Verfahren wurde u. a. zur Synthese von Somatostatin und Insulin genutzt. Für die erfolgreiche Expression von Enzymgenen in verschiedenen Wirtsorganismen gibt es bereits zahlreiche Beispiele (s. Abschn. 4.1.2, 4.3.2).

3.5.4.6   Selektion und Charakterisierung rekombinanter Klone

Um aus Millionen transformierter Wirtszellen diejenigen herauszufinden, welche das DNA-Fragment mit dem gewünschten Gen enthalten, nutzt man vor allem die

Antibiotika-Resistenz oder die Bedürftigkeit für spezielle Nährstoffe. Dazu werden Kloniervektoren, die Resistenzgene für bestimmte Antibiotika (z. B. Ampicillin, Tetracyclin) oder Gene für die Komplettierung einer Bedürftigkeit auxotropher Mutanten (z. B. für Aminosäuren) enthalten, eingesetzt (Fig. 3-13).

Der **Nachweis eines DNA-Fragments im Vektor** ist dadurch möglich, daß aufgrund des Einbaus der Fragment-DNA in die Spaltstelle eines Resistenzgens für ein bestimmtes Antibiotikum dessen Wirkung aufgehoben und die Wirtszelle wieder gegen dieses sensibel wird (Insertionsinaktivierung). Die Zellen vermehren sich dann nicht und bilden keine Kolonien auf Agarmedien, welche das betreffende Antibiotikum beinhalten (Fig. 3-13).

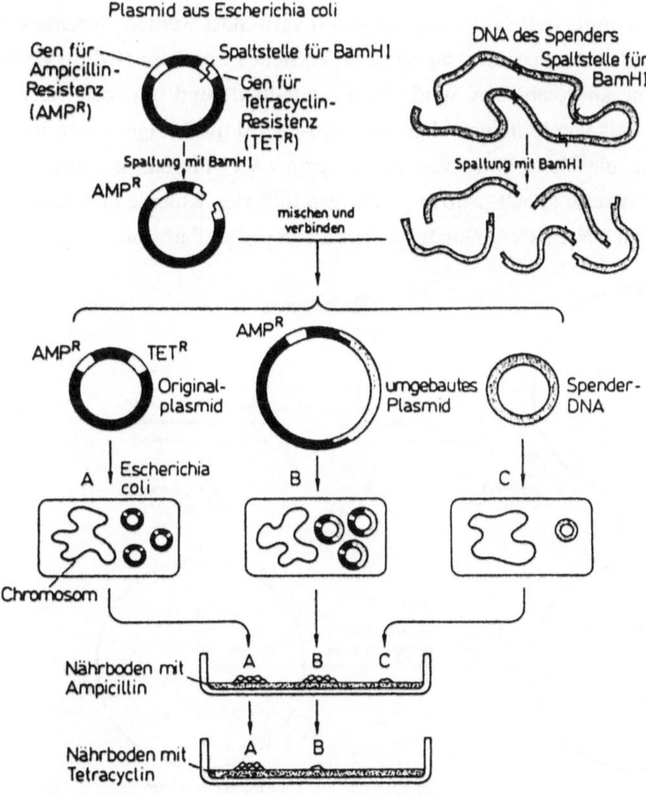

Fig. 3-13: Antibiotika-Resistenz von *E. coli* und deren Verlust durch Einbau eines DNA-Fragments in ein Resistenzgen (DELLWEG et al., 1992)

Die **Identifizierung spezieller Klone mit Fremd-DNA** ist entweder durch den direkten Nachweis der Fremd-DNA mittels komplementärer DNA- bzw. RNA-

Sonden oder indirekt mit Hilfe des von ihr codierten Genproduktes möglich. Die Auswahl des Verfahrens hängt vom bearbeiteten Objekt ab.

Bei der *direkten Methode* mittels **Kolonie-Hybridisierung** erfolgt die Identifizierung der gesuchten Sequenz mit einer radioaktiv (z. B. ^{32}P) oder Farbstoff-markierten DNA- bzw. RNA-Sonde. Nach Anfertigung eines Kolonieabdruckes auf Nitrocellulose-Filterpapier lagert sich die Sonde an der Stelle des Filters an, wo sich auf der Agarplatte die Kolonie mit der komplementären Nucleotidsequenz in der DNA befindet. Durch Auflegen eines Röntgenfilms auf das Filter wird die Stelle geschwärzt, an der sich der Klon mit der angelagerten ^{32}P-Sonde befindet (Fig. 3-14). Auf einer Petrischale mit 10 cm Durchmesser lassen sich somit ca. 500 - 1000 Kolonien bzw. über 1.000 Plaques testen.

Zur **Identifizierung eines Klons**, der ein leicht nachweisbares Produkt (z. B. ein Enzym) bildet. kann der *indirekte Nachweis* mittels *Agardiffusionstest* verwendet werden. Wachsen die Kolonien auf einem Medium mit einem spezifischen Substrat, entstehen um diese Hydrolysehöfe. wenn das entsprechende Enzym ausgeschieden wird. Sehr vorteilhaft sind für den Test chromogene Substrate. Zum Nachweis von Proteinen ohne enzymatische Aktivität eignen sich immunologische Methoden. Sie setzen die Herstellung von Antikörpern (AK) für das gewünschte Genprodukt voraus. Die Verfahrensweise ähnelt prinzipiell der geschilderten Kolonie-Hybridisierungstechnik. Anstelle der markierten DNA-(RNA-)Sonde werden Enzym- oder Farbstoff-markierte AK genutzt.

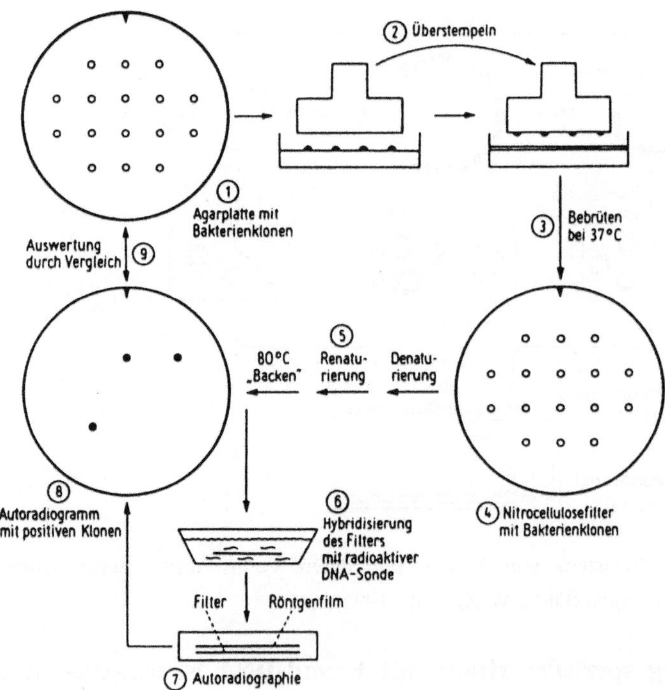

Fig. 3-14: Kolonie-Hybridisierung zur Identifizierung rekombinanter Klone

Ist es gelungen, positive Klone zu isolieren, erfolgt die nähere **Charakterisierung** des rekombinanten Plasmids mit dem gesuchten Gen. Zu diesem Zweck isoliert man das Plasmid, schneidet die Fremd-DNA mit Restriktasen heraus und analysiert die Fragmente mittels Agarose-Gelelekrophorese. Durch Vergleich mit dem Ausgangsplasmid ohne Insert und mit verschiedenen Längenstandards läßt sich auf die Größe der in den Plasmiden eingebauten DNA-Sequenzen schließen.

Zur Identifizierung des gesuchten Gens nutzt man die **Hybridisierungstechnik** nach SOUTHERN. Ähnlich wie bei der Koloniehybridisierung werden die im Agarosegel auftretenden DNA-Banden auf Nitrocellulose-Filterpapier übertragen und sodann z. B. mit ^{32}P-markierten Sonden hybridisiert. Durch Schwärzung auf dem Röntgenfilm läßt sich die Bande mit dem gesuchten Gen identifizieren. Nach Elution aus dem Gel und verschiedenen Reinigungsschritten können dann Sequenzierung und weitere Manipulationen erfolgen.

3.5.4.7 Risiken der Gentechnik und Sicherheitsmaßnahmen

Über Vor- und Nachteile der Gentechnik sowie die damit verbundenen Risiken für den Menschen und seine Umwelt gibt es schon seit vielen Jahren kontroverse Diskussionen. Gründe dafür sind, daß mit gentechnischen Methoden erstmals die Erbinformation der Organismen entschlüsselt, gezielt in die Genome eingegriffen sowie Teile davon über Artgrenzen ausgetauscht werden können. Damit eröffnen sich ungeahnte Möglichkeiten für Wissenschaft und Praxis, die jedoch auch Risiken für den Menschen und die Umwelt in sich bergen.

Neben der Medizin ist der Lebensmittelsektor derzeitig das wichtigste Gebiet gentechnischer Forschung und Entwicklung. Während jedoch die medizinische Anwendung angesichts der verheerenden Auswirkungen bisher nicht beherrschbarer Erkrankungen - wie z. B. Erbkrankheiten, AIDS, Krebs - von der Mehrzahl der Bevölkerung weitgehend akzeptiert wird, stoßen gentechnisch hergestellte Lebensmittel bzw. Lebensmittelzusatzstoffe auf große Ablehnung. Ursachen dafür sind, daß einerseits bei der bereits bestehenden Überproduktion von Lebensmitteln in den Industrieländern keine Notwendigkeit für eine weitere Produktionssteigerung gesehen wird, andererseits aber eine Reihe von Risiken mit der Anwendung dieser Methodik im Lebensmittelsektor verbunden sind.

Als **wesentliche Gefahren** werden von den Kritikern negative gesundheitliche Auswirkungen, Schädigung der Umwelt, ungünstige ökonomische Effekte, soziale Konflikte und ethische Probleme angeführt. Es wird ferner bemängelt, daß die bisher existierenden Regelungen zur Absicherung und Kontrolle gentechnischer Manipulationen unzureichend sind. Dies gilt insbesondere für die internationale Ebene, wo zwischen den Ländern erhebliche Unterschiede bei Bewertung und Nutzung gentechnischer Ergebnisse bestehen.

Der EU-Ministerrat verabschiedete 1990 die **Richtlinien** 90/219 zur „Anwendung genetisch veränderter Mikroorganismen in geschlossenen Systemen" und 90/220 zur „Absichtlichen Freisetzung von genetisch veränderten Organismen in die Umwelt". Sie beinhalten Regelungen für die Mitgliedsländer hinsichtlich des Umganges mit gentechnisch veränderten Organismen in Forschung und Produktion. Weil Lebensmittel darin nicht berücksichtigt wurden, ist eine EU-Verordnung über „Neuartige Lebensmittel und neuartige Lebensmittelzutaten" - kurz *„Novel-Food-Verordnung"* genannt - erarbeitet worden. Bis diese für alle Länder der EU verbindlich in Kraft tritt, gelten nationale Bestimmungen. In Deutschland sind es vor allem das 1990 verabschiedete „Gesetz zur Regelung von Fragen der Gentechnik" (Gentechnikgesetz) sowie die 1990 herausgegebene „Verordnung über die Sicherheitsstufen und Sicherheitsmaßnahmen bei Arbeiten in gentechnischen Anlagen".

Um erste Erfahrungen bei der Umsetzung gesetzlicher Regelungen auszutauschen, wurde 1992 vom Forschungs- und Gesundheitsausschuß des Bundestages eine Anhörung mit Vertretern aus Forschung und Industrie durchgeführt. Von diesen wurden insbesondere die bürokratische Überorganisation und die zu strengen Reglementierungen auf manchen Gebieten kritisiert. Sie hätten ein verstärktes Abwandern von Wissenschaftlern und Unternehmen in das weniger strenge Ausland zur Folge. Die Bundesregierung beschloß daraufhin 1993 eine Novellierung des Gentechnikgesetzes, die im wesentlichen einige Kürzungen im Verfahrensablauf bei niederen Sicherheitsstufen sowie bei der Kontrolle gentechnischer Arbeiten betrifft.

Gemäß **Gentechnikgesetz** werden - in Abhängigkeit vom Gefährdungspotential der verwendeten Organismen, Gene, Plasmide u. a. Komponenten - gentechnischen Arbeiten in Forschung und Produktion 4 **Sicherheitsstufen** zugeordnet. Sie bestimmen den Grad der Schutzmaßnahmen und der präventiven Kontrolle.

Die Einstufung der gentechnischen Arbeiten erfolgte bisher allein durch die *Zentrale Kommission für biologische Sicherheit* (ZKBS). Nach der Gesetzesnovellierung ist dies jedoch für Verfahren der Sicherheitsstufe 1 und teilweise auch der Stufe 2 nicht mehr erforderlich, sondern hier können die zuständigen Behörden der Länder allein entscheiden. Von Kritikern wird diese Verfahrensweise für bedenklich gehalten, da hiervon nahezu alle gentechnischen Arbeiten und Anlagen im Lebensmittelbereich betroffen sind.

In Sicherheitsstufe 1 sind Mikroorganismen, Pflanzen und Tiere als „Spender" oder „Empfänger" von Genen eingeordnet, die schon Jahrzehnte im Lebensmittelbereich genutzt werden und erfahrungsgemäß als sicher gelten (z. B. *Bacillus subtilis, Saccharomyces cerevisiae, Aspergillus niger*). Gentechnische Anlagen der Stufe 1, welche bisher aufwendigen Genehmigungsverfahren unterlagen, sollen neuerdings nur noch anmeldepflichtig sein. Ferner wird die Anhörung als Form der Öffentlichkeitsbeteiligung bei der Sicherheitsstufe 1 ganz aufgehoben und bei der Stufe 2 auf Anlagen beschränkt, die nach dem Immissionsschutzgesetz zugelassen werden müssen. Forschungsanlagen sind generell von der Öffentlichkeitsbeteiligung ausgenommen.

Für die **Freisetzung transgener Organismen** in die Umwelt ist ebenfalls eine Genehmigung auf Bundesebene erforderlich. Zur Verkürzung des Genehmigungsverfahrens soll die bisher gültige *öffentliche Anhörung*, bei der seitens der Bevölkerung Einsprüche möglich waren, wegfallen. Auch über den kommerziellen Umgang - im Gentechnikgesetz als „Inverkehrbringen" bezeichnet - mit gentechnisch veränderten Organismen (z. B. Starterkulturen) oder Produkten (z. B. Enzyme) hat die zuständige Bundesbehörde zu befinden. Eine Beteiligung der Öffentlichkeit bei dem Genehmigungsverfahren ist nicht eingeplant.

Die **Kennzeichnung von Lebensmitteln**, die gentechnisch veränderte Organismen (Produkte) beinhalten, sieht das Gesetz bisher ebenfalls nicht vor. Im Rahmen der EU wird jedoch an Beschlüssen gearbeitet, die zur baldigen Veränderung dieser Situation führen sollen.

Selten hat ein wissenschaftliches Gebiet die Bevölkerung emotional so erregt wie die Gentechnik. Wie in vielen anderen Fällen stellt sich jedoch auch hier die Frage, was der Mensch darf und was er unterlassen soll. Von der Fachwelt wird eingeschätzt, daß die Gentechnik eine Schlüsseltechnologie der Zukunft ist, ohne die der Kampf gegen Erbkrankheiten, Epidemien, Hunger in der 3. Welt oder Umweltschäden nicht erfolgreich geführt werden kann. Grundlage für diese Erkenntnis sind die enormen wissenschaftlichen Fortschritte bei der Erforschung der Erbsubstanz, die ohne gentechnische Methoden nicht möglich gewesen wären.

Wenn auch theoretisch ein Schadensfall durch Anwendung der Gentechnik nicht ganz auszuschließen ist, so sollte man sich der Nutzung dieser einzigartigen Methodik zur Lösung vieler Probleme nicht verschließen. Es muß jedoch Sorge dafür getragen werden, daß sie nicht mißbraucht wird. Wirkungsvolle Regel- und Kontrollmechanismen seitens des Gesetzgebers sowie ein verantwortungsvolles Mitwirken der damit befaßten Wissenschaftler dürften dies ermöglichen.

4 Biotechnologische Anwendungsgebiete

4.1 Nahrungs- und Genußmittelproduktion

Auf empirischer Basis sind im Laufe der Menschheitsentwicklung Verfahren zur Herstellung von Nahrungs- und Genußmitteln entstanden, die in den letzten 150 Jahren auf wissenschaftlicher Grundlage weiter verbessert wurden. Gegenwärtig sind Lebensmittelindustrie und Ernährungswissenschaft mit einer Fülle von Problemen (Unterernährung in Entwicklungs-, Über- und Fehlernährung in Industrieländern u. a. m.) konfrontiert, zu deren Lösung neue Verfahren und Produkte unter Nutzung modernster biotechnologischer (einschließlich gentechnischer) Erkenntnisse einen bedeutenden Beitrag leisten können.

Die folgenden Ausführungen beinhalten zunächst kurze Abhandlungen zu Wirkprinzipien, welche bei der Herstellung traditioneller Erzeugnisse eine Rolle spielen. Anschließend werden moderne biotechnologische Verfahren zur Herstellung von Lebensmitteln und Lebensmittelzusatzstoffen erläutert. Ausführlichere Darstellungen zu beiden Gebieten sind in Fachbüchern und Publikationen der Lebensmittelbiotechnologie zu finden.

4.1.1 Herstellungsprinzip traditioneller Erzeugnisse

4.1.1.1 Produkte aus europäischen Ländern

Sauermilchprodukte. Die Herstellung von Sauermilcherzeugnissen - weltweit etwa 200 - erfolgt aus Milch, die spontan durch ihre eigene Mikroflora oder nach Erhitzen durch Beimpfung mit Starterkulturen (meist Milchsäurebakterien) gesäuert wird. Durch die gebildete Milchsäure flockt Milcheiweiß aus, das anschließend einem partiellen Abbau unterliegt.

Mikrobielle Stoffwechselprozesse bewirken ernährungsphysiologisch wertvolle Umwandlungen an Substraten, wie die Bildung leicht verdaulicher Spaltprodukte des hochwertigen Milchproteins, die Bildung von Vitaminen (besonders der B-Gruppe) durch die Mikroflora, die Bildung organischer Säuren (senken pH-Wert, hemmen Fäulnis- und Infektionskeime, fördern die Ca-Resorption), den partiellen Abbau der Lactose (fördert deren Verträglichkeit) und die Bildung typischer Aroma- und Geschmacksnoten (überwiegend durch die betriebseigene Mikroflora). Die bekanntesten europäischen Erzeugnisse sind **Sauermilch** (Dickmilch), **Joghurt**, **Kefir** und **Kumys**.

Käseerzeugnisse. Als Käse bezeichnet man frische oder in unterschiedlichem Grade gereifte Produkte, die aus dickgelegter pasteurisierter Milch hergestellt werden. Die Käseproduktion beginnt mit der *Vorreifung* der Milch, bei der durch

Zusatz einer Säureweckerkultur (Milchsäurebakterien) Lactose vorwiegend zu Milchsäure vergoren wird. Bei der anschließenden Dicklegung der Milch wird Casein mit Hilfe von Labenzym (aus Kälbermägen oder mikrobiell hergestellt, s. Abschn. 4.1.2) ausgefällt. Durch Schneiden der Dickmilch entsteht der Bruch. Bei teilweisem Entzug der Molke ohne weitere Reifung erhält man Frischkäse oder **Quark**. Je nach Menge des Molkeentzuges und Dauer der Reifungsphase können verschiedene Käsesorten hergestellt werden. Entzieht man wenig Molke, entstehen **Weichkäse** (z. B. Camembert). Ist die Molkeabtrennung intensiver, erhält man **Schnittkäse** (z. B. Edamer) bzw. **Hartkäse** (z. B. Emmentaler).

In der *Hauptreifung* erfolgt der partielle Abbau von Casein und Fett zu käsetypischen Aromastoffen (z. B. Fettsäuren, Aldehyde, Ketone, Amine, Aminosäuren, Ammoniak). Die in manchen Käsesorten auftretende Lochung entsteht durch CO_2 bei der Propionsäuregärung.

Bei **Blauschimmel-** und **Weißschimmelkäse** werden dem Bruch Konidien von vorkultivierten Schimmelpilzstämmen der Arten *Penicillium roquefortii* bzw. *P. camembertii* oder *P. caseicolum* zugesetzt. Diese bilden an der Oberfläche (Camembert-Käse) bzw. im Inneren des Käselaibes (Roquefort-Käse) Mycel aus, welches durch Metabolisierung von Protein- und Lipidkomponenten zur Entwicklung der für sie typischen Geschmacksnote führt.

Sauergemüse. Unter dieser Bezeichnung faßt man einige Gemüsezubereitungen zusammen, welche durch Milchsäuregärung einen artspezifischen und leicht säuerlichen Geschmack erhalten und durch pH-Absenkung konserviert werden.

Hinsichtlich der wirtschaftlichen Bedeutung steht **Sauerkraut** an erster Stelle. Es wird aus zerkleinertem Weißkohl hergestellt, das nach Zusatz von 2 - 2,5 % Kochsalz einer spontanen Milchsäuregärung unterworfen wird. Die Hauptgärung beginnt mit der Vermehrung aerober Keime, insbesondere von Gram-negativen Bakterien, Hefen und Schimmelpilzen. Mit dem Aufkommen anaerober Bedingungen setzen sich heterofermentative (z. B. *Leuconostoc mesenteroides*) und homofermentative Milchsäurebakterien (z. B. *Lactobacillus plantarum)* durch. In ähnlicher Weise werden auch andere **Sauergemüse** (z. B. Gurken, Mixed Pickles, Pilze, Oliven) und Gemüsesäfte hergestellt. Außer Milchsäure entstehen verschiedene Verbindungen (z. B. Ester, Methylcarbinol), die das typische Aroma dieser Produkte ausmachen. Starterkulturen (z. B. *L. plantarum,* *Pediococcus cerevisiae*) beschleunigen die Gärung.

Backwaren. Bei der Herstellung von **Frisch-** (z. B. Brot, Weißgebäck) und **Dauerbackwaren** (z. B. Keks, Cracker, Waffeln) wird die Wirkung von Hefen, Bakterien sowie Enzymen genutzt. Durch Abbau von Stärke, Proteinen sowie anderer Substanzen finden Texturveränderungen, die Bildung von Aroma- und Geschmacksstoffen, Veränderungen der Wasserbindung u. a. technologischer Eigenschaften sowie eine Teigauflockerung durch die Bildung von CO_2 statt.

Als Backhefe zur Bereitung von **Weizenmehlerzeugnissen** (z. B. Weizenbrot, Brötchen) wird bevorzugt *Saccharomyces cerevisiae* eingesetzt, die man in großtechnischen Fermentoren (bis zu 300 m^3) produziert. Für die Herstellung von **Roggenmehlerzeugnissen** verwendet man Sauerteig. Dieser enthält verschiedene Milchsäurebakterien (*Lactobacillus*-Arten) sowie Sauerteighefen (*S. cerevisiae, Candida krusei, Pichia saitoi*).

Fleischerzeugnisse. Die Herstellung fermentierter Fleischerzeugnisse (Rohwurst, Pökelware) nimmt in der Fleischindustrie eine wichtige Position ein (20 - 30 % des gesamten Fleischkonsums in Deutschland). Die von Mikroorganismen und produkteigenen Enzymen ausgelösten Prozesse dienen der Verbesserung der Haltbarkeit und des Genußwertes (Geschmack, Konsistenz, Färbung).

Rohwürste stellt man aus zerkleinertem Fleisch und Speck sowie verschiedenen Zusatzstoffen (z. B. Gewürze, Ascorbinsäure) her, die nach Zugabe von Starterkulturen (*Micrococcus*-Arten, Milchsäurebakterien u. a.) einer Reifung unterworfen werden. Dabei vergären Milchsäurebakterien das Glycogen des Muskelfleisches und den zugesetzten Zucker zu Milchsäure, die zur Geschmacksbildung und Konservierung der Wurst beiträgt. Beim Umröten der Wurstmasse (**Pökeln**) spielen *Micrococcus*-Arten eine wichtige Rolle, indem sie das Nitrit des Pökelsalzes zu Stickstoffmonoxid und Nitrat umwandeln. Das Stickstoffmonoxid reagiert mit dem Myoglobin des Muskelfleisches unter Bildung von Nitroso-Myoglobin, wodurch die dunkle Rotfärbung von Pökelware entsteht. Bei Schimmelsalami werden auf die frischen Würste vor dem Reifen Konidien des Schimmelpilzes *Penicillium nalgiovensis* aufgetragen. Noch nicht ganz geklärt ist der Pökelvorgang bei **Rohfleisch**, wo fleischeigene Enzyme mit Mikroorganismen (*Lactobacillus*-, *Micrococcus*- und *Vibrio*-Arten) wirksam werden.

4.1.1.2   Außereuropäische fermentierte Lebensmittel

Während man in Europa zur Herstellung fermentierter Lebensmittel häufig Bakterien und Hefen nutzt, werden hierfür in Ostasien, Afrika und Südamerika Schimmelpilze bevorzugt (Tab. 4-1). Als Rohstoffe dienen insbesondere pflanzliche Proteine (z. B. Sojabohnen) sowie Fischeiweiß. Einige Sojabohnen-Produkte ähneln unserem Käse.

So stellt man z. B. den ostasiatischen Sojabohnenquark (**Sufu**) aus Sojabohnen-Milch her. Nach dem Kochen wird das Eiweiß mit CaSO$_4$ ausgefällt, in Formen abgefüllt, sterilisiert und mit *Mucor sufu* sowie anderen *Mucor*- und *Rhizopus*-Arten fermentiert.

4.1.1.3   Alkoholische Getränke

Durch alkoholische Gärung werden viele Getränke (Bier, Kwass, Pombe, Sake, Wein, Spirituosen u. a.) hergestellt, die sich in den verwendeten Rohstoffen, Mikroorganismen, Technologien und Fermentationsbedingungen unterscheiden.

Tab. 4-1: Auswahl außereuropäischer fermentierter Lebensmittel

Bezeichnung	Substrat	Mikroorganismen	Produktcharakter	Land/Region
Ang-kak	Reis	*Monascus purpurea*	Lebensmittelfarbstoff	SO-Asien
Banku	Mais	Milchsäurebakterien, Hefen	Brei	Ghana
Chee-fan	Sojabohnen	*Aspergillus glaucus*	käseartig, fest	China
Chicha	Mais	*A. sp.*, Bakterien, Hefen	fest	Peru
Fisch-Sauce	Fisch	Bakterien	flüssige Würze	SO-Asien
Gari	Cassava	*Corynebacterium sp.*	Paste	W-Afrika
Hamanatto	Sojabohnen, Mehl	*A. oryzae, Streptococcus, Pediococcus sp.*	weich, rosinenartig, Würze, Beilage	Japan
Kanji	Reis, Möhre	*Hansenula anomala*	flüssige Würze	Indien
Katsuobushi	Fisch	*A. glaucus*	feste Würze	Japan
Ketjap	Sojabohnen	*A. oryzae*	Sirup, Würze	Indonesien
Mahewu	Mais	*Lactobacillus delbrückii*	saures Getränk	S-Afrika
Natto	Sojabohnen	*Bacillus natto*	fest, Fleischersatz	Japan
Sierra Reis	Reis	*A. flavus, Bacillus subtilis*	feste Würze	Ecuador

Eine jahrtausendealte Tradition hat die **Bierbrauerei**, bei der in einem 3-stufigen Prozeß aus Gerste, Wasser, Hopfen und Hefe das sehr beliebte Getränk hergestellt wird. Die 1. Stufe umfaßt die *Malzbereitung*, in der proteinarme Gerste zum Keimen gebracht wird. Durch die dabei gebildeten Amylasen erfolgt der Abbau der in der Gerste enthaltenen Reservestärke vorzugsweise zu Maltose. Die 2. Prozeßstufe beinhaltet die *Würzeherstellung*. Malz wird mit Wasser eingemaischt, wobei Zucker und Geschmacksstoffe extrahiert und weitere Stärke verzuckert werden. Nach Abtrennung fester Rückstände (Treber) setzt man der Würze zur Geschmacksverstärkung und Haltbarkeitsverbesserung Hopfen zu. Mit der in 20 - 50 m^3-Behältern durchgeführten *Vergärung* der Würze beginnt die 3. Stufe, bei der *Saccharomyces cerevisiae* Maltose zu Glucose abbaut und diese unter Freisetzung von CO_2 zu Ethanol vergärt.

Zu den bierähnlichen Getränken gehört wegen seines Herstellungsverfahrens auch der japanische Reiswein **Sake**. Für seine Herstellung verwendet man Reis, der mittels Koji (auf gedämpftem Reis angezüchtetes Mycel von *A. oryzae*) durch die Wirkung von Amylasen verzuckert wird. Die Vergärung erfolgt mittels Sake-Hefen (*S. sake, S. tokyo, S. yeddo*). Der säuerliche Geschmack wird durch die natürliche Flora von Milchsäurebakterien verursacht.

Das afrikanische Bier **Pombe** bereitet man durch Vergären von Hirse mittels *Schizosaccharomyces pombe*. Aus eingemaischtem Roggenmehl und Gerstenmalz stellt man durch Ethanol- und Milchsäuregärung das in Rußland beliebte Erfrischungsgetränk **Kwass** her. Als Mikroorganismen werden *Lactobacillus*-Arten, Hefen sowie zur Verzuckerung *A. oryzae* eingesetzt.

Wein und weinähnliche Getränke werden durch Vergärung zuckerhaltiger Säfte aus Weintrauben oder anderen Fruchtarten bereitet. Für den Gärungsprozeß (3 - 8 Tage bei 20 - 28 °C) kommen spezielle Heferassen von. *S. cerevisiae* zur Anwendung, die bis zu 16 Vol-% Ethanol tolerieren. Im Anschluß an die alkoholische Gärung findet die bakterielle Säuregärung statt, bei der vor allem Milchsäure entsteht. Durch Lagerung kommt es zur endgültigen Ausprägung des Aromas.

Bei den Spirituosen unterscheidet man zwischen Branntweinen und Likören. **Branntweine** sind mittels Destillation aus vergorenen Maischen oder deren Folgeprodukten gewonnene Getränke, welche mindestens 32 Vol-% Ethanol enthalten. Je nach Herkunft des vergorenen Substrates spricht man von Korn-, Obstbranntwein usw.. Charakteristisch für diese ist, daß die aromabildenden Bestandteile der Fuselöle mit überdestilliert und durch Lagerung und Reifung die speziellen Aromanoten hervorgerufen werden. **Liköre** werden durch Mischung von Trinkalkohol mit Fruchtsäften, Sirupen, Eiern u. a. Zusätzen hergestellt. Sie enthalten mindestens 22 % Zucker.

4.1.2 Neuere biotechnologische Verfahren und Produkte

4.1.2.1 Biokonservierung von Lebensmitteln

Beim Verzehr von Lebensmitteln können pathogene Mikroorganismen sowie toxische mikrobielle Stoffwechselprodukte (z. B. Aflatoxine) eine gesundheitliche Gefährdung des Menschen hervorrufen. Diese läßt sich durch Hemmung des Keimwachstums ausschließen. Einige Mikroorganismen, die beim Verderb durch hohe Vermehrungsraten wirksam werden können, sind in Abschn. 2.3 aufgeführt. Für die Haltbarmachung wurden physikalische, chemische und biologische Verfahren entwickelt (Tab. 4-2).

Tab. 4-2: Verfahrensvarianten für die Haltbarmachung von Lebensmitteln (LÖSCHE, 1991)

Physikalische Verfahren	Chemische Verfahren	Biotechnologische Verfahren
Hitzebehandlung	**Zugabe von:**	**Mikrobielle Prozesse:**
Kühlung	- Propionsäure	- Milchsäuregärung
Trocknung	- Sorbinsäure	- Propionsäuregärung
Eindampfung	- Benzoesäure	- alkoholische Gärung
Bestrahlung	- Parahydroxybuttersäureester	**Zugabe von:**
	- Nitrit/Nitrat	- Enzymen
	- Kochsalz	- Genußsäuren
	- SO_2	- Mikrobiciden

Physikalische Verfahren (z. B. Sterilisation) korrelieren häufig mit Qualitätseinbußen (z. B. im Geschmack) und mit relativ hohen Kosten. Die Bestrahlung besitzt beim Verbraucher mangelnde Akzeptanz und ist wegen der Bildung langlebiger schädlicher Radikale durch gesetzliche Restriktionen begrenzt. Auch chemische Konservierungsmittel sind nicht uneingeschränkt anwendbar. Wegen der für die Keimhemmung erforderlichen Dosierung kann es zu sensorischen und anderen Beeinträchtigungen der Lebensmittel kommen, weshalb diese Stoffe zunehmend auf Ablehnung durch den Verbraucher stoßen. Gute Möglichkeiten der Lebensmittelkonservierung bei weitgehendem Erhalt der Qualitätsparameter bieten hingegen biotechnologische Verfahren.

Mikrobielle Verfahren. Die Nutzung von Mikroorganismen für die Produktion von Lebensmitteln gehört zu den ältesten Zubereitungsarten. Die während der Fermentation am Rohstoff ablaufenden Prozesse sind vielfältig und betreffen sowohl dessen Höherveredelung als auch seine Konservierung. Das Prinzip der mikrobiellen Lebensmittelkonservierung beruht darauf, daß man toxische und andere unerwünschte Mikroorganismen durch Zugabe harmloser Keime hemmt und damit die Haltbarkeit verlängert.

Die zugesetzten Mikroorganismen bezeichnet man als **Starterkulturen**, wenn sie einem Rohstoff zu Beginn des Bearbeitungsprozesses zugefügt werden und diesen erst durch ihre Stoffwechseltätigkeit in einem mehr oder weniger lang andauerndem Fermentationsvorgang zu dem gewünschten Endprodukt umwandeln. Dabei ist wesentlich, daß als primäres Ziel des Zusatzes von Starterkulturen nicht die Konservierung, sondern die Verbesserung des Rohstoffes hinsichtlich Konsistenz, Flavour, Aussehen u. a. Qualitätsparameter anzusehen ist.

Von **Schutzkulturen** wird gesprochen, wenn das Produkt in seinen qualitativen Eigenschaften nicht verändert werden soll, sondern die Unterbindung der Fremdkeimentwicklung im Vordergrund steht. Häufig lassen sich jedoch beide Prozesse nicht streng voneinander trennen.

Die Anwendung von Starterkulturen hat sich vor allem als sichere Methode bei der fermentativen Verarbeitung tierischer Rohstoffe (z. B. Fleischprodukte) zu qualitativ hochwertigen Lebensmitteln bewährt (s. Abschn. 4.1.1). Über die erfolgreiche Nutzung von Schutzkulturen (*Leuconostoc cremoris, Streptococcus lactis, S. diacetilactis, S. cremoris* sowie *Lactobacillus casei*) zur Senkung des Hygienerisikos wird u. a. bei Fleisch- und Kartoffelsalaten berichtet. Selbst bei Raumtemperatur kann das Wachstum von *Escherichia coli, Staphylococcus saprophyticus* sowie *Clostridium sporogenes* stark gehemmt werden.

Die durch Starter- und Schutzkulturen ausgelösten Hemmwirkungen gegenüber unerwünschten Fremdkeimen lassen sich auf vier Hauptursachen zurückführen:

1. Absenkung des pH-Wertes durch Bildung organischer Säuren,
2. Ausscheidung von Produkten, die den mikrobiellen Stoffwechsel hemmen
   (z. B. H_2O_2, Alkohol, organische Säuren),
3. Bildung antimikrobieller Wirkstoffe (z. B. Bacteriocine),
4. Konkurrenz um Nährstoffe.

Im allgemeinen ist davon auszugehen, daß bei Einsatz solcher Kulturen mehrere Faktoren in unterschiedlichem Ausmaß gleichzeitig wirken.

In Abhängigkeit vom Zellaufbau und vom Entwicklungsstadium weisen Mikroorganismen unterschiedliche Resistenz gegenüber Konservierungsmitteln auf:

1. **Natürliche Resistenz** durch genetisch determinierte Eigenschaften eines Organismus (z. B. sind Sporen aufgrund eines anderen Zellwandaufbaus widerstandsfähiger als vegetative Zellen; konstitutive Enzyme befähigen den Mikroorganismus zum Abbau des Konservierungsmittels)
2. **Erworbene Resistenz** durch Mutation oder Aufnahme genetischen Materials von außen (z. B. durch Übertragung von Plasmiden mit spezifischen Resistenzgenen).

Enzymatische Verfahren. Auch Enzyme werden zur Verbesserung der Frisch- und Lagerhaltung genutzt. Dabei sind mikrobielle und chemische Veränderungen im Lebensmittel von Bedeutung. Zur Bekämpfung verderbniserregender Keime und Senkung des Hygienerisikos gibt es verschiedene Strategien (Tab. 4-3).

Tab. 4-3: Enzymatische Abwehrstrategien gegen Verderbniserreger (MÜCKE, 1988)

Strategie	Enzym	Wirkungsweise
Auflösung der Zellwand	Lysozym	Lyse von Bakterien
	Mannanase, ß-Glucanase, Protease	Lyse von Hefen
	Chitinase, Protease	Lyse von Schimmelpilzen
Bildung antimikrobieller Stoffe	Oxidasen	Bildung von H_2O_2
	Lipasen	Bildung freier Fettsäuren
Entzug essentieller Nährstoffe	Oxidasen	Sauerstoffentfernung
Inaktivierung von Enzymen	Proteasen, SH-Oxidasen	Abbau von Enzymen

4.1.2.2   Starterkulturen für die Fermentierung von Lebensmitteln

An der fermentativen Veredelung traditioneller Lebensmittelrohstoffe war ursprünglich eine *„Spontanflora"* beteiligt, wie sie sich bei Vorgabe bestimmter Kultivationsparameter am besten durchsetzt. Unter diesen Bedingungen wurden über lange Zeiträume hochwertige Produkte erzielt. Fehlfermentationen und Qualitätsschwankungen waren jedoch nicht immer auszuschließen.

Mit der Einführung moderner Lebensmitteltechnologien wird besonderer Wert auf hohe Reproduzierbarkeit der Erzeugnisqualität sowie größtmögliche hygienische Sicherheit gelegt. Man orientiert daher zunehmend auf den Einsatz von Einzel- und Mischkulturen als sog. *Starterkulturen*. Diese werden im Prinzip seit mehr als hundert Jahren z. B. in der Milchwirtschaft eingesetzt. Inzwischen sind solche Kulturen auch für zahlreiche andere Produktionszweige entwickelt worden. Dies betrifft sowohl klassische Fermentationen im europäischen Sortiment als auch außereuropäische fermentierte Erzeugnisse.

Beim Einsatz von Starterkulturen werden folgende Ziele verfolgt:

- Rascher Beginn der Fermentation zur Vermeidung von Kontaminationen und Fehlchargen,
- Gewährleistung einer gesicherten Produktqualität auf gleichmäßig hohem Niveau,
- verbesserte Ausnutzung der Rohware,
- Beschleunigung des gesamten Fermentationsablaufes zwecks Verbesserung der Ökonomie,
- Möglichkeit der Hitzeinaktivierung unerwünschter Inhaltsstoffe (z. B. antinutritiver oder toxischer Verbindungen) in den Rohstoffen vor der Fermentation,
- Einsatz virusresistenter Stämme,
- Zugang zu neuen Produkten, die mittels Spontangärung nicht erhalten werden können.

4.1.2.3   Mikrobielle Proteine, Proteinhydrolysate und Aminosäuren

Mikrobielle Proteine. Um den weltweit ansteigenden Proteinbedarf zu decken, sind seit Ende der 70er Jahre auch nicht-herkömmliche Proteinquellen, wie z. B. Mikroorganismen, erschlossen worden. Sie wurden in der Vergangenheit besonders als Tierfutter eingesetzt. Man geht dabei von der bekannten Tatsache aus, daß die Produktion von Biomasse (und damit auch von Eiweiß) je Zeiteinheit durch wachsende Mikroorganismen-Kulturen diejenige von höheren Pflanzen und Nutztieren um ein Vielfaches übertrifft (s. Abschn. 2.2.1). Es kommt hinzu, daß sie billige Rohstoffquellen verwerten können, so z. B. Ab- und Nebenprodukte der Land- und Forstwirtschaft sowie der Lebensmittelindustrie (Schlempen, Getreideschrote, Sulfitablaugen, Melasse usw.).

Seit längerer Zeit werden Überlegungen angestellt, gereinigte Isolate aus mikrobiellem Protein unmittelbar für die **Humanernährung** einzusetzen. Hierbei entfallen die Transformationsverluste von ca. 80 %, wie sie auf dem Weg über den Tiermagen in Rechnung zu stellen sind. Potentielle Lieferanten für mikrobielle Proteine zu Nahrungszwecken sind Speisepilze, Hefen, Bakterien, Schimmelpilze und phototrophe Mikroorganismen.

Bei der Zucht von **Speisepilzen** handelt es sich um eine Festphasenfermentation unter Nutzung von leicht verfügbaren, insbesondere Lignocellulose-haltigen Substraten (z. B. Holz, Stroh). Nach Meinung von Fachleuten stellen Speisepilze (vorrangig Basidiomyzeten) die akzeptabelste Form der Ernährung mit mikrobiellem Protein dar. Speisepilze enthalten 88 - 92 % Wasser und an Vitaminen vor allem solche der B-Gruppe. Etwa 20 - 40 % ihrer TS besteht aus Rohprotein. Der Gehalt an essentiellen Aminosäuren ist niedriger als derjenige tierischer Eiweiße, jedoch bis auf die sehr geringen Anteile an schwefelhaltigen Aminosäuren in einem ausgewogenen Verhältnis.

Hefen bestehen zu 40 - 65 %, **Bakterien** zu 70 - 85 % ihrer TS aus Rohprotein. Sie sind relativ reich an Vitaminen der B-Gruppe. Von Nachteil ist der hohe Nucleinsäuregehalt, der bei Hefen 8 - 12 %, bei Bakterien 10 - 20 % der TS betragen kann. Dieser muß durch spezielle Aufarbeitung verringert werden.

In Großbritannien befaßt man sich bereits seit den 60er Jahren mit der Herstellung eines speziell für die Humanernährung geeigneten **Pilzmycels** (*„Mycoprotein"*) unter Verwendung von *Fusarium graminearum* und mit Glucose-Sirup als C-Quelle. Nach kontinuierlicher Submersfermentation wird das Mycel aus dem Kulturmedium abgetrennt, mit Dampf behandelt, anschließend mit Aroma, Farbstoffen und Bindern versehen sowie zu Blöcken geformt. Man erhält eine Substanz mit fleischähnlichen Eigenschaften. Der Gehalt an Nucleinsäuren wird durch Aktivierung endogener Nucleasen (Temperieren des Mycels bei 84 °C) von ursprünglich 10 % auf weniger als 2 % der TS gesenkt. Das Erzeugnis ist in Großbritannien für den menschlichen Verzehr zugelassen. Inzwischen ist es unter der Bezeichnung *„Quorn"* im Handel.

Seit Jahrhunderten werden vor allem in Afrika, Amerika und Asien bestimmte **phototrophe Bakterien** (z. B. Cyanobakterien der Gattung *Nostoc*) als gut verträgliche Eiweißlieferanten in das Ernährungsregime einbezogen. Sie benötigen zur Biomasseproduktion neben der Energiezufuhr (Licht, Bewegung des Kulturmediums) lediglich Wasser mit den obligaten Mineralsalzen und ein ausreichendes CO_2-Angebot. Inzwischen sind zahlreiche Kultivationstechniken in geschlossenen Behältern (Submers-Fermentoren, Plasteschläuche, spezielle Platten- und Rohrsysteme u. a. m.), vor allem aber großtechnisch nutzbare „Open-pond"-Varianten (bewegte und begaste Systeme in offenen Rundbecken) entwickelt worden.

Proteinhydrolysate. Die aus mikrobieller Biomasse hergestellten Proteinisolate lassen sich durch spezifische Modifizierungsschritte höherveredeln und mit funktionellen Eigenschaften versehen. Eine Möglichkeit zur Erzielung geeigneter funktioneller und ernährungsphysiologischer Eigenschaften ist die **enzymatische Partialhydrolyse.** Hierdurch lassen sich Löslichkeit, Schaumbildungsvermögen, Wasser- und Fettbindungskapazität, Emulgiervermögen sowie die Verdaulichkeit z. B. von „Bioprotein" aus *Methylomonas clara* deutlich verbessern. An Enzympräparaten werden für diese Zwecke pflanzliche (z. B. Ficain, Papain), tierische (z. B. Pankreatin, Trypsin) sowie mikrobielle Proteasen verwendet.

Durch proteolytisch/amylolytische Behandlung von **Weizenmehl-Suspensionen** wird eine partielle Hydrolyse des Klebereiweißes wie auch der Stärke herbeigeführt, wodurch eine beträchtliche Veränderung der funktionellen Eigenschaften des modifizierten Weizenmehls resultiert.

Zur Herstellung von Käse wird der Eiweißanteil der Milch (Casein) mit Hilfe des Enzyms Chymosin (Labenzym) zum Gerinnen gebracht. Der bei der enzymatisch gesteuerten **Milchgerinnung** ablaufende Mechanismus ist komplexer Natur. Der entscheidende Schritt besteht darin, daß das als Schutzkolloid wirksame κ-Casein (Bestandteil des Casein-Komplexes) an einer bestimmten Peptidbindung (Phe-105/Met-106) hydrolysiert wird, wodurch das gesamte Casein ausfällt.

Nach neueren Erkenntnissen werden Proteine im Darmlumen in begrenztem Umfang bis zu den einzelnen Aminosäuren, zum Teil nur bis zu niedermolekularen Peptiden abgebaut. Diese Befunde haben zu der Schlußfolgerung geführt, bei funktionellen Störungen des Intestinaltraktes **Elementardiäten** (rasch absorbierbare Bausteinnahrungen aus Gemischen von Aminosäuren) zunehmend durch enzymatische Proteinhydrolysate bzw. Peptidgemische zu ersetzen. Bei schonender Einwirkung von geeigneten Protease-Präparaten (z. B. Pankreatin, Thermitase) auf Proteine mit hoher biologischer Wertigkeit (z. B. Molken-, Muskel-, Sojaprotein) erhält man Hydrolysate, die bis zu 20 % freie Aminosäuren, ansonsten aber Di- und Oligopeptide enthalten.

Aminosäuren. Für die Lebensmittelindustrie ist **Glutaminsäure** von besonderer Bedeutung. Sie wird in Kombination mit synergistisch wirksamen 5'-Nucleotiden wie Guanosin- und Inosin-5'-monophosphat als Geschmacksverstärker verwendet. Die Supplementierung von Futtermitteln mit essentiellen Aminosäuren spielt in der *Tierernährung* eine wichtige Rolle, so z. B. bei der Aufzucht von Schweinen, Geflügel und Fischen. Für diese Applikation werden bestimmte Aminosäuren in großen Mengen produziert. Im Vordergrund stehen **L-Lysin, D,L-Methionin, L-Tryptophan** und **L-Threonin**. In der *Diätetik* sowie zur *Krankenernährung* (vorrangig die parenterale Ernährung bei Störungen intestinaler Funktionen) werden **essentielle Aminosäuren** benötigt.

Die meisten Aminosäuren stellt man heute biotechnologisch her.

Für die **enzymatische Hydrolyse** bis zu den freien Aminosäuren ist ein Gemisch mehrerer Enzyme erforderlich, da handelsübliche Proteasen häufig nur spezielle Bindungen in der Peptidkette spalten.

Die **fermentationstechnische De-novo-Synthese** erfolgt mit Wildstämmen oder auxotropher bzw. regulationsgestörter Mutanten, welche auch mittels gentechnischer Methoden gewonnen werden. Als Nährstoffe dienen preisgünstige N- und C-Quellen (z. B. Glucose, Melasse, Stärkehydrolysate). Die De-novo-Synthese dürfte aus ökonomischer Sicht am günstigsten sein. Voraussetzung hierfür ist allerdings die genaue Kenntnis des Stoffwechsels bei dem jeweiligen Aminosäureproduzenten: Bestimmte Reaktionsschritte müssen gezielt blockiert bzw. in eine andere Richtung gelenkt werden. Das sich allmählich anreichernde Endprodukt darf weder eine *Endproduktrepression* noch eine *Endproduktrückkoppelung* bei metabolischen Zwischenschritten hervorrufen (s. Abschn. 2.4.6). Vielfach sind zusätzlich bestimmte Membranprozesse zu beeinflussen, um den Austritt der betreffenden Aminosäure durch die Zellwand in das umgebende Medium zu gewährleisten. Derzeitig lassen sich die meisten der benötigten Aminosäuren durch De-novo-Synthese produzieren, so z. B. Glu, Lys, Thr, Arg, His, Val, Ile.

Bei der **Biotransformation** bzw. **Biokonversion** werden die Aminosäuren aus geeigneten *Präkursoren* (z. B. chemisch synthetisierte racemische D,L-Aminosäuregemische) unter Einsatz von Enzymen synthetisiert. Als katalysierende Agenzien fungieren im Medium suspendierte Mikroorganismen (quasi als Enzymlieferanten) sowie lösliche oder immobilisierte Enzyme.

4.1.2.4 Gewinnung und Modifizierung von Fetten und Fettsäuren

Wesentliche Forderungen der Ernährungswissenschaft bestehen darin, den in Industrieländern weitverbreiteten überhöhten Fettverzehr zu reduzieren, dabei jedoch die Zufuhr der erforderlichen Mengen an essentiellen Fettsäuren zu gewährleisten. Des weiteren werden für Kranke und Rekonvaleszenten Fette mit einem erhöhten Anteil an mittelkettigen Fettsäuren benötigt. Schließlich wird empfohlen, bei der Lebensmittelproduktion den Einsatz gehärteter Fette zugunsten nicht gehärteter (mit ungesättigten Fettsäuren) zu reduzieren.

Gewinnung spezieller Fettsäuren mit Lipasen. Zur Gewinnung mittelkettiger, ungesättigter oder polyungesättigter Fettsäuren aus natürlichen Fetten werden zunächst Triglyceride durch fraktionierte Kristallisation, Extraktion und/oder Destillation angereichert. Zur schonenden und selektiven Freisetzung von Fettsäuren bietet sich die **Hydrolyse** mit zumeist mikrobiellen Lipasen in löslicher oder immobilisierter Form an. Hierbei können Chargen- und kontinuierliche Verfahren herangezogen werden. Es entstehen Glycerol und Fettsäuren. Positions- und Fettsäure-spezifische Lipasen ermöglichen dabei die bevorzugte Freisetzung spezieller Fettsäuren (Tab. 4-4).

Tab. 4-4: Fettsäure-spezifische Wirkung mikrobieller Lipasen (RUTTLOFF et al., 1997)

Mikroorganismus	Spaltungsspezifität
Geotrichum candidum	ungesättigte Fettsäuren in cis-Stellung (Öl-, Linol- und Linolensäure), Abspaltung erfolgt unabhängig von der Position
Rhizopus arrhizus	Öl- und Linolsäure
Achromobacter lipolyticum	ungesättigte Fettsäuren, insbesondere Linolensäure aus Sonnenblumenöl

Mittelkettige Fettsäuren werden aus Kokos- und Palmkernfett gewonnen. Sie sind flüssig bei Raumtemperatur, von mildem Flavour, oxydationsstabil und resistent gegen hohe wie auch niedrige Temperaturen. Im Vordergrund des Interesses stehen **Capryl** (C_8)- und **Caprinsäure** (C_{10}). Eine Lipase aus *Penicillium roquefortii* spaltet mittelkettige Fettsäuren bevorzugt ab. Capryl- und Caprinsäure werden in der Praxis unter Einsatz von Lipasen in einer Resynthese-Reaktion ohne Verwendung eines Lösungsmittels und ohne Detergenzien direkt mit Glycerol verestert. So erhält man z. B. bei 40 °C unter Einsatz von „Lipozym" (eine immobilisierte Lipase aus *Mucor miehei*) aus Glycerol und mittelkettigen Fettsäuren die entsprechenden Triglyceride.

Zur Isolierung *ungesättigter Fettsäuren* ist die enzymatische Methode besonders geeignet, da die schonende Art der Triglyceridspaltung die Doppelbindungen vor Oxidationsvorgängen bewahrt. Als Substrate dienen flüssige Nahrungsfette (z. B. Sonnenblumenöl mit 62 - 67 % Linolsäure) sowie Algen und Plankton (*polyungesättigte Fettsäuren*). Mikroorganismen, die Fettsäure-spezifische Lipasen synthetisieren, sind z. B. *Geotrichum candidum* (**Öl-, Linol- und Linolensäure**), *Rhizopus arrhizus* (**Öl- und Linolsäure**) und *Achromobacter lipolyticum* (**Linolsäure**).

Bei der Lipolyse von Triglyceriden fallen Partialglyceride an, die sich als **Emulgatoren** eignen. Sie können auch durch Synthese aus Glycerol und freien Fettsäuren sowie durch Alkoholyse oder Glycerolyse von Triglyceriden hergestellt werden.

Herstellung maßgeschneiderter Fette. Durch Austausch bzw. Auswechselung von Acylgruppen lassen sich „maßgeschneiderte" Fette herstellen. Angestrebt werden u. a. spez. Back-, Koch-, Brat- und Margarinefette (Brotaufstriche). Aus ernährungsphysiologischer Sicht sind energiearme Fette mit mittelkettigen und ungesättigten Fettsäuren von besonderer Bedeutung.

Als Beispiel für die Maßschneiderung von Fetten gilt die Herstellung von Austauschfetten für **Kakaobutter**. Hierbei werden Fettgemische der Umesterung unterworfen oder es werden Fette mit freien Fettsäuren oder Fettsäure-Alkylestern umgesetzt. Als Rohstoffe eignen sich z. B. eine spezielle Palmöl- wie auch eine Olivenölfraktion. Für den gezielten Einsatz ist die Verwendung positionsspezifischer Lipasen (z. B. aus *Mucor miehei*, *Rhizopus delemar*) wichtig. Kakaobutteraustauschfette werden für diätetische Schokoladenerzeugnisse verwendet.

Das bekannteste Streich-, Back- und Kochfett ist **Margarine**. Sie wird aus den drei Hauptkomponenten Pflanzenöl, hydriertes Pflanzen- oder Seetieröl und tierisches Fett hergestellt. Margarinesorten mit diätetisch günstigen Eigenschaften sollten einen geringen Energiegehalt und eine Anreicherung ungesättigter Fettsäuren, insbesondere von Linolsäure, aufweisen. Der Anteil an *mittelkettigen Fettsäuren* in speziellen Margarinesorten kann durch Acidolyse mittels Lipase aus *Penicillium roquefortii* weiter erhöht werden. Ein Beispiel sind die *„Low-calorie-Brotaufstriche"*, die einen hohen Anteil an kurz- und mittelkettigen Fettsäuren enthalten.

Fermentationstechnische Gewinnung spezieller Fettsäuren. Es ist von großem Interesse, wertvolle Fettsäuren auch auf fermentationstechnischem Wege zu gewinnen. Versuche dazu sind im Labormaßstab durchgeführt worden.

Bestimmte niedere Pilze vermögen γ-**Linolensäure** zu synthetisieren. Inzwischen wird diese im industriellen Maßstab unter Einsatz von *Mortierella sp.* (in Japan) sowie von *Mucor javanicus* (in Großbritannien) gewonnen. Bei hochungesättigten Fettsäuren (PUFA) interessieren vor allem **Eicosapentaensäure** (EPA), **Docosahexaensäure** (DHA) sowie **Eicosatetraensäure** (AA). Von diesen werden in den Gattungen *Aspergillus* und *Penicillium* diesbezüglich interessante Fette und Öle gebildet. Einige marine Pilzarten der Ordnungen *Saprolegniales* und *Enteromophthorales* synthetisieren ungesättigte C_{20}- und C_{22}-Säuren (AA, EPA, DHA) sowie γ-Linolensäure. *Thraustochytrium aureum* bildet unter bestimmten Bedingungen (5-l-Submersfermentor, 2,5 % Kochsalz im Kulturmedium) bis zu 25 % Lipide in der TS. Der PUFA-Gehalt dieser Fette kann bis zu 50 % aus DHA bestehen. Die DHA-Gehalte liegen bei submerser Kultivation zwischen 250 und 350 mg je l Kulturmedium, in Schüttelkultur sogar bis über 500 mg/l. Auch Pilze der Gattung *Mortierella* können AA und EPA synthetisieren. Diese Lipide sind allerdings in der Zellmembran lokalisiert und müssen durch spezielle Aufarbeitungsschritte freigesetzt werden.

Zahlreiche phototrophe Mikroorganismen, z. B. aus den Gattungen *Chlorella*, *Spirulina*, *Scenedesmus*, *Coelestrum*, enthalten bis zu 70 % Öle bzw. Fette in der TS. Ihr Fettsäurespektrum setzt sich aus relativ hohen Anteilen an C_{12}- bis C_{22}-Fettsäuren zusammen.

4.1.2.5   Gewinnung und Modifizierung von Kohlenhydraten

Bei den Nahrungskohlenhydraten handelt es sich vorrangig um Stärke, deren Abbauprodukte (z. B. Oligosaccharide, Maltose, Glucose) sowie um Saccharose. Neben ihrer Hauptfunktion als *Energielieferanten* können Stärke und deren Modifikate wegen ihrer funktionellen Eigenschaften in Kombination mit Wasser (Quellbarkeit, Schaumbildung, Emulgiervermögen, Viskositätssteigerung usw.) auch zur *Energiereduzierung* von Lebensmitteln herangezogen werden. Im Vergleich zu Fetten weisen sie knapp den halben Brennwert auf. Aus Nahrungskohlenhydraten lassen sich zahlreiche Umwandlungsprodukte mit lebensmitteltechnologisch und ernährungsphysiologisch günstigen Eigenschaften herstellen. In den letzten Jahren haben sich hierfür besonders biotechnologische Verfahren bewährt und chemische Produktionen teilweise verdrängt.

Stärkehydrolysate. Durch enzymatische Partialhydrolyse von Mais- oder Kartoffelstärke werden niedrigverzuckerte **Maltodextrine** mit einem DE-Wert von 2 - 20 % hergestellt. Stärkesuspensionen mit 10 - 50 % TS werden zunächst sauer oder enzymatisch verkleistert und anschließend mit bakterieller α-Amylase verflüssigt. Durch Variation der Hydrolysebedingungen erhält man Produkte mit unterschiedlichen Abbaugraden und Eigenschaften.

Ein Maltodextrin mit günstigen Eigenschaften ist z. B. das sog. **Stärkehydrolyseprodukt (SHP)**, das mit α-Amylase von *Bacillus amyloliquefaciens* aus Kartoffelstärke hergestellt wird. Aufgrund seiner geringen Süße, gelbildenden Eigenschaften, guten Verdaulichkeit u. a. Vorzüge ist es im Lebensmittel- und diätetischen Sektor vielseitig einsetzbar (z. B. Fettaustauscher, Dickungsmittel).

Süßende Verbindungen („sweeteners"). Prinzipiell gibt es *Süßungsmittel* (mit Energiegehalt, vorrangig Kohlenhydrate) und *Süßstoffe* (ohne Energiegehalt, verschiedene chemische Klassen). Erstere unterteilt man in *Zucker(stoffe)* sowie *Zuckeraustauschstoffe*, letztere in *synthetische* und *natürliche* (Tab. 4-5).

Der Begriff „*Zuckerstoffe*" ist im chemischen Schrifttum nicht üblich. Er wird hier nur aus formalen Gründen verwendet, da verschiedene Zuckeraustauschstoffe (z. B. Fructose, Palatinose) aus chemischer Sicht auch Zucker sind. *Zucker(stoffe)* werden zum großen Teil biotechnologisch hergestellt (z. B. Glucose).

D-Glucose (Dextrose, Traubenzucker) wird in allen süßen Früchten, zumeist vergesellschaftet mit D-Fructose, oder als Baustein von Saccharose vorgefunden. Sie wird heute ausschließlich auf biotechnologischem Wege gewonnen, indem mittels α-Amylase oder Mineralsäure verflüssigte Stärke von Glucoamylase nahezu total bis zur Glucose abgebaut wird. Glucose ist gut wasserlöslich und weist eine rel. Süßkraft von 0,5 - 0,8 auf (Saccharose = 1). Der Zucker ist ein leicht verdaulicher, schnell absorbierbarer und daher rasch wirkender Energiespender. Er ist jedoch nicht zahnschonend und für Diabetiker nicht geeignet. Glucose ist auch Ausgangsstoff für eine Reihe von

Produktsynthesen (Sorbitol, Viamin C, Isomeratzucker, Fructose, Gluconsäure) sowie C-Quelle bei technischen Fermentationen (z. B. Antibiotika, Enzyme, organische Genußsäuren, Aminosäuren).

Tab. 4-5: Biotechnologisch bedeutende süßende Verbindungen (RUTTLOFF et al., 1997)

Süßungsmittel			Süßstoffe
Zucker(stoffe)	*Zuckeraustauschstoffe*		
	1. Generation	**2.Generation**	
Saccharose	Fructose	coupling sugar	Aspartam (synthetisch)
Invertzucker	Sorbitol	Palatinose	Thaumatin (natürlich)
Glucose	Xylitol	Maltitol	Glycyrrhizin (synthetisch)
Glucosesirupe	Mannitol	Isomaltitol	Monellin (natürlich)
Isomeratzucker			Phyllodulcin (natürlich)
Maltose			Steviosid (natürlich)
Maltosesirupe			Alitam (synthetisch)

Auch zur Gewinnung von *Zuckeraustauschstoffen* bedient man sich zunehmend biotechnologischer Verfahren. Darunter versteht man Substanzen, die hinsichtlich ihrer chemischen Struktur sowie lebensmitteltechnologischer und sensorischer Eigenschaften der Saccharose nahekommen. Sie sind verwendbar von Diabetikern, zur Cariesprophylaxe sowie in energiereduzierten Lebensmitteln als Süßungsmittel. Man unterscheidet traditionelle Zuckeraustauschstoffe der „**ersten Generation**" und neuere Entwicklungen der „**zweiten Generation**". Bedeutendste Vertreter sind Fructose und coupling sugar.

D-Fructose (Fruchtzucker, Lävulose) findet sich frei in zahlreichen Früchten, im Bienenhonig, chemisch gebunden als Bestandteil der Saccharose und des Inulins (Topinambur, Artischocke). Derzeit verwendet man vorrangig *Stärke* als Ausgangsstoff. Das Polysaccharid wird mittels Glucoamylase in Glucose zerlegt, die man anschließend mit immobilisierter Glucoseisomerase in ein Glucose/Fructose-Gemisch überführt. Die Zusammensetzung des Gemisches (48 - 49 % Glucose und 51 - 52 % Fructose) entspricht etwa derjenigen des Invertzuckers. Das eingeengte Eluat wird als „*Isomeratzucker*", oder „*high fructose corn syrup*" (*HFCS*) bezeichnet und in der Lebensmittelproduktion vielfältig angewandt. Fructose ist gut wasserlöslich und weist eine rel. Süßkraft von 1,1 - 1,7 auf. Sie ist leicht verdaulich und wird vom Diabetiker toleriert.

Coupling sugar ist ein Gemisch aus oligomeren Zuckern in wäßrig sirupöser Form. Es besteht aus Saccharose sowie Oligoglucosiden, die überwiegend einen Fructoserest am reduzierenden Ende des Moleküls aufweisen. Zu seiner Herstellung läßt man das Cyclomaltodextrin-Glucanotransferase-System z. B. aus *Bacillus megaterium* auf verflüssigte Stärke in Gegenwart von Saccharose einwirken. Der Mehrenzym-Komplex katalysiert die Reaktionen *Cyclisierung*, α-*Amylolyse* und *Transglycosidierung*. Coupling sugars weisen eine relative Süßkraft von 0,6 - 0,8 auf und sind von angenehmer Geschmacksqualität. Sie werden auch als Saccharoseaustauscher gehandelt und für Kekse, süße Dauerbackwaren, Süßigkeiten, Marmeladen, Konfitüren usw. empfohlen.

Mikrobielle Polysaccharide. Zur Reduzierung energieliefernder Substanz in Lebensmitteln liegt es nahe, Bestandteile zu verwenden, die selbst energiearm sind und die Einarbeitung von Wasser und/oder Luft ermöglichen. Für solche Zwecke werden Hydrokolloide mit bestimmten funktionellen Eigenschaften (z. B. Stärke, Pektin, Carrageen, Gelatine) benötigt. In den letzten Jahren haben auch mikrobielle Polysaccharide Eingang in dieses Gebiet gefunden (Tab. 4-6).

Tab. 4-6: Zusammensetzung und Verwendung mikrobieller Polysaccharide (KRÜGER u. FIEDLER, 1991)

Polysaccharid	Mikroorganismus	Zusammensetzung	Verwendung
Dextran	*Leuconostoc mesenteroides*	D-Glucose	Backwaren, Getränke, Speiseeis, Fruchtsirupe
Xanthan	*Xanthomonas campestris, X. juglandis, Pseudomonas aeruginosa*	D-Glucose, D-Glucuronsäure, D-Mannose, Acetat, Pyruvat	Puddings, alkoholfreie Getränke, Marmeladen, Gelees, Eiscremes
Pullulan	*Pullularia pullulans*	D-Glucose	energiereduz. Lebensmittel
Alginat	*Azetobacter vinelandii, P. aeruginosa*	D-Mannuronsäure, L-Guluronsäure	Eiscremes, Puddings, Marmeladen, Fruchtsäfte
Curdlan	*Alcaligenes faecalis*	D-Glucose	Gelees, Mayonnaisen

4.1.2.6 Enzyme aus Mikroorganismen

Enzyme spielen in der Nahrungs- und Genußmittelproduktion eine bedeutende Rolle. Verglichen mit anderen Anwendungsgebieten werden hier die meisten industriell hergestellten Enzyme eingesetzt (Tab. 4-7).

Tab. 4-7: Anwendungsgebiete industriell hergestellter Enzyme (HARTMEIER, 1986)

Anwendungsgebiet	Anteil (%)	Anwendungsgebiet	Anteil (%)
Stärkeindustrie	30	Brauerei, Brennerei	8
Waschmittelproduktion	30	Backwaren	5
Milchprodukte	12	Lederindustrie	3
Fruchtsaft-/Weinproduktion	8	Sonstige	4

Enzymgewinnung. Das erste mikrobielle Enzym, welches 1894 in den USA großtechnisch zur Stärkeverzuckerung bei der Whisky-Brennerei produziert wurde, war die Takadiastase aus *A. oryzae*. Heute gewinnt man fast alle technisch genutzten Massenenzyme aus Mikroorganismen (Tab.4-8).

Auch pflanzliche und tierische Enzyme sind mit gentechnisch veränderten Mikroorganismen herstellbar (s. Abschn. 4.1.2.9). Mikrobielle Enzympräparate werden industriell mit apathogenen Bakterien, Hefen oder Schimmelpilzen produziert. Die emerse oder submerse Kultivierung der Mikroorganismen erfolgt meist diskontinuierlich, wobei der Rührfermentor den Vorrang genießt. Als Medienkomponenten dienen z. B. Schlempe, Melasse und agrarische Rohstoffe.

Für die Lebensmittelindustrie werden vorzugsweise extrazelluläre Enzyme produziert (z. B. Proteasen, Amylasen, Pektinasen). Unter den intrazellulären Enzymen haben Glucoseisomerase und Glucoseoxidase Bedeutung erlangt. Die enzymatische Cofaktor-Regenerierung (z. B. NAD^+ zu NADH mittels Formiat-Dehydrogenase unter Umwandlung von HCOOH zu CO_2) hat auch die technische Nutzung Cofaktor-abhängiger Enzyme (z. B. L-Aminosäure-Dehydrogenase) zur Herstellung von L-Aminosäuren aus α-Ketosäuren in Membranreaktoren zur Folge gehabt.

Tab. 4-8: Mikrobielle Produzenten wichtiger industrieller Enzyme

Enzymbezeichnung	Mikroorganismus (Produzent)	Applikationsbeispiele
Amylasen	*Bacillus amyloliquefaciens, Aspergillus oryzae, A. niger*	Stärkeindustrie (Stärkehydrolyse)
Glucoamylase	*A. niger, Rhizopus niveus*	Glucoseproduktion aus Stärke
Saure Protease	*Aspergillus niger*	Backwarenindustrie (Kleberabbau)
Lab-Enzym (Chymosin)	*Mucor miehei, M. pusillus*	Käseherstellung (Eiweißkoagulation)
Cellulase-Komplexpräp.	*Trichoderma reesei, A. oryzae*	Obst- und Gemüseverarbeitung
Pektinase-Komplexpräp.	*A. niger, Trichoderma reesei*	Obst- und Gemüseverarbeitung
Glucoseoxidase	*A. niger*	Lebensmittelkonservierung, Analytik
Glucoseisomerase	*B. coagulans*	Isomeratzucker-Herstellung, Hochfructose-Sirup-Produktion
Invertase	*Saccharomyces cerevisiae*	Süßwarenindustrie
ß-Galactosidase (Lactase)	*A. oryzae*	Milchindustrie (Molkeverwertung)

Für verschiedene Verwendungszwecke werden enzymhaltige Kulturlösungen bzw. gereinigte Flüssig- oder Trockenpräparate hergestellt. In einigen Fällen (z. B. Glucoseisomerase, ß-Galactosidase, Aminoacylase) hat sich die Immobilisierung der Biokatalysatoren an oder in Trägern bewährt. Einzelheiten zu Verfahren der mikrobieller Produktherstellung werden in Abschn. 3 behandelt.

Enzymanwendung. Neben bekannten Anwendungen mikrobieller Enzyme im Lebensmittelsektor (Tab. 4-8) wurden in jüngster Zeit weitere Möglichkeiten bei der ernährungsphysiologischen Aufwertung von Lebensmitteln durch enzymatische Eliminierung **antinutritiver Stoffe** (Tab. 4-9) erschlossen.

Phytinsäure, die der Pflanze zumeist in Form des Ca-Mg-Salzes (Phytin) als Phosphatspeicher dient, kommt z. B. in Ölsaaten und Cerealien in einer Konzentration von 1 - 2 %, in anderen Pflanzenmaterialien sogar bis zu 6 % der TS vor. Im Magen-Darm-Trakt behindert Phytinsäure die Absorption von wichtigen Mineralstoffen und Spurenelementen (besonders von Ca, Mg, Fe, Zn) durch konkurrierende Chelatbildung. Phytase (EC 3.1.3.26) zerlegt Phytinsäure in myo-Inositol und Phosphorsäure und ermöglicht somit eine nutritive Aufwertung pflanzlicher Lebensmittel. Des weiteren können Phytase-Präparate mikrobieller Herkunft (z. B. aus *Aspergillus ficuum)* zusammen mit Cellulase-Präparaten (z. B. aus *Trichoderma viride)* vorteilhaft zur Spaltung von Phytinsäure in Tierfuttermitteln (z. B. in Mais) eingesetzt werden. Ein derartig vorbehandeltes Getreide erhält eine leicht verfügbare Phosphat-Quelle und erübrigt den sonst üblichen Phosphat-Zusatz bei Getreidefuttermitteln.

Tab. 4-9: Enzymatische Entfernung antinutritiver Verbindungen aus pflanzlichen Lebensmitteln bzw. Lebensmittel-Rohstoffen (WHITAKER, 1990, modifiziert)

Enzym	Antinutritive Verbindungen	Antinutritive Wirkung
Phytase	Phytinsäure	Adsorption von Mineralstoffen im Intestinaltrakt behindert
Reduktasen	Nitrat, Nitrit	Bildung cancerogener Amine im Magen
Cyanidasen	cyanogene Verbindungen	Blausäure blockiert Zellatmung
α-Galactosidase	Raffinose und Vertreter der „Raffinose-Familie"	Blähungen durch mikrobiellen Raffinoseabbau im Dickdarm
Thioglycosidasen	Thioglycoside (Glucosinolate)	Kropfbildung, Wachstumshemmung durch Bildung toxischer Metabolite

4.1.2.7   Mikrobielle Aroma- und Geschmacksstoffe

In den Industrieländern werden „natürliche" Lebensmittel und Zusatzstoffe immer beliebter. Daraus erklärt sich der Trend seit der 80er Jahre, die kommerzielle Synthese von Aroma- und Geschmacksstoffen mit Hilfe biologischer Systeme (Mikroorganismen, Pflanzenzellkulturen und Enzyme) durchzuführen.

Enzyme. Zur Aromabildung können Handelspräparate (z. B. Lipasen, Proteasen, Carbohydrasen) sowie Extrakte aus der Reifungsflora fermentierter Produkte verwendet werden (Tab. 4-10). Besondere Bedeutung haben Esterasen bzw.

Lipasen erlangt, welche die *Synthese* von Estern katalysieren. Solche Reaktionen erfolgen bevorzugt in wasserarmen Systemen, wie z. B. in n-Heptan.

Tab. 4-10: Aroma- und Geschmacksstoffbildung durch Enzyme (RUTTLOFF et al., 1997)

Enzymsystem	Effekt
Esterasen/Lipasen	Verkürzung der Reifezeit, Intensivierung der Aromaintensität bei der Herstellung bestimmter Käsesorten und Butterfettlipolysate, fermentationstechnische Gewinnung kommerzieller Käsearomen, Synthese von speziellen Aromanoten aus Alkoholen und Carbonsäuren
Thioglucosidasen	Freisetzung von Senfölen aus Glucosinolaten
Lipoxygenasen/Lyasen/ Aldehyd-Isomerasen	Obst- und Gemüsearomen, „Grünkörper" aus ungesättigten Fettsäuren
Enzymextrakte aus der Käse- und Rohwurstflora	Verkürzung der Reifezeit und Intensivierung der Aromaintensität bei der Herstellung von speziellen Käse- oder Rohwursttypen

Mikroorganismen. Als Träger komplexer Enzymsysteme sind sie zur Synthese einer Vielzahl von Aroma- und Geschmacksstoffen befähigt (Tab. 4-11).

Tab. 4-11: Mikrobielle Synthese von Aromastoffgemischen (QUEHL u. RUTTLOFF, 1992)

Mikroorganismus	Aromastoffe	Aromaeindruck
Ceratocystis moniliformis	3-Methylbutylacetat, α- und γ-Decalacton, Geraniol, Nerol, Citronellol, Linalool, α-Terpineol	fruchtig, Banane, Pfirsich, Birne, Rose
Trametes odorata	Methylphenylacetat, Geraniol,	fruchtig, Honig, Rose, Anis
Trichoderma viride +	6-Pentyl-α-Pyron, γ-Lactone,	Kokosnuß
Polyporus durus	γ-Octalacton u. a.	
Sporobolomyces odorus	γ-Decalacton	Pfirsich
Bacillus subtilis +	Tetramethylpyrazin	Nuß
Corynebacterium glutamicum		
Gleophyllum odoratum	Ester/Lacton/Terpen-Gemisch	fruchtig, Anis, Zimt, Fenchel
Geotrichum candidum	Ethylester, Methylpropylester	Quitten
Dipodascus magnusii	Gemisch aus Estern	Apfel, Ananas, Banane

Aromen entstehen meist in Form komplexer Gemische. Durch Eingriffe in die Regulation bzw. in das Genom läßt sich der Stoffwechsel so steuern, daß ein gewünschter Stoff im Vergleich zu den anderen Substanzen in sehr hoher

Konzentration entsteht. Die Produktion erfolgt mit einfachen C- und N-Quellen oder durch Biotransformation aus geeigneten Vorläufern (s. Abschn. 2.6).

Beispiele für die großtechnische Gewinnung **einzelner Aroma-** und **Geschmacksstoffe** sowie von **Geschmacksverstärkern** sind Essig-, Milch- und Gluconsäure sowie die Bestandteile natürlicher und kommerzieller Butteraromen Acetoin und Diacetyl. In den 70er Jahren gelang es, Mutanten zu isolieren, die zur Gewinnung der **Geschmacksverstärker** Glutaminsäure sowie Guanosin-5'-phosphat mit hohen Ausbeuten geeignet sind.

Viele Aromen sind **Mehrkomponentengemische**, die bei Gärung und Reifung durch Stoffwandlungen gebildet werden. Bei mikrobiellen Prozessen liegen in der Mehrzahl der Fälle Mischpopulationen vor, deren einzelne Gruppen vielfach in wechselseitiger Abhängigkeit hinsichtlich Wachstum und Metabolismus stehen. Die biotechnologische Bearbeitung solcher Systeme steht erst am Anfang.

Ein Beispiel für die mikrobielle Produktion komplex zusammengesetzter Aromen ist die Gewinnung von **Edelpilzkäsearoma** (Fig. 4-1). Das Verfahren basiert auf der Bildung eines Gemisches aus Alkanonen, die für das Roquefortaroma „Schlüsselcharakter" aufweisen. Hierzu läßt man Lipase und *Penicillium roquefortii* auf ein Nährmedium mit hohem Butterfett-Gehalt einwirken, wobei sich der gewünschte Umsatz vollzieht. Die gebildeten Methylketone und Fettumsatz-Produkte reichern sich in der Fettphase an, die nach Abtrennung als Aromakonzentrat eingesetzt werden kann.

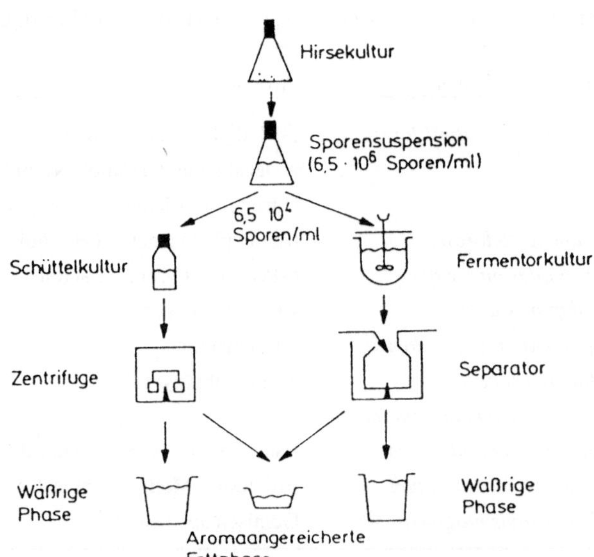

Fig. 4-1: Biotechnologische Gewinnung von Edelpilzkäsearoma (RUTTLOFF et al., 1981)

4.1.2.8   Vitamine von Mikroorganismen

Viele Vitamine können auf biotechnologischem Wege allein, zumeist aber unter Einbeziehung biochemischer Reaktionsschritte synthetisiert werden. Dies betrifft die Vitamine B_1, B_2, B_6, Folsäure, Pantothensäure, B_{12}, Biotin, C, A, D und E. Da häufig die chemische Synthese billiger ist, werden in der Industrie nur die Provitamine ß-Caroten (Vitamin A) und Ergosterol (Vitamin D_2) sowie die Vitamine B_2, B_{12} und C z. T. biotechnologisch gewonnen.

Vitamin B_{12} (Cyanocobalamin) wird aus ökonomischen Gründen als einziges Vitamin rein biotechnologisch hergestellt. Als Produzenten mit tragfähigen Ausbeuten eignen sich verschiedene Bakterien, z. B. Stämme der Gattungen *Propionibacterium*, *Pseudomonas*, *Methanobacterium*, *Methanosarcina*. Bevorzugte C-Quellen sind Glucose, Maisquellwasser, Melasse bzw. bei methylotrophen Bakterien Methanol. Co^{2+}-Salze und 5,6-Dimethyl-benzimidazol (DBI) sind Präcursoren und Stimulatoren, NH_4-Salze beste N-Quellen.

Beim **Ein-Stufen-Verfahren** (mit *Pseudomonas denitrificans*, Melasse, Co^{2+}-Salzen, DBI) wird der Prozeß von Beginn an anaerob geführt. Das Vitamin wird in das Nährmedium ausgeschieden (bis 60 mg/l). Im **Zwei-Stufen-Prozeß** (mit *Propionibacterium freudenreichii* oder *P. shermanii*) werden in einem anaeroben Schritt zunächst Präcursoren synthetisiert, die nach Umschaltung auf aerobe Fermentation und unter Zusatz von DBI in Adenosyl-, Hydroxy- und/oder Methylcobalamin umgewandelt werden. Diese Verbindungen verbleiben im Cytoplasma. Die Kultur wird sodann in Gegenwart von Cyanid erhitzt, wodurch alle genannten Formen in Cyanocobalamin übergehen.

4.1.2.9   Gentechnische Verbesserung einiger mikrobieller Leistungen

Obwohl konventionelle genetische Techniken bei der Verbesserung mikrobieller Produktbildner nach wie vor herangezogen werden, eröffnen sich durch gentechnische Methoden neue Möglichkeiten zur *gezielten* Veränderung ihrer Leistungsfähigkeit. Dies betrifft vor allem die Manipulation solcher Gene, die den Wirtsorganismen neue Eigenschaften verleihen bzw. diese zu einer effektiveren Synthese bedeutender Produkte befähigen.

Starterkulturen. Bei der Herstellung fermentierter Lebensmittel sind zu einem erheblichen Anteil Starterkulturen im Einsatz (s. Abschn. 4.1.2). Zur Gewinnung von Stämmen mit stabilen und reproduzierbaren Leistungen sowie neuen Eigenschaften werden neuerdings auch gentechnische Methoden eingesetzt.

In der **milchverarbeitenden Industrie** besteht das Problem der *Säuerungsstörung*, wofür 5 - 6 genetisch unterschiedliche Phagentypen verantwortlich sind. Mit gentechnischen Methoden ist es gelungen, einige Milchsäurebakterien phagenresistent zu machen. Man geht dabei so vor, daß die auf einem Plasmid lokalisierten Resistenzgene in die chromosomale DNA des Bakteriums integriert werden. Bei einem Plasmidverlust bleiben diese Resistenzgene in der Zelle erhalten.

Aber auch andere Eigenschaften der Milchsäurebakterien, wie die Verwertung von Lactose und Citrat, die Synthese der Aromakomponente Diacetyl sowie die Bildung von Bacteriocinen, können auf diese Weise intensiviert werden. Durch Einsatz derartiger Starterkulturen werden *Käse* mit verbesserter Konsistenz, intensiverem Aroma sowie längerer Lagerfähigkeit hergestellt.

Zwecks Minderung des *Konservierungsaufwandes* (s. Abschn. 4.1.2) werden mit Hilfe gentechnischer Methoden auch Gene für Konservierungsstoffe (Bacteriocine, Antibiotika u. a.) in Starterkulturen eingebaut. So gelang es, Milchsäurebakterien mit einem Lysozymgen auszustatten und das Gen für das Antibiotikum Nisin in das Genom von *Lactococcus lactis* zu integrieren.

Im **Fleischwarensektor** hat man durch Übertragung des Gens für das Bacteriocin *Sakain* aus *Lactobacillus sake* in ein Milchsäurebakterium das Auftreten des Krankheitserregers *Listeria monocytogenes* bei der Mettwurstreifung unterdrückt.

In **Bäckerhefe** (*Saccharomyces cerevisiae*) wurden Gene für α-Amylase (EC 3.2.1.1) und Glucoamylase (EC 3.2.1.3) übertragen, wodurch Getreidestärke ohne Zugabe von Enzymen abgebaut werden kann. Dadurch lassen sich sowohl ökonomische Vorteile erzielen als auch gesundheitliche Risiken durch Allergien gegenüber Enzymverunreinigungen vermeiden.

Zur Produktion von *alkoholfreiem Bier* erprobt man in einigen **Brauereien** gentechnisch veränderte Hefen, die bei der Gärung kaum noch Alkohol bilden. Auf diese Weise können aufwendige konventionelle Verfahren zur Reduzierung des Alkoholgehaltes eingespart werden. Es ist ferner gelungen, durch Übertragung eines Bakteriengens in Brauhefe die Diacetylbildung zu unterbinden, wodurch die Dauer der Nachgärung reduziert wird.

Aminosäuren. Auf diesem Gebiet geht es hauptsächlich um Verminderung der Fermentationskosten durch Verbesserung der Stammleistung und Produktqualität. Durch Entwicklung ökonomisch vorteilhafter Fermentationsverfahren mit Hyperproduktionsstämmen dürfte der mikrobiellen Gewinnung von Aminosäuren die Zukunft gehören. Vom Produktionsumfang und ihrer Bedeutung her dominieren die Aminosäuren Lys, Met und Glu.

Weltweit werden ca. 270000 t **Glutaminsäure** pro Jahr als Geschmacksverstärker gewonnen. Hauptproduzent ist Japan. Die Herstellung erfolgt vorzugsweise durch Kultivierung der Bakterien *Micrococcus glutamicum* oder *Brevibacterium flavum*. Durch Transduktion mit dem virulenten Phagen CP 119 sind prototrophe Stämme von *Brevibacterium flavum* mit hoher Glutaminsäuresynthese erhalten worden. Die Ausbeuten der besten Stämme liegen bei ca. 10 g/l nach zwei Tagen Inkubation. Auch einige Pilze (z. B. *Aspergillus oryzae*, *Penicillium chrysogenum*, *Cephalosporium sp.*) produzieren diese Aminosäure in befriedigenden Mengen.

Süßstoffe. In den 80er Jahren ist es gelungen, die in einigen Pflanzen Westafrikas vorkommenden extrem süßen Peptide Monellin und Thaumatin auch mit Hilfe von Mikroorganismen zu gewinnen. Zu diesem Zweck mußten die für die Peptide codierenden Gene aus den Pflanzenzellen isoliert oder chemisch synthetisiert und in geeigneten Wirtsorganismen zur Expression gebracht werden.

Mit der Übertragung und Expression des **Thaumatin**-Gens aus der Frucht der Pflanze *Thaumatococcus danielli* in Bakterien und Hefen befaßten sich Forschergruppen in Großbritannien, den Niederlanden und den USA. So gelang die Produktion dieses Süßstoffes sowohl in *E. coli* als auch in *S. cerevisiae* und *Klyuveromyces lactis*. Man isolierte dazu die mRNA des Thaumatins aus Früchten, klonierte die hergestellte cDNA und transformierte mit dieser verschiedene Wirtszellen. Das von den Mikroorganismen synthetisierte Thaumatin lag zunächst intrazellulär vor und mußte mittels Zellaufschluß freigesetzt werden. Durch Ankopplung einer Signalsequenz an das Thaumatin-Gen wurde später die DNA-Sequenz für das „Präprothaumatin" konstruiert, welche die Exkretion des Thaumatins aus der Wirtszelle ermöglicht und die Gewinnungsprozedur erleichtert. Das von den Mikroorganismen synthetisierte Protein ist dem pflanzlichen qualitativ ebenbürtig.

Die fermentative Gewinnung einer Vorstufe des **Aspartams** erfolgt, indem die für dieses Dipeptid codierende Nucleotidsequenz chemisch synthetisiert, auf ein Plasmid übertragen und nach Transformation in einem Bakterium zur Expression gebracht wird. Durch proteolytische Spaltung des gebildeten Fusionsproteins mittels Thermolysin wird das Endprodukt Aspartam hergestellt.

Enzyme. Zur Verbesserung des Ertrages bei technischen Fermentationen oder zur Ausprägung neuer Eigenschaften von mikrobiellen Enzymen werden ebenfalls vermehrt gentechnische Methoden eingesetzt. Für die Klonierung und Expression von Enzymgenen in Bakterien, Hefen und Schimmelpilzen gibt es bereits zahlreiche Beispiele (Tab. 4-12). Eines davon ist mikrobielles Lab.

Tab. 4-12: Auswahl gentechnisch veränderter mikrobieller Enzymbildner

Genprodukt	Donor → Rezeptor	Effekt
α-Amylase (EC 3.2.1.1)	*Bacillus subtilis → B. liquefaciens*	5-fache Steigerung
α-Amylase	Zellen aus Weizenkorn → *S. cerevisiae*	neue Eigenschaft
Glucoamylase (EC 3.2.1.3)	*S. diastaticus → S. cerevisiae*	10-fache Steigerung
	A. niger → A. niger	7-fache Steigerung
Protease (EC 3.4.24.28)	*B. subtilis → B. stearothermophilus*	10-fache Steigerung
saure Protease (EC 3.4.23.23)	*Mucor miehei → Aspergillus nidulans*	neue Eigenschaft
ß-Glucanase (EC 3.2.1.6)	*B. licheniformis → B. subtilis*	3-fache Steigerung
Lipase (EC 3.1.1.3)	*Staphylococcus carnosus → St. carnosus*	40-fache Steigerung
Chymosin (EC 3.4.23.4)	Kälbermagenzellen → *Escherichia coli, Kluyveromyces lactis, A. nidulans*	neue Eigenschaft
Cellulase (EC 3.2.1.4)	*Cellulomonas fimi → Brevibacterium lactofermentum*	10-fache Steigerung

Traditionell wird das für die Käseherstellung benötigte **Labenzym** (Chymosin, EC 3.4.23.4) aus Kälbermägen gewonnen. Der stetig steigende Bedarf an diesem Enzym wurde viele Jahre lang durch

Einsatz von „Labersatzpräparaten" mikrobieller Herkunft ausgeglichen, obwohl die Qualität der so hergestellten Käse noch nicht befriedigte. Inzwischen ist es gelungen, das Prochymosin-Gen des Kalbes in verschiedenen Mikroorganismen (z. B. in *Escherichia coli*, *Aspergillus niger*, *Kluyveromyces lactis*, *Saccharomyces cerevisiae*) zu klonieren und zur Expression zu bringen. Auf diese Weise sind „*mikrobielle Chymosinpräparate*" entwickelt worden.

Gewöhnlich wird das Prochymosin-Gen durch Isolierung von dessen mRNA aus dem Kälbermagen gewonnen und in eine doppelsträngige DNA überführt. Letztere wird in einen geeigneten Wirt (z. B. *Kluyveromyces lactis* aus der natürlichen Mikroflora des Kefirs) inkorporiert und von diesem exprimiert. Das von dem rekombinanten Stamm ausgeschiedene Prochymosin wird unter kontrollierten Bedingungen bei niedrigem pH-Wert autokatalytisch in Chymosin umgewandelt. Dieses entspricht hinsichtlich der Eigenschaften und Wirkung dem natürlichen Produkt.

Das *E. coli*-Chymosin wurde 1990 in den USA als erstes gentechnisch hergestelltes Produkt für den Lebensmittelsektor zugelassen. Heute produziert man damit 40 % des Hartkäses. Das in den Niederlanden entwickelte Chymosin aus *K. lactis* kommt u. a. in Dänemark und Portugal zum Einsatz. Auch in Frankreich, Großbritannien, Belgien und der Schweiz sind gentechnisch erzeugte Chymosinpräparate bereits verfügbar.

Vitamine. Gentechnische Experimente zur Synthesesteigerung von Vitaminen führten u. a. amerikanische und japanische Forscher durch.

Durch Protoplastenfusion eines photosynthetisch aktiven *Rhodopseudomonas*-Stammes mit einem Methanol verwertenden Stamm von *Protaminobacter ruber* stellte eine japanische Arbeitsgruppe den Hybridstamm *Rhodopseudomonas protamicus* FERM BP-180 her, mit dem bei anaerober Kultivierung in einem Glucose-haltigen Medium nach maximal 7 Tagen eine Ausbeute von 135 mg **Vitamin B$_{12}$**/ l erzielt werden kann.

Ferner ist es gelungen, durch Übertragung eines Gens aus *Corynebacterium sp.* auf *Erwinia herbicola* die über mehrere Stufen verlaufende Synthese von **Vitamin C** nunmehr vollständig biotechnologisch ablaufen zu lassen. Der gentechnisch veränderte Stamm vermag jetzt das Schlüsselprodukt der Vitamin C-Synthese - nämlich 2-Keto-L-gulonsäure - direkt aus Glucose zu bilden. Dieser Prozeß wurde bisher chemisch im sog. REICHSTEIN-Verfahren bewältigt.

4.2   Bioprodukte für die chemische Industrie

4.2.1   Ökonomische und ökologische Aspekte

Biotechnologische Verfahren zur Gewinnung organischer Grundstoffe werden in der chemischen Industrie seit etwa 100 Jahren eingesetzt (s. Abschn. 1.2). Wegen des niedrigen Erdölpreises sind jedoch in den letzten 50 Jahren mehrere klassische Fermentationsverfahren durch die Petrochemie verdrängt worden. So wurde z. B. das zu Beginn des 20. Jh. eingeführte Verfahren zur Gewinnung von Butanol-Aceton mit Clostridien nach dem 2. Weltkrieg zugunsten der billigeren Synthese aus petrochemischen Produkten wieder eingestellt. Ausgelöst durch die Erdölkrise und gefördert durch steigende Preise für Erdöl sowie Erdgas hat das Interesse für die biotechnologische Herstellung organischer Grundchemikalien in neuerer Zeit wieder zugenommen. Dabei spielen auch die niedrigen Preise für nachwachsende Rohstoffe und Abfallprodukte eine begünstigende Rolle.

Zu den wichtigsten organischen Grundstoffen der chemischen Industrie zählen die Gärungsprodukte Ethanol, organische Säuren, Butanol und Aceton. Sie entstehen als Zwischen- oder Endprodukte aerober bzw. anaerober Stoffwechselprozesse bei der mikrobiellen Energiegewinnung (Fig. 2-20, 4-2). Nachfolgend wird die biotechnologische Herstellung einiger Grundstoffe kurz beschrieben.

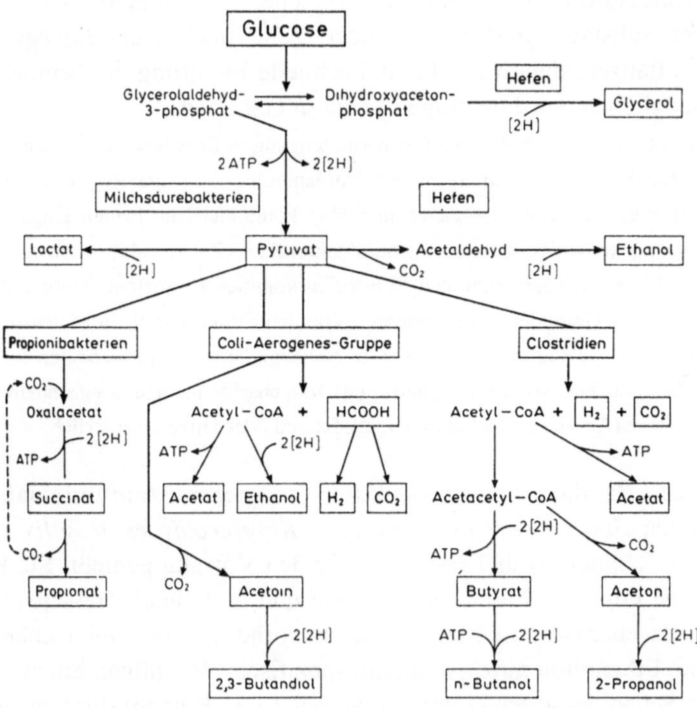

Fig. 4-2: Bei der Vergärung von Glucose durch verschiedene Mikroorganismen gebildete Produkte (WARTENBERG, 1989)

4.2.2   Ethanol

Ethanol findet sowohl im Genußmittel- als auch im technische Bereich vielseitige Anwendung. Er dient als Grundstoff in der chemische Industrie, Pharmazie,

Medizin, Kosmetik, Treibstoffherstellung, Frostschutzmittel, C-Quelle in der Hefe-Produktion u. a. m.. Die großtechnische Produktion von Ethanol erfolgte bisher in den meisten Industrieländern bevorzugt auf der Basis von Ethylen und Acetaldehyd. Die Verteuerung fossiler Rohstoffe sowie der vermehrte Anfall landwirtschaftlicher Roh- und Abfallstoffe fördern in einigen Ländern (z. B. Brasilien, USA) die Nutzung biotechnologischer Verfahren. Eine ökonomisch vertretbare fermentative Ethanolproduktion ist vorrangig von billigen Rohstoffen, einem guten Stamm und einem effektiven Verfahren abhängig.

Von großer Bedeutung für die Wirtschaftlichkeit eines Produktionsverfahrens sind die **Rohstoffkosten**, die bis zu 70 % der Gesamtkosten ausmachen können. Deshalb werden besonders Abwässer und Abprodukte der Lebensmittel- und Futtermittelproduktion sowie anderer Bereiche mit hohem Aufkommen an bioorganischer Substanz hierfür verwendet. Aber auch das *„Energy Farming"* ausgewählter Pflanzen, die eine hohe und schnelle Fixierung der Sonnenenergie in Biomasse ermöglichen, wird in einigen Ländern betrieben.

Beispiele hierfür sind die Zuckerrohr- und Casava-Erzeugung in Brasilien, Australien und Südafrika sowie die Holzproduktion in Skandinavien und Nordamerika. Günstige Regionen sind besonders tropische Feuchtgebiete, in denen das ganze Jahr über kontinuierliche Ernten eingebracht werden können. Wichtige zuckerhaltige Substrate sind Zuckerrüben, Zuckerrohr, Melasse, Früchte und Fruchtsäfte sowie Molke. An stärkehaltigen Rohstoffen kommen Kartoffeln, Topinambur, Maniok, Batate und verschiedene Getreidearten in Betracht. Von den cellulosehaltigen Materialien kann man Stroh, Holzabfälle, Sulfitablauge u. a. einsetzen. In Abhängigkeit vom verwendeten Rohstoff ist ein Abbau in vergärbare Zucker (vorrangig Mono- und Disaccharide mit Hexosegrundstruktur) mittels verschiedener Enzyme (Amylasen, Cellulasen u. a.), Säuren oder Hitze erforderlich.

Hinsichtlich des für die Ethanolproduktion geeigneten **Stammaterials** sind vor allem die Hefen *Saccharomyces cerevisiae, Kluyveromyces fragilis* und einige *Torula*-Arten zu nennen, wobei erstere häufig den Vorrang genießt. Sie können die Monosaccharide Glucose, Fructose, Mannose und z. T. auch Galactose sowie die Disaccharide Saccharose und Maltose (nach vorheriger enzymatischer Spaltung) vergären. Die Ethanoltoleranz ist stammspezifisch. Im allgemeinen stellen die Hefen wegen Schädigung der Zellmembran bei 12 % Ethanol die Gärung ein. Die Ausbeute beträgt etwa 0,6 l Ethanol pro kg Zucker.

Der biochemische Ablauf der alkoholischen Gärung bei *S. cerevisiae* ist in groben Zügen in Fig. 4-2 dargestellt. Die Alkohol-Gärung beginnt unter Sauerstoffmangel und setzt bei Belüftung wieder aus. Nach ihrem Entdecker wird dieser Vorgang als **Pasteur-Effekt** bezeichnet. Er beruht auf der unterschiedlichen ATP-Bildung bei Atmung und Gärung.

In Gegenwart von Sauerstoff werden pro Glucosemolekül 42 ATP-Moleküle gebildet (s. Abschn. 2.4.4). ATP und das im Citronensäure-Cyclus gebildete Citrat wirken als allosterische Inhibitoren auf das Enzym Phosphofructokinase, welches am Anfang des Glucoseabbauprozesses steht. Es kommt zum Anstau von Glucose-6-Phosphat, wodurch die Glucoseaufnahme (s. Abschn. 2.4.3) gehemmt wird. Unter anaeroben Bedingungen ist die ATP-Bildung hingegen vermindert, wodurch der Hemm-Effekt wieder aufgehoben wird. Die Folge davon ist eine ca. 4-fach höhere Glucoseaufnahme, da die Zelle zur Aufrechterhaltung ihres Stoffwechsels unter anaeroben und aeroben Bedingungen die gleiche ATP-Menge benötigt. Dieses Regulationssystem ist besonders bei nicht wachsenden Zellen ausgeprägt und bewirkt eine hohe Ethanolbildung. Hinsichtlich der Substratausnutzung ist die Gärung unökonomisch, da sie überwiegend der Energiegewinnung dient. Nur etwa 2 % des Substrates werden zum Aufbau von Zellsubstanz verwendet.

In neuerer Zeit kommen auch einige Bakterienarten (z. B. *Clostridium*-Arten, *Zygomonas mobilis*) zum Einsatz. Clostridien (z. B. *Cl. thermocellum*) leben streng anaerob und können Cellulose, Hemicellulose u. a. Polysaccharide verwerten. Ihre Fähigkeit, die alkoholische Gärung noch bei 70 °C durchzuführen, ist als Schutz vor Fremdinfektion sowie technologisch hinsichtlich einer kontinuierlichen Ethanolabtrennung im Vakuum von Vorteil. Nachteilig sind die gleichzeitige Bildung organischer Säuren, mäßige Ethanolausbeuten sowie eine geringere Ethanoltoleranz (um 5 %) der Stämme.

Zygomonas mobilis ist ein streng anaerobes Bakterium, welches aus einem mexikanischen Getränk isoliert wurde. Es bildet weniger Biomasse als *S. cerevisiae* aber 5 % mehr Ethanol, da nur 1 Mol ATP/mol Glucose freigesetzt wird. Wachstumsrate und Ethanoltoleranz (bis 12 % Ethanol) sind höher als bei Hefen. In Tab. 4-13 werden einige Parameter des Bakteriums und einer Hefeart bei der Ethanolproduktion gegenübergestellt.

Tab. 4-13: Vergleich einiger Parameter bei der Ethanol-Produktion mit *Saccharomyces carlsbergensis* und *Zygomonas mobilis* (WEIDE et al., 1991, modifiziert)

Parameter	*Saccharomyces carlsbergensis*	*Zygomonas mobilis*
Spezifische Wachstumsrate μ (h^{-1})	0,055	0,133
Spezifische Ethanolbildungsrate (g/g·h)	0,87	2,53
Spezifische Glucoseaufnahmerate (g/g·h)	2,08	5,45
Zellertrag (g/g)	0,033	0,019
Ethanolertrag (g/g)	0,438	0,472
Ethanolertrag/theoretischem Wert (%)	85,9	92,5

In Abhängigkeit von den Rohstoffen und Mikroorganismen hat man verschiedene diskontinuierliche und kontinuierliche **Verfahren** entwickelt. Allen gemeinsam sind die Stufen Substrataufbereitung, Fermentation, Alkoholabtrennung und

Alkoholreinigung. Einige Angaben zum Ablauf eines *Batch-Verfahrens* für die Ethanolgewinnung mit *S. cerevisiae* enthält Tab. 4-14.

Tab. 4-14: Verfahrensablauf bei der Ethanolproduktion mit *Sacchromyces cerevisiae*

Verfahrensstufe	Prozeßschritt	Materialien, Parameter, Vorgangsbeschreibung
Substratvor-bereitung	Rohstofflagerung	Zucker-, Stärke- und Cellulose-haltige Rohstoffe (z. B. Molke, Melasse, Kartoffeln, Getreide, Holzabfälle, Stroh)
	Dämpfen bei 140 - 150 °C	Stärkefreisetzung aus Zellen durch Druckentspannung, Verkleisterung der Stärke, Teilaufschluß des Cellulosematerials, Sterilisation der Substrate
	Maischen	Verzuckerung der Stärke u. a. Substrate mittels Amylasen, Cellulasen, Hemicellulasen oder Säuren bei 60 - 80 °C
Fermentation	Hefeanzucht	Kultivierung *Saccharomyces cerevisiae* 12 - 24 h in belüfteten Fermentoren bei 30 - 35 °C, pH 4 - 5
	Gärung	Unsteriler Prozeß in Gärbehältern (bis 1000 m^3), Beimpfung mit 5 Vol- % Anzuchthefe, Medium mit 14 - 16 % Zucker, pH 4 - 5,Temperatur 25 - 35 °C, 2 - 3 Tage, 90 - 95 % Substratvergärung zu Ethanol
Ethanolabtren-nung und -reinigung	Separation	Abtrennung der Hefe, 8 - 10 % Ethanol in Würze
	Destillation	Alkoholabtrennung durch Verdampfen (Siedetemperatur von Ethanol 78,5 °C) und Kondensation
	Rektifikation	weitere Ethanolanreicherung auf 96 - 99 Vol-%

Die zu Mono- und Disacchariden abgebauten Rohstoffe werden mit vorkultivierter Hefe vergoren. Bei diskontinuierlicher Verfahrensführung unterscheidet man bei der Gärung 3 Phasen: Hefevermehrung (12 - 24 h), Hauptgärung (12 - 48 h) und Nachgärung (48 - 72 h). In der Nachgärphase werden haüptsächlich schwer vergärbare Zucker zu Ethanol umgesetzt. Nach Abschluß der Gärung, die im allgemeinen bei 35 °C und pH 4,5 verläuft, wird die Hefe absepariert und für neue Göransätze genutzt. Sehr energieaufwendig ist die nachfolgende Destillation. Die nach der Destillation zurückbleibende Schlempe enthält noch 5 - 10 % TS sowie verschiedene Nährstoffe. Sie wird als Medienkomponente für verschiedene Fermentationen eingesetzt.

Zur Verfahrensoptimierung und Kostenminderung der Bioalkoholproduktion betreibt man in einigen Industrieländern intensive Forschungsarbeiten. Denn während Brennereien für *Trinkalkohol* mit einer Jahreskapazitäten unter 30000 hl noch existieren können, sind sie für Industriealkohol erst über 300000 hl rentabel. Moderne Anlagen zur Gewinnung von Industriealkohol werden aus diesem Grunde meist *kontinuierlich* betrieben (Fig. 4-3).

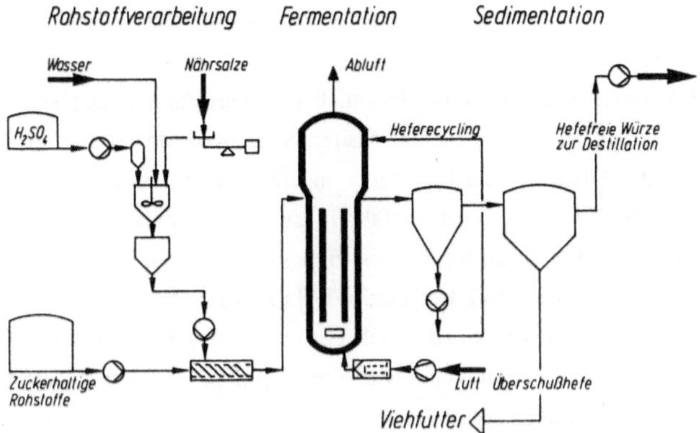

Fig. 4-3: Ablauf eines kontinuierlichen Verfahrens zur Alkoholgewinnung (SMITH, 1990)

4.2.3 Organische Säuren

Die meisten aeroben Mikroorganismen bauen Substrate bei der Atmung vollständig zu CO_2 und H_2O ab. Fehlt ihnen ein Enzym in der Stoffwechselkette, oder werden sie abnormen physiologischen Belastungen (z. B. extremer pH-Wert, hohe Substratkonzentration) ausgesetzt, kann es zur Bildung und Ausscheidung unvollständig oxidierter Intermediate kommen. Derartige Mikroorganismen (meist Mutanten) werden zur industriellen Gewinnung wichtiger organischer Säuren genutzt. Zu diesen gehören Essigsäure, Gluconsäure und Citronensäure. Andere (z. B. Milchsäure) sind das Produkt anaerober Stoffwechselprozesse. Bei der unvollständigen Oxidation wird das von einem Intermediat durch Dehydrogenasen abgespaltene H^+ auf Sauerstoff übertragen, bei der Gärung fungiert ein anderes Intermediat als terminaler H^+-Akzeptor.

Organische Säuren finden als Grund- und Zusatzstoff hauptsächlich in der Chemischen, Pharma- und Lebensmittel-Industrie sowie auf anderen Gebieten vielseitigen Einsatz. Ihre biotechnologische Herstellung steht, mit Ausnahme der Citronensäure und Gluconsäure, aus Kostengründen in harter Konkurrenz zu chemischen Produkten. Die biotechnologische Herstellung einiger Säuren wird nachfolgend kurz beschrieben.

Essigsäure. Ihre mikrobielle Gewinnung erfolgt durch Oxidation von Ethanol oder Wein mittels Emers- oder Submerskultivierung von Essigsäurebakterien, vorzugweise der Gattungen *Acetobacter, Gluconobacter*.

Die ältesten Verfahren (z. B. Generatorverfahren) nutzen **Emerskulturen,** bei denen man die alkoholische Lösung (ca. 130 g Gärungsalkohol, 1 g Glucose, 0,3 g Salze) über Buchenholzspäne rieseln läßt, auf denen die Bakterien angesiedelt sind (Funktion wie *Tropfkörper* s. Fig. 4-13). Die Belüftung erfolgt im Gegenstrom. Die Fermentationstemperatur beträgt 26 - 28 °C. Die Substrat-

Produkt-Ausbeute liegt bei 85 - 90 % (ca. 110 g Essigsäure/l Maische). Nach diesem Prinzip werden heute noch ca. 300000 m^3 Essig /a produziert.

Seit etwa 25 Jahren sind **Submersverfahren** in Gebrauch und verdrängen langsam die weniger produktive Emersproduktion. Sehr verbreitet ist das Acetatorverfahren, das semikontinuierlich im sog. Frings-Bioreaktor mit Hochleistungsbelüfter, mechanischer Schaumzerstörung und Alkoholmeßvorrichtung betrieben wird. Submersverfahren haben den Vorteil, daß sie eine etwa 30fach höhere Oxidationsgeschwindigkeit aufweisen und 5 % mehr Ausbeute liefern. Die Substrat-Produkt-Ausbeute beträgt über 90 % (ca. 150 g Essigsäure/l Maische).

Unter Nutzung glucosehaltiger Abfallstoffe wurde auch ein einstufiges kontinuierliches Verfahren zur anaeroben Essigsäureproduktion entwickelt. Mit thermophilen Bakterien können hiermit Ausbeuten von 0,85 g Essigsäure/g Glucose realisiert werden.

Citronensäure. Die wichtigste Tricarbonsäure wurde früher aus Citrusfrüchten gewonnen. Seit 1923 erfolgt die Produktion überwiegend durch aerobe Batch-Kultivierung von *Aspergillus niger* oder verschiedenen *Candida*-Arten in Emers- oder Submersfermentoren. Die Jahresproduktion beträgt weltweit etwa 400000 t.

Beim **Emersverfahren** wird eine auf 15 - 25 % Zucker und pH 5 - 7 eingestellte, sterilisierte Nährlösung (vorrangig Melasse) in flache Schalen gefüllt und mit Konidien von *A. niger* beimpft. Unter Belüftung entwickelt sich bei 28 - 30 °C in 7 - 15 Tagen eine Myceldecke, die am Ende der Wachstumsphase Citronensäure ausscheidet (ca. 1 kg/m^2 Myceldecke und Tag).

Neuere **Submersverfahren** produzieren die Citronensäure in 100 - 200 m^3-Bioreaktoren. Diese sind zwar kostenintensiver, weisen aber eine höhere Produktivität und Reproduzierbarkeit auf. Die Kultivierung erfolgt bei 30 °C im leicht sauren pH-Bereich. Mit *A. niger* erzielt man die höchste Ausbeute bei pelletartigem Mycelwuchs. Spezielle *Candida*-Mutanten sind in der Lage, auf Zucker- sowie n-Alkan-haltigen Medien ebenfalls hohe Citronensäuremengen zu bilden.

Die Isolierung der Citronensäure aus der biomassefreien Kulturlösung erfolgt durch Fällung mittels Kalkmilch. Aus dem abgetrennten schwerlöslichen Ca-Citrat setzt man die Citronensäure durch Schwefelsäure wieder frei. Sie wird anschließend eingeengt, gereinigt und auskristallisiert.

Milchsäure. Sie wird seit 1881 industriell hergestellt. Die Produktion erfolgt mittels anaerober, homofermentativer Milchsäurebakterien (z. B *Lactobacillus delbrückii, L. leichmanii*), die aus Zucker (10 - 15 % im Medium) bis zu 95 % reine Milchsäure bilden (s. Fig. 4-2). Heterofermentative Milchsäurebakterien sind wegen der Bildung von Nebenprodukten ungeeignet.

Die Fermentation erfolgt in einfachen Rührreaktoren mit ca. 100 m^3 Bruttovolumen. Als vergärbare Rohstoffe eignen sich Glucose, Saccharose und Hexose-haltige Substrate (Molke, Melasse u. a.). Nach Zugabe weiterer Komponenten (z. B. Ammoniumphosphat, Vitaminquellen) sowie 5 % Bakterienvorkultur erfolgt die *Vergärung* bei 45 - 50 °C über 3 - 6 Tage. Da Milchsäurebakterien säureempfindlich sind, wird durch Zugabe von CaCO$_3$ dafür gesorgt, daß der pH-Wert nicht unter 5,5 abfällt. Das Ende der Fermentation ist durch nachlassende CO$_2$-Bildung erkennbar.

Für eine problemlose *Aufarbeitung* ist eine vollständige Zuckervergärung Voraussetzung. Zum Abschluß der Fermentation wird die Gärbrühe mit $CaCO_3$ auf pH 10 eingestellt und erhitzt, wodurch Bakterien abgetötet, Proteine koaguliert und Ca-Lactat aufgelöst werden. Nach Filtration fällt man Calcium mit Schwefelsäure als Gips aus und reichert die freie Milchsäure im Vakuum an.

4.2.4   Butanol und Aceton

Bereits 1861 wies Pasteur nach, daß Clostridien durch Zuckervergärung Butanol bilden. In der Folgezeit entdeckte man weitere Clostridienarten, die durch Gärung zur Bildung unterschiedlicher Gemische von Buttersäure, Essigsäure, 2-Propanol, Ethanol, Butanol, Aceton, CO_2 und H_2 befähigt sind (s. Fig. 4-2).
Nach der Produktzusammensetzung unterscheidet man 3 **Gärungstypen** von Clostridien:
* Buttersäuretyp - *Clostridium butyricum*
* Butanol-Aceton-Typ - *Cl. acetobutylicum*
* Butanol-2-Propanol-Typ - *Cl. butylicum*

Die industrielle Herstellung von Butanol und Aceton durch Vergärung von Zucker und Stärke mit *Cl. acetobutylicum* wurde zu Beginn des 1. Weltkrieges aufgenommen, um aus Butanol Butadien für die synthetische Herstellung von Kautschuk zu gewinnen. Aceton verwendete man zur Sprengstoffgelierung. Das aus Butanol gewonnene Butylacetat diente als Lösungsmittel für Lacke. Nach dem 2. Weltkrieg wurde das Gärverfahren durch die synthetische Herstellung von Aceton und Butanol aus Erdöl weitgehend verdrängt. In neuerer Zeit gewinnt das biotechnologische Herstellungsverfahren wieder stärkere Beachtung.
Als C-Quelle für die mikrobielle Gewinnung von Butanol und Aceton können einfache Zucker, Stärke, Cellulose-haltige Rohstoffe nach enzymatischem Aufschluß sowie billige Abfallstoffe (z. B. Sulfitablauge, Schlempe) eingesetzt werden. Weitere Komponenten für den Göransatz sind Ammonium- und Phosphatsalze sowie als N- und Vitaminquellen komplexe Rohstoffe wie Maisquellwasser, Casein, Sojabohnen- und Fischmehl. Die Gärung verläuft streng anaerob bei pH 5,8 - 6,5, 30 - 32 °C über 2 - 3 Tage bei diskontinuierlichem, bzw. 30 h bei kontinuierlichem Betrieb. Um nach der Mediensterilisation sofort anaerobe Bedingungen zu schaffen, wird mit CO_2 begast. Die Beimpfung erfolgt mit Sporen aus Stammkonserven, weil laufende Passagen vegetativer Zellen Gärverluste zeitigen. Während der Gärung darf die Butanolkonzentration 13 g/l nicht überschreiten, da dies zur Hemmung des Produktionsstammes führt.

Die Ausbeuten sind vom Stamm und von den Kulturbedingungen abhängig. Durchschnittlich ergeben 100 kg Maisstärke etwa 22,5 kg Butanol, 11 kg Aceton und 2, 7 kg Nebenprodukte, hauptsächlich Ethanol (Fig. 4-4).

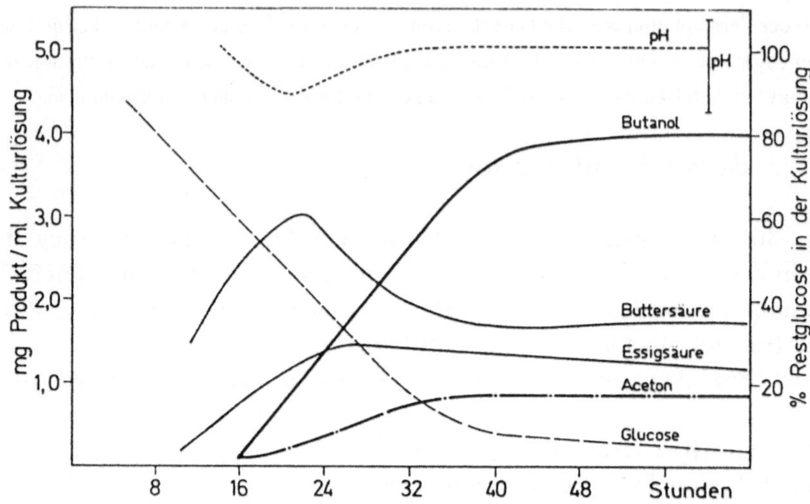

Fig. 4-4: Butanol-Aceton-Gärung mit *Clostridium acetobutylicum* (SCHLEGEL, 1992)

4.2.6   Biotenside

Biotenside sind grenzflächenaktive Substanzen, die aus hydrophilen (Zucker, Aminosäuren, Phosphatgruppen) und hydrophoben (längerkettige Carbonsäuren) Molekülanteilen bestehen. Sie werden von verschiedenen Mikroorganismen bei Wachstum bevorzugt auf lipophilen (z. B. n-Alkanen) aber auch auf anderen Substraten (z. B. Glucose, Glycerol) gebildet. Eine erhöhte Synthese erfolgt bei Nährstofflimitation (z. B. N-Quelle, Fe^{2+}, Ca^{2+}, Mg^{2+}) in der stationären Phase. Sie gehören unterschiedlichen Stoffklassen an, von denen die Glycolipide die größte darstellen (Tab. 4-15).

Tab. 4-15: Mikrobiell gebildete Glycolipid-Biotenside (Auswahl)

Biotensid	Eigenschaft	Mikroorganismus
Saccharoselipide	extrazellulär, nichtionogen	*Arthrobacter sp., Nocardia sp., Corynebacterium sp.*
Mannoseerythritollipide	extrazellulär, nichtionogen	*Candida sp., Ustilago maydis*
Trehaloselipide	zellwandgebunden, nichtionogen	*Arthrobacter sp., Rhodococcus sp.*
Rhamnolipide	extrazellulär, anionisch	*Pseudomonas sp.*
Sophoroselipide	extrazellulär, anionisch	*Torulopsis sp.*

Weitere Stoffklassen sind Lipopolysaccharide, Lipoproteine (z. B. *Corynebacterium sp., Candida sp.*), Peptidlipide (z. B. Surfactin von *Bacillus subtilis)* und Ornithinlipide (z. B. *Pseudomonas sp.*).

Aufgrund besonderer physikalischer und chemischer Eigenschaften sowie ihrer guten biologischen Abbaubarkeit sind Biotenside für die Industrie von Interesse. Der Weltverbrauch an Tensiden beträgt ca. 10^8 t/Jahr. Davon werden etwa 15 % aus Naturprodukten hergestellt. Die Anwendung der Tenside erfolgt zu 50 % in der Industrie, ca. 35 % im Reinigungsgewerbe und ca. 15 % in der Produktion von Körperpflegemitteln. Ein Anwendungsgebiet mit Zukunft ist die Erdölförderung.

4.3 Biotechnologische Produkte für die Medizin

Auf medizinischem Gebiet werden biotechnologische Produkte und Verfahren für diagnostische und therapeutische Zwecke genutzt.

4.3.1 Diagnostische Anwendungen

Zur Identifizierung von Krankheiten anhand spezifischer Inhaltsstoffe in Körperflüssigkeiten (Blut, Harn, Serum) bedient man sich heute verschiedener enzymatischer Meßmethoden. Um Nebenreaktionen durch Begleitenzyme zu unterbinden, werden die Substanzproben vor der analytischen Untersuchung einer Hitze- oder Chemikalienbehandlung unterworfen. In der *Schnelldiagnostik* und der *Selbstkontrolle* durch den Patienten haben sich besonders Trockenverfahren bewährt, bei denen Enzyme und andere Reagenzien auf **Teststreifen** angetrocknet vorliegen. Taucht man diese Teststreifen in die Probenflüssigkeit, wird eine Indikatorreaktion initiiert, die gewöhnlich mit einer Farbreaktion verbunden ist. Durch Vergleich der Farbintensität mit Standardproben oder durch photometrische Messungen läßt sich die Substanzkonzentration in der Probe ermitteln.

Als Beispiel für die Funktionsweise biochemischer Diagnoseverfahren sei die **enzymatische Glucose-Bestimmung** bei der Zuckerkrankheit (*Diabetes mellitus*) angeführt. Die normale Glucosekonzentration im Blut eines gesunden Menschen beträgt 0,5 - 1 mg/ml. Aufgrund unzureichender Insulinbildung in der Bauchspeicheldrüse steigt bei Diabetikern die Konzentration des Blutzuckers über den Normalwert an, was sich u. a. im Ausscheiden von Zucker mit dem Harn bemerkbar macht. Die Folgen dieser Fehlregulation sind schwere Stoffwechselstörungen, die bei Nichtbehandlung dieser Krankheit zum Koma bzw. Tod führen können. Bei regelmäßiger Kontrolle der Glucosekonzentration im Blut oder Harn kann man bei Bedarf mit Insulin den normalen Blutzuckerwert wieder einstellen. In der Routinediagnostik wird hierfür häufig das Glucoseoxidase(GOD)-Peroxidase(POD)-System angewendet.

$$\text{Glucose} + O_2 + H_2O \xrightarrow{\quad GOD \quad} \text{Gluconsäure} + H_2O_2$$

$$H_2O_2 + \text{Leukofarbstoff} \xrightarrow{\quad POD \quad} \text{Farbstoff} + H_2O$$

GOD katalysiert die Oxidation von D-Glucose durch Luftsauerstoff zu D-Gluconsäure und Wasserstoffperoxid. In der nachfolgenden Indikatorreaktion oxidiert Wasserstoffperoxid im Beisein von POD die Leukoformen von z. B. o-Dianisidin oder o-Tolidin zu den roten bzw. blaugrünen Farbstoffvarianten. Diese gekoppelten Reaktionen sind sowohl für photometrische Meßverfahren als auch für Testpapierstreifen geeignet. Tab. 4-16 enthält weitere enzymatische Testmethoden.

Tab. 4-16: Enzymatische Bestimmung wichtiger diagnostischer Parameter (RUTTLOFF. 1994)

Substanz	Enzym	Enzymatisches Meßprinzip
Ammoniak	Glutamatdehydrogenase	α-Ketoglutarat + NH$_3$ + NADPH + H$^+$ $\rightarrow$ L-Glutamat + NADP$^+$ + H$_2$O
Ethanol	Ethanoldehydrogenase	Ethanol + NAD$^+$ $\rightarrow$ Ethanal + NADH + H$^+$
Harnstoff	Urease	Harnstoff + H$_2$O $\rightarrow$ 2 NH$_3$ + CO$_2$
		NH$_3$ + NaOCl + Phenol + Nitroprussidnatrium $\rightarrow$ Indophenolfarbstoff
L-Lactat	Lactatdehydrogenase	L-Lactat + NAD$^+$ $\rightarrow$ Pyruvat + NADH + H$^+$
	Alaninaminotransferase	Pyruvat + L-Glutamat $\rightarrow$ L-Alanin + α-Ketoglutarat
Triglyceride	Lipase, Esterase	Triglycerid + 3H$_2$O $\rightarrow$ Fettsäuren + Glycerol
	Glycerolkinase	Glycerol + ATP $\rightarrow$ Glycerolphosphat + ADP
	Lactatdehydrogenase	Pyruvat + NADH + H$^+$ $\rightarrow$ L-Lactat + NAD$^+$

Eine andere Möglichkeit zur Schnellbestimmung diagnostischer Parameter bieten **Enzymelektroden** (s. Abschn. 3.3.5). Auch bei hochempfindlichen und spezifischen Analysenmethoden, die auf der Basis von Antigen-Antikörper-Reaktionen beruhen, werden Enzyme zur Markierung von Antikörpern unter Bildung von Enzymkonjugaten eingesetzt. Man bezeichnet diese Methoden als *„enzyme immuno assay"* (EIA). Als Detektionssignal dient eine enzymatisch katalysierte Farbreaktion. Die Empfindlichkeit liegt im pg-Bereich.

4.3.2   Therapeutische Anwendungen

Ein Großteil der eingesetzten Arzneimitteln wird aus Pflanzen, Tieren oder Mikroorganismen gewonnen. Insbesondere Bakterien, Pilze und Algen haben sich als Fundgrube wertvoller Substanzen erwiesen. Bislang sind mehr als 30000 Sekundärmetabolite aus Mikroorganismen isoliert worden. Ihre Zahl nimmt ständig zu. Die wichtigsten Produktgruppen sind Antibiotika, Alkaloide. Steroide, Enzyminhibitoren, Immunmodulatoren und Impfstoffe.

4.3.2.1   Antibiotika

Diese von pro- und eukaryotischen Organismen (insbesondere Mikroorganismen) gebildeten Sekundärmetabolite wirken bereits in geringen Konzentrationen auf andere Mikroorganismen hemmend oder abtötend. Es sind gegenwärtig ca. 12000 Antibiotika bekannt, von denen etwa 100 großtechnisch hergestellt und vor allem zur Therapie sowie in anderen Bereichen (s. u.) eingesetzt werden. Marktbeherrschend sind Penicilline und Cephalosporine. Weltweit werden über 60000 t Antibiotika produziert, wobei Penicilline den Hauptanteil ausmachen. Man schätzt, daß pro Jahr annähernd 400 neue Antibiotika gefunden werden. In die Produktionsstufe gelangen nach 10-jähriger Entwicklungsarbeit und einem Kostenaufwand von ca. 150 Mill. DM etwa 2 - 4. Der jährliche Umsatz wird weltweit mit mehr als 12 Mrd. DM (ca. 15 % des Pharmaumsatzes) eingeschätzt.

Antibiotische Substanzen ermöglichen eine kausale Therapie von Wundinfektionen und Infektionskrankheiten. Sie haben entscheidend zur Eindämmung dieser Erkrankungen beigetragen. Darauf und wegen ihres vorteilhaften Einsatzes in der Tiermast (fördert Gewichtszunahme), im Pflanzenschutz (z. B. hemmen Streptomycin Bakteriosen, Nystatin Pilzbefall) sowie als Konservierungsmittel (z. B. Nisin) beruht ihre große *wirtschaftliche Bedeutung*.

Antibiotika stellen eine heterogene Substanzgruppe dar. Nach ihrer *chemischen Struktur* lassen sie sich in verschiedene Gruppen einteilen (Tab. 4-17). Wenn auch eine direkte Zuordnung von Stoffgruppen zu bestimmten Mikroorganismen bisher nicht gefunden wurde, ist die Synthese von Polyketid-, Makrolid- und Polyen-Antibiotika bevorzugt bei Streptomyzeten und Myxobakterien, die Bildung von ß-Lactamstrukturen häufiger bei Schimmelpilzen beobachtet worden.

Das erste in der Therapie eingesetzte Antibiotikum **Penicillin** wurde 1929 von A. FLEMING entdeckt. Er stellte fest, daß der Schimmelpilz *Penicillium notatum* eine Substanz ausscheidet, die das Wachstum von Bakterien hemmt. Ende der 30er Jahre wurde in England das erste Penicillin isoliert und 1941 erstmals in klinischen Versuchen erfolgreich beim Menschen eingesetzt. Wegen seiner Bedeutung für die Bekämpfung von Wundinfektionen nahm man während des 2. Weltkrieges in den USA die großtechnische Produktion auf. Nach anfänglicher Emerskultur in Kulturflaschen wurde Mitte der 40er Jahre die submerse Produktion in Rührfermentoren begonnen.

Neben der Pionierleistung bei der Entwicklung der modernen *Fermentationstechnik* war auch die Leistungsentwicklung des Produktionsstammes durch Mutation, Selektion und Hybridisierung für die biotechnologische Verfahrensentwicklung beispielhaft. Da der von FLEMING isolierte Stamm *P. notatum* in Emerskultur nur ca. 6 mg Penicillin/l Kulturlösung bildete, begann man mit einer intensiven Suche nach neuen und besseren Stämmen. Mit *P. chrysogenum* fand man schließlich einen, der in Submerskultur die 10fache Leistung erbrachte. In jahrelanger Kleinarbeit konnten durch Mutagenese und Selektion sowie Optimierung der Kulturbedingungen schrittweise verschiedene Mutanten isoliert werden, die gegenüber dem Ausgangsstamm eine 10000fach höhere Aktivität zeigten sowie Penicilline unterschiedlicher Wirkungsweise bilden.

Tab. 4-17: Beispiele verschiedener Antibiotika und ihrer Wirkung (FRITSCHE, 1990, modifiziert)

Antibiotikum	mikrobieller Produzent	Hemmwirkung gegen
Aminosäure-Antibiotika		
Penicillin G	*Penicillium chrysogenum*	Gram-positive Bakterien
Cephalosporin C	*Acremonium chrysogenum*	Gram-positive und -negative Bakterien
Bacitracin	*Bacillus subtilis*	Gram-positive Bakterien
Kohlenhydrat-Antibiotika		
Streptomycin	*Streptomyces griseus*	Gram-positive und -negative Bakterien
Gentamycin	*Micromonospora purpurea*	Gram-positive und -negative Bakterien
Polyketid- und Macrolid-Antibiotika		
Oxytetracyclin	*Streptomyces rimosus*	Gram-positive und -negative Bakterien
Adriamycin	*Streptomyces peuceticus*	Tumoren
Griseofulvin	*Penicillium griseofulvum*	Hautpilze
Myxovirescin	*Myxococcus virescens*	Gram-negative Bakterien
Polyen-Antibiotika		
Nystatin	*Streptomyces noursei*	Pilze
Amphothericin B	*Streptomyces nodosus*	Pilze
Nucleosid-Antibiotika		
Blasticidin	*Str. griseochromogenes*	phytopathogene Pilze
Polyoxin	*Streptomyces cacaoi*	phytopathogene Pilze

Die Penicillinbildung beruht auf einer besonderen Art der *Peptidsynthese*. Allen Penicillinen gemeinsam ist der Grundkörper 6-Amino-penicillansäure. Derivate entstehen durch unterschiedliche Seitenketten, z. B. beim therapeutisch wirksamsten Penicillin G die Phenylessigsäure.

Die **Antibiotikaproduktion** erfolgt heute ausschließlich in steril betriebenen Fermentoren unter aeroben und submersen Bedingungen. Da die Produktsynthese erst bei Phosphat-, Stickstoff- und/oder Zuckerlimitation einsetzt, unterliegen die Syntheseenzyme offenbar einer Substratrepression. Um diese zu unterbinden, erfolgt die Substratzugabe schrittweise in geringen Mengen (Feeding-Technik, s. Abschn. 2.5.2). Kultivierungs- und Aufarbeitungsbedingungen zur Produktion verschiedener Antibiotika ähneln sich im Grundprinzip (Fig. 4-5).

Ein über mehrere Vorkulturstufen angezüchtetes Inoculum dient zum Beimpfen der 100 - 300 m^3 großen Produktionsfermentoren. Die Nährmedien sind komplexer Natur und beinhalten als C- und

Energiequelle häufig Glucose, Lactose, Maisquellwasser (MQW) u. a.. Ein typisches Medium besteht aus folgenden Komponenten (g/l): 5 g Glucose (Feeding), 40 g Lactose, 35 g MQW (TS), 3 g $NaNO_3$, 1 g Na_2SO_4, 4 g KH_2PO_4, 10 g $CaCO_3$, 2 g Pflanzenöl (Antischaummittel). Die Fermentationsdauer beträgt zumeist 4 - 8 Tage. Mit Beginn der Mycelautolyse (Ammoniakgehalt im Medium steigt) wird durch Abkühlung und Formalinzusatz die Fermentation abgebrochen.

Mit der Abtrennung der Zellmasse unter Einsatz von Separatoren oder Trommelfiltern (s. Abschn. 3.4.1) beginnt die *Aufarbeitung* der Kulturlösung. Durch Extraktion (vorzugsweise mit Amyl- oder Butylacetat) wird das Produkt von dieser abgetrennt. Die Reinigung erfolgt mittels Aktivkohle und Kristallisation. Zum Schluß wird getrocknet und konfektioniert. Die Ausbeute beträgt bis zu 80 %.

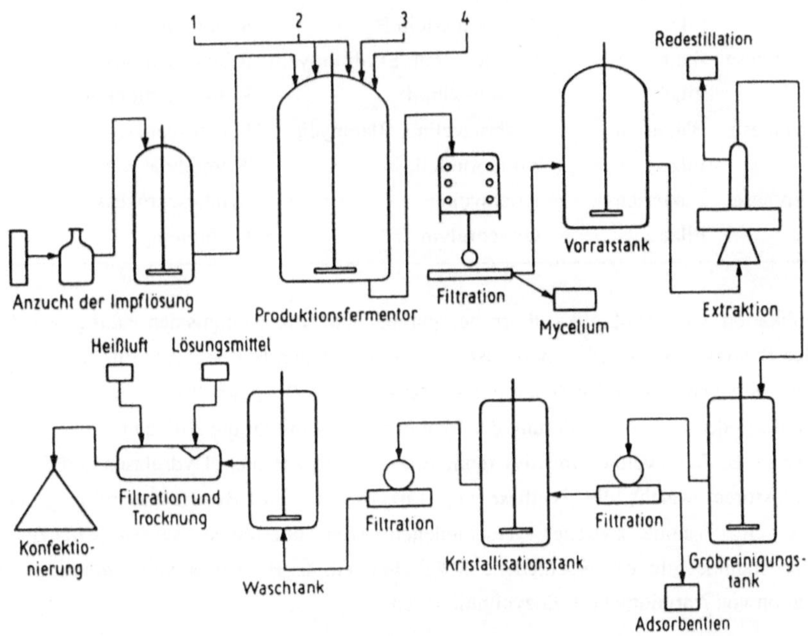

Fig. 4-5: Kultivierungs- und Aufarbeitungsschritte zur Herstellung von Antibiotika (SCHLEE u. KLEBER, 1991); 1 - Nährlösung, 2 - C-Quelle, Luft, 3 - Präkursoren, 4 - Antischaummittel

Die **Antibiotikawirkung** beruht auf Störungen des mikrobiellen Zellaufbaus und Stoffwechsels. Wesentliche Angriffspunkte enthält Tab. 4-18. Angriffsort und Wirkungsweise entscheiden über das Wirkungsspektrum der Antibiotika. Einige wirken auf Pro- und Eukaryoten, andere differenzieren stark zwischen beiden Organismengruppen. Wegen des Risikos, die Wirtszellen zu schädigen, kommen erstere in der Therapie kaum zur Anwendung. Breitbandantibiotika, die gegen Gram-positive und -negative Bakterien wirken, haben den Nachteil, daß sie die

Selektion multiresistenter Erreger fördern. Zum Schutz der Darmflora sind für die Therapie deshalb diejenigen mit schmalem Wirkungsspektrum vorzuziehen.

Tab. 4-18: Angriffsorte und Wirkungsweise verschiedener Antibiotika bei Mikroorganismen (DIEKMANN u. METZ, 1991, modifiziert)

Angriffsort	Bakterien/Pilze	Antibiotikum	Hemmung/Störung
Zellwand	Bakterien	Penicilline, Cephalosporine	Mureinsynthese, Zellwachstum
	Pilze	Polyoxine, Nikkomycine	Chitinsynthese, Zellwachstum
Zellmembran	Bakterien	Polymyxine, Gramicidin	Permeabilität erhöht
	Pilze	Amphothericin B	Membranfunktion
Proteinsynthese	Bakterien	Streptomycin, Erythromycin	Ribosomenfunktion
	Pilze	Cycloheximid	Ribosomenfunktion
DNA-Synthese	Bakterien	Anthracycline, Bleomycin	Syntheseprozesse
	Pilze	5-Fluoruracil	Thymidylat-Synthese
RNA-Synthese	Bakterien	Rifamycine	Syntheseprozesse
Kern	Pilze	Griseofulvin	Kernteilung

Die Applikation von Antibiotika führt bei pathogenen Mikroorganismen häufig zur Selektion resistenter Stämme. Die **Antibiotikaresistenz** beruht auf der Bildung von Enzymen, welche die Antibiotika durch chemische Veränderungen inaktivieren (z. B. spaltet ß-Lactamase den Lactamring bei Penicillin) oder durch Veränderung der Membranpermeabilität die Aufnahme dieser Substanzen verhindern (z. B. Tetracycline). Inaktivierende Enzyme sind vor allem Hydrolasen und Transferasen. Resistenzfaktoren, welche die Synthese von Enzymen für die Resistenzausbildung induzieren, können durch Plasmide zwischen verschiedenen Arten übertragen werden. Zur Bekämpfung resistenter Stämme gibt es verschiedene Möglichkeiten, z. B. Anwendung anderer Antibiotika, Kombination von Antibiotika mit Enzyminhibitoren).

4.3.2.2   Mutterkorn-Alkaloide

Alkaloide sind sekundäre Naturstoffe, die heterocyclisch eingebaute N-Atome enthalten. Sie leiten sich von den Aminosäuren Phe, Trp, Lys, Pro und Orn ab und werden in Pflanzen aber auch von Tieren und Mikroorganismen gebildet. Die für die Medizin u. a. wichtigen sind die Mutterkornalkaloide. Sie werden vielseitig therapeutisch verwendet, z. B. zur Kontraktionsanregung der glatten Muskulatur bei der Geburt, Senkung des Blutdruckes, Krebsbekämpfung und Behandlung von Störungen des vegetativen Nervensystems.

Mutterkornalkaloide sind Indolalkaloide, die sich durch das tetracyclische Grundgerüst **Ergolin** auszeichnen. Diese auch in der Lysergsäure vorliegende Grundstruktur wird durch Substitution an der Carboxygruppe mit einem tricyclischen Peptid verbunden, wodurch die therapeutisch hochwirksamen Ergopeptide (z. B. Ergotamin) entstehen. Die Biosynthese von Lysergsäure erfolgt aus L-Tryptophan, Mevalonsäure und L-Methionin als Donator der $N\text{-}CH_3$-Gruppe.

Zur **Produktion** von Mutterkornalkaloiden werden bevorzugt Stämme der Gattung *Claviceps* (Ascomyzeten) eingesetzt, die als pflanzenpathogene Pilze auf Roggen und Gräsern die Bildung von Sklerotien (Mutterkorn) verursachen (s. Abschn. 2.3.4). Es gibt folgende *Herstellungsmöglichkeiten*:

1. Parasitische Kultur durch künstliche Infektion von Roggen mittels *Claviceps purpurea*-Konidien und nachfolgende Extraktion des Wirkstoffes aus den Sklerotien. Pro Hektar Roggen können 400 - 600 kg Sklerotien mit 0,6 - 0,9 % Alkaloidgehalt gewonnen werden.
2. Isolation der Alkaloide nach Emers- oder Submerskultivierung von *Claviceps*-Hochleistungsstämmen (z. B. *Cl. purpurea, Cl. paspali, Cl. fusiformis*).
3. Partialsynthese unter Verwendung von Lysergsäure und Clavinen.

Seit den 60er Jahren gelingt es, alle wichtigen Alkaloide in Submersfermentation zu gewinnen. Als Produktionsstämme dienen *Cl. purpurea* und *Cl. paspali*, mit denen bevorzugt Ergometrin, Ergocristin und andere Peptidalkaloide hergestellt werden. Die Ausbeuten liegen nach 8 - 10tägiger Fermentation bei 2 - 3 g/l. Da die Stämme schnell degenerieren und auf Veränderungen der Kulturbedingungen sensibel reagieren, ist eine intensive Stammpflege erforderlich. Das Mycel reagiert empfindlich auf Scherkräfte, weshalb man Kulturansätze nicht rührt.

Zur Herstellung der Produktionsmedien dienen hohe Konzentrationen (200 - 300 g/l) von Saccharose oder Zuckeralkoholen (z. B. Mannitol) sowie Ammoniumcitrat und -succinat. Hohe Glucose- und Phosphatkonzentrationen reprimieren, L-Tryptophan und analoge Aminosäuren induzieren die Synthese besonders von Clavinen. Durch Mutation und Selektion sowie Protoplastenfusion wurden bei einigen Stämme Leistungsverbesserungen erzielt (z. B. 6 g/l Agroclavin bei *Cl. fusiformis*). Die Alkaloide müssen aus dem Mycel extrahiert werden.

4.3.2.3 Enzyme und Enzyminhibitoren

Wenn im Pankreas und Magen-Darm-Trakt gebildete Enzyme für die Verdauung nicht in genügender Menge vorhanden sind oder ganz fehlen (*„Enzymdefekte"*), kommt es zu **Verdauungsstörungen**. Sie treten gehäuft im Kindesalter sowie bei Senioren auf. Die nicht gespaltenen Substrate werden nicht absorbiert, gelangen in den Dickdarmbereich, werden von der Mikroflora umgesetzt und verursachen Dyspepsien, Blähungen sowie Durchfälle. Obwohl eine kausale Therapie derzeit nicht möglich ist, lassen sich diese Störungen durch orale Enzymgaben abschwächen. Voraussetzung hierfür ist die Verhinderung der Inaktivierung im Magen. Durch verdauliche Überzüge können die Enzyme geschützt werden.

In den letzten Jahren sind zahlreiche **Enzympräparate** auf dem internationalen Markt angeboten worden, die als Verdauungshilfen verwendet werden können. Sie enthalten Amylasen, Proteasen und Lipasen bzw. Gemische derselben. Ihr Einsatz ist hinsichtlich des Erfolges umstritten, da Enzyme als Eiweißkörper im Verdauungstrakt meist proteolytisch abgebaut und dadurch unwirksam werden.

Ein Beispiel ist die **Lactose-Intoleranz**, bei der die Aktivität der intestinalen ß-Galactosidase (Lactase, EC 3.2.1.23) eingeschränkt bzw. nicht vorhanden ist. Die Folge sind osmotische und Gärungsdurchfälle sowie in schweren Fällen eine Beeinträchtigung der Mucosafunktion mit gesundheitlichen Dauerschäden. Um die bei diesen Patienten vorhandene Unverträglichkeit von Milch zu kompensieren, sind von der Industrie Milcherzeugnisse entwickelt worden, bei denen die Lactose bereits in Glucose und Galactose gespalten vorliegt. Die Zerlegung des Milchzuckers erfolgt mittels **ß-Galactosidase**. Das Enzym wird unter Einsatz verschiedener Mikroorganismen (*Aspergillus niger*, *Saccharomyces fragilis*, *Kluyveromyces fragilis* u. a.) gewonnen und vorrangig immobilisiert verwendet. Von den Patienten mit Lactose-Intoleranz wird enzymbehandelte Milch problemlos vertragen. Weitere verdauungsfördernde Enzyme enthält Tab. 4-19.

Tab. 4-19: Einsatz von Enzympräparaten bei speziellen Verdauungsstörungen

Verdauungsstörung	Auswirkungen	Maßnahmen, Enzyme
Milchallergie	Allergische Reaktion auf Eiweiß in Milch und Milchprodukten	Herstellung von Milcherzeugnissen aus Sojabohnenmilch mit Proteasen
Coeliakie	Entzündung bzw. Degenerierung der Darmzotten durch nicht abgebaute Peptide aus Getreide	Spaltung der Peptide mit gentechnisch modifizierten Proteasen
Beschwerden durch Ballaststoffe	Blähungen u. a. Unannehmlichkeiten bei Verzehr von Obst und Gemüse	Abbau der Pflanzenzellwand mit z. B. Cellulasen, Hemicellulasen

Zur Hemmung spezifischer unerwünschter Enzymaktivitäten im Stoffwechsel des Menschen werden therapeutisch mikrobielle **Inhibitorsubstanzen** appliziert. So wird z. B. das Tetrasaccharid Arcabose aus *Actinoplanes sp.* zur Hemmung von α-Glucosidase bei Störungen des Kohlenhydratstoffwechsels eingesetzt. Aufgrund ihrer entzündungs- und krebshemmenden Wirkung haben insbesondere Proteaseinhibitoren eine große Bedeutung erlangt (Tab. 4-20).

Intensive Bearbeitung erfahren auch Inhibitoren, die den Biosyntheseweg von Adrenalin beeinflussen. Weitere wichtige Inhibitoren verhindern den enzymatischen Abbau von Antibiotika. Dies gilt z. B. für die von *Streptomyces clavuligerus* gebildete Clavulansäure, die sich am aktiven Zentrum von ß-Lactamasen anlagert und damit den Abbau von ß-Lactam-Antibiotika (z. B. Penicillin) unterbindet. Durch Einsatz von Kombinationspräparaten bestehend aus Clavulansäure und Penicillin (z. B. Amoxillin) lassen sich so Gram-negative pathogene Mikroorganismen effektiv bekämpfen. Antibiotika selbst können auch als Enzyminhibitoren wirksam werden. So haben sich z. B. die Anthracyclin-Antibiotika Adriamycin und Daunorubicin als gute Cancerostatika erwiesen.

Tab. 4-20: Wirkungsweise mikrobieller Protease-Inhibitoren (DELLWEG et al., 1992)

Inhibitor	gehemmtes Enzym	Mikroorganismus	Applikation
Pepstatin	saure Proteasen, z. B.	*Streptomyces testaceus,*	Magengeschwüre,
	Pepsin, Cathepsin D	*S. argenteolus*	Enzymreinigung
Antipain	Papain, Trypsin	*S. michiganensis*	Krebshemmung
Chymostatin	Chymotrypsin	*S. hygroscopicus*	Fiebersenkung
Elastinal	Elastase	*S. griseoruber*	Pankreatitis
Leupeptin	Trypsin, Papain, Plasmin	*Streptomyces sp.*	Entzündungshemmung
Bestatin	Aminopeptidasen	*S. olivoreticuli*	Krebshemmung

Enzyminhibitoren sind chemisch unterschiedliche Substanzen, die durch Bindung an ein Enzym dessen katalytische Aktivität reversibel oder irreversibel verringern. Von besonderer Bedeutung für die Stoffwechselregulation sind Proteaseinhibitoren. Sie bestehen meist aus Proteinen (M_r 6000 - 46000), die wegen der Disulfidbrücken im Molekül eine hohe Stabilität gegenüber thermischen Einflüssen sowie gegen enzymatischen Abbau durch intrazelluläre Proteasen aufweisen.

4.3.2.4   Steroide

Zu den Steroiden gehören zahlreiche Naturstoffe und von ihnen abgeleitete Derivate, deren Grundgerüst *Cyclopenta-perhydrophenantren* ist. Man kennt etwa 200000 natürliche und synthetische Steroide. Wichtige Substanzgruppen sind Steroidhormone, D-Vitamine, Herzglycoside, Saponine und Gallensäuren, welche eine hohe physiologische Wirkung aufweisen. Sie dienen u. a. zur Behandlung von Allergien, Entzündungen, Arthritis sowie als Ovulationshemmer.
Für die **Gewinnung** biologisch aktiver Steroide werden überwiegend pflanzliche und tierische Ausgangsstoffe eingesetzt. Derartige Rohstoffe sind z. B. das Sterin-Glycosid Diosgenin (aus der mexikanischen Pflanze *Dioscora composita*), die Sterine Stigmasterin und Sitosterol (aus Sojabohnen) sowie Gallensäuren. Durch kombinierte Anwendung chemischer und mikrobiologischer Reaktionsschritte lassen sich ökonomisch vertretbare Produktionsverfahren entwickeln.
Im Jahre 1949 wurde die Entdeckung gemacht, daß die aus der Nebennierenrinde isolierte Substanz Cortison gegen rheumatische Erkrankungen wirksam ist. Da diese Substanz für therapeutische

Zwecke nicht ausreichend zur Verfügung stand, begann man mit Syntheseversuchen. Ausgehend von Diosgenin wurde zunächst ein wirtschaftlich nicht tragbares Verfahren mit 32 Synthesestufen erarbeitet. 1952 gelang dann in den USA mit der 11α-Hydroxylierung von Progesteron durch *Rhizopus arrhizus* die mikrobielle Transformation einer Schlüsselsubstanz der Corticoidsynthese. Beim *Seitenkettenabbau* am Progesteron wird selektiv die aliphatische Seitenkette am C-17-Atom abgespalten. Dazu sind nur einige Mutanten von *Mycobacterium* und *Arthrobacter* befähigt. Durch chemische Synthese wird die nach REICHSTEIN benannte Substanz S hergestellt, die als Ausgangssubstrat für die Substanzen Prednisolon, Cortison u. a. dient (Fig. 4-6).

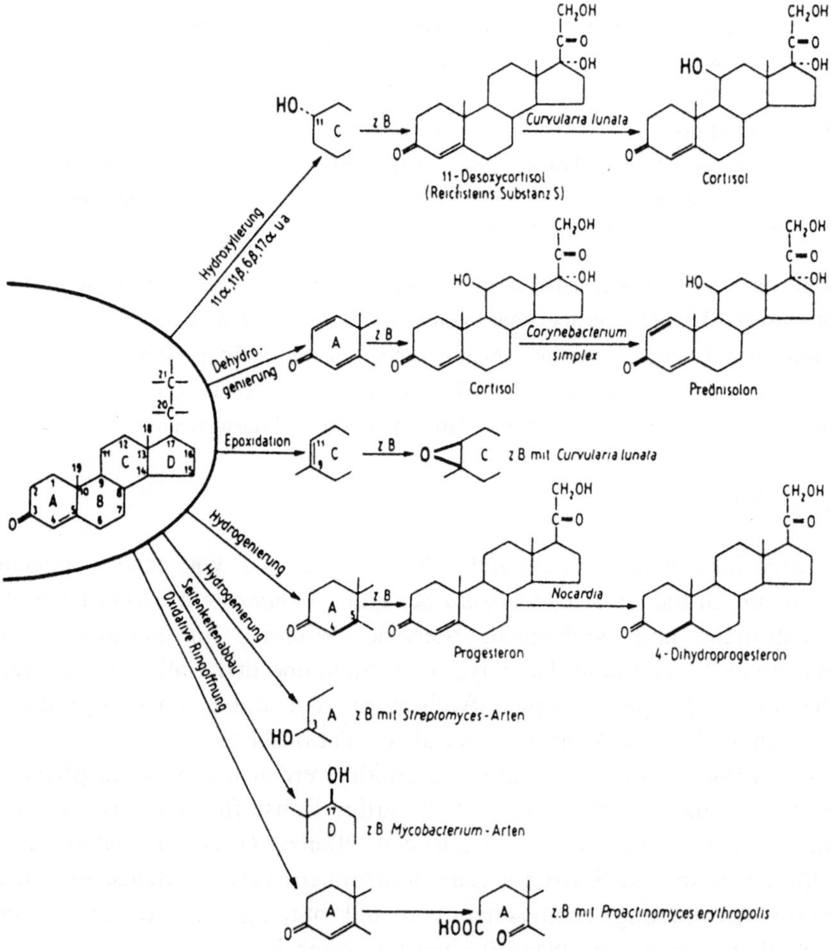

Fig. 4-6: Beispiele wichtiger mikrobieller Steroidtransformationen (SCHLEE u. KLEBER, 1991)

Eine Schlüsselreaktion ist die chemisch nur schwer durchführbare Hydroxylierung am C-Atom 11 des Steroidgerüstes, die mit Hilfe der Pilze *Curvularia lunata, Cunninghamella blakesleeana* oder *Aspergillus ochraceus* vorgenommen wird. Da bei Applikation von Cortisol ungünstige Nebenwirkungen (z. B. Wassereinlagerung im Gewebe) auftreten, wird durch stereospezifische Dehydrierung mit *Arthrobacter simplex* oder *Bacillus sphaericus* eine weitere Umsetzung zu Prednisolon vorgenommen. Die Ausbeute beträgt über 90 %. Auch die direkte Transformation zu Prednisolon durch Dehydrierung und Schaffung einer Doppelbindung zwischen den C-Atomen 1 und 2 ist mit *Corynebacterium simplex* oder *Fusarium solani* duchführbar.

Wichtige Steroide sind außer den Nebennierenhormonen die Geschlechtshormone. Einige von ihnen dienen als Antikonzeptiva (Antibabypille). Die Grundstruktur der männlichen Geschlechtshormone ist Androstan, die der weiblichen Follikelhormone Oestran. Beide besitzen keine Seitenketten am C-Atom 17. Androstan kann aus Progesteron durch Seitenkettenabspaltung mit *Penicillium lilacinum* hergestellt werden. Zum Follikelhormon Oestron gelangt man durch Dehydrierungen und Einführung weiterer Doppelbindungen im Ring A mit *Nocardia restricta.*

Bei der praktischen Durchführung der Steroidtransformation setzt man der Mikrobenkultur am Ende der log-Phase 1 - 2 g/l Ausgangssubstanz zu. Aufgrund ihrer geringen Wasserlöslichkeit wird die Substanz zuvor in Lösungsvermittlern (z. B. Methanol) aufgenommen. Die Biotransformation dauert etwa 24 - 48 h. Nach Abschluß des Transformation werden die Zellen abgetrennt und das Produkt z. B. mit XAD-Harzen extrahiert (s. Abschn. 2.6). Die Ausbeuten betragen 60 - 90 %.

4.3.2.5   Impfstoffe

Zum Schutz vor körperfremden Substanzen besitzt der menschliche Organismus spezifische und unspezifische Abwehrmechanismen. Bei spezifischen Reaktionen bildet er Antikörper (AK), welche nur gegen bestimmte Fremdstoffe (Antigene, AG) wirksam sind. AK sind Immunglobuline (Glycoproteine). Sie werden von Lymphocyten gebildet. Durch die AK-AG-Reaktion werden die Auflösung und der Abbau von Mikroorganismen und Toxinen eingeleitet.

Aus prophylaktischen Gründen werden seit etwa 100 Jahren **Schutzimpfungen** durchgeführt. Bei der *aktiven* Schutzimpfung löst ein im Impfstoff enthaltenes AG die Bildung spez. AK aus, die dem betreffenden Organismus für eine gewisse Zeit Immunität gegen dieses AG verleihen. Bei der *passiven* Immunisierung werden dem Organismus Seren injiziert, welche bereits in anderen Menschen oder Tieren erzeugte AK beinhalten. Die Impfstoffe können einzeln oder im Gemisch, parenteral oder oral verabreicht werden.

Für die *aktive Immunisierung* gibt es drei Gruppen von Impfstoffen (Vakzine):

- **Lebendimpfstoffe** (gegen Masern, Mumps, Röteln u. a.) werden hergestellt, indem man Bakterien oder Viren durch zahlreiche Passagen auf Nährmedien adaptiert bis sie ihre Virulenz für den ursprünglichen Wirt verloren haben. Beim Masern-Impfstoff werden dazu z. B. Gewebekulturen von Hühnerembryonen eingesetzt.

- **Totimpfstoffe** (gegen Grippe, Typhus u. a.) stellt man aus abgetöteten Bakterien oder Viren her. Die Inaktivierung der Erreger erfolgt mit Hitze, UV-Strahlung, Phenol oder Formaldehyd.
- **Toxinimpfstoffe** (gegen Diphtherie, Tetanus u. a.) beinhalten gereinigte und entgiftete Toxine, die von den Erregern in das Kulturmedium abgegeben werden. Die Ektotoxine behandelt man ca. 4 Wochen bei 30 - 40 °C mit einer 0,4 %igen Formaldehydlösung, wobei eine Umwandlung in das ungiftige Toxoid stattfindet. Durch Salz(Alkohol)fällung werden Fremdeiweiße entfernt.

Zur **Herstellung** bakterieller Vakzine verwendete Stämme unterliegen hinsichtlich ihrer Antigenität einer ständigen Kontrolle. Die Anzucht erfolgt vorwiegend submers in Fermentoren (ca. 1000 l) unter Einsatz halbsynthetischer und synthetischer Nährmedien. Bei Lebendimpfstoffen suspendiert man die Bakterien in Stabilisatorlösungen und unterwirft sie einer lyophilen Trocknung. Virale Impfstoffe werden in Zellkulturen, Hühnereiern oder Tieren hergestellt.

Zur *passiven Immunisierung*, die von BEHRING 1890 entwickelt wurde, verwendet man mit spezifischen AK angereicherte Seren.

Als Serumspender dienen Tiere (z. B. Pferde, Rinder, Schafe), welche zur AK-Bildung wiederholt mit Toxoiden, gereinigten bakteriellen Kulturfiltraten sowie inaktivierten Viren geimpft werden. Zur Vermeidung von Unverträglichkeitsreaktionen durch störendes Begleiteiweiß werden die Nativseren mehreren Reinigungsprozeduren unterworfen. Bei Verwendung humaner Immunglobulin-Präparate sind Serumkrankheiten praktisch ausgeschlossen. Das Standard-Immunglobulin wird aus den Plasmen von mindestens 1000 gesunden Spendern gewonnen. Verglichen mit den im Spenderblut vorliegenden Konzentrationen erfolgt anschließend eine mindestens 10fache Anreicherung der antiviralen und antibakteriellen AK.

4.3.2.6   Gentechnische Produkte

Mit der Einführung gentechnischer Methoden eröffneten sich auch auf dem Gebiet der Medizin weitere Möglichkeiten zur therapeutischen Behandlung zahlreicher Krankheiten mit neuen pharmazeutischen Präparaten und Methoden.

1. Durch Übertragung menschlicher Gene in Mikroorganismen kann man nur unzureichend verfügbare menschliche Proteine, wie z. B. Hormone, in unbegrenzten Mengen herstellen.
2. Der Einbau von Genen für Oberflächenstrukturen aus pathogenen in apathogene Mikroorganismen ermöglicht die Produktion großer Mengen gut verträglicher Impfstoffe.
3. Bisher nicht zugängliche menschliche monoklonale Immunglobuline können nunmehr auf wirtschaftliche Weise gewonnen werden.
4. Mikroorganismen, die therapeutisch wertvolle Produkte (z. B. Antibiotika, Alkaloide) bilden, lassen sich gentechnisch zu Hochleistungsstämmen entwickeln.

5. Genetische Defekte, die als Erbkrankheiten in Erscheinung treten, können perspektivisch durch gentechnische Eingriffe in Körperzellen behoben werden.

Es gibt inzwischen eine Vielzahl menschlicher und tierischer Proteine, die mit Hilfe gentechnisch veränderter Mikroorganismen und Zellinien für die Therapie hergestellt werden. Eine Auswahl davon enthält Tab. 4-21.

Tab. 4-21: Beispiele gentechnisch hergestellter Proteine für therapeutische Anwendungen (FONDS DER CHEMISCHEN INDUSTRIE, 1989)

Protein	natürliche Funktion	therapeutische Anwendung
Insulin	reguliert Zuckerstoffwechsel	Diabetes mellitus
Wachstumshormon	fördert Wachstum	Zwergwuchs-Therapie
α-Interferon aus Leukocyten	schützt vor Virusinfektion	Virostatikum, Tumortherapie
ß-Interferon aus Fibroblasten	schützt vor Virusinfektion	Immunmodulation
Urokinase	aktiviert Plasminogen	Thrombolyse
Hepatitis B-Antigen	Hüllprotein des Virus	Hepatitis-Impfstoff
Luteinisierendes Hormon	induziert Ovulation	Unfruchtbarkeit
Relaxin	entspannt Uterus	Geburtshilfe
ß-Endorphin	lindert Schmerzen	Schmerzmittel
Faktor VIII	Blutgerinnung	Bluterkrankheit
Tollwut-SV-Antigen	Hüllprotein des Virus	Tollwut-Impfstoff
Interleukin 3	stimuliert Blutzellen	Anaemie
Streptokinase	aktiviert Plasminogen	Thrombolyse
Tumornekrosefaktor	hemmt Tumorwachstum	Tumortherapie

Im allgemeinen geht man bei den gentechnischen Arbeiten so vor, daß das für ein Protein kodierende Gen aus Human- oder Tierzellen isoliert, in einen geeigneten Mikroorganismus übertragen und dort zur Expression gebracht wird (s. Abschn. 3.5.4). Da man festgestellt hat, daß Mikroorganismen oftmals nicht die richtige Tertiärstruktur des Proteins ausbilden, oder die Glycosilierung u. a. Reaktionen nicht wie in der Donatorzelle ablaufen, ist in den letzten Jahren auch die Züchtung tierischer und Humanzellen bis in den Produktionsmaßstab vorangetrieben worden. Nachfolgend einige Beispiele für die Herstellung therapeutisch wichtiger Substanzen mit rekombinanten Mikroorganismen.
Als erstes gentechnisch hergestelltes Proteohormon ist **Human-Insulin** mit *E. coli* und Hefen produziert und auf den Markt gebracht worden . Die Herstellung erfolgte auf zwei verschiedenen Verfahrenswegen (s. Abschn. 3.5.4).

Im 1. Fall wurden nach Aufklärung der Nucleotidsequenzen für die A- und B-Kette des Insulins die DNA-Stränge synthetisch hergestellt. Nach Einbau der DNA-Sequenzen in ein Plasmid erfolgte dessen Einschleusung in *E. coli*. Die bei der Expression gebildeten Proteinketten A und B wurden sodann durch Ausbildung einer Disulfidbrücke in Humaninsulin überführt. Ein 2. Weg basiert auf der mRNA aus Humanzellen, die in cDNA umgeschrieben und in Bakterien exprimiert wird.

Interferone sind antiviral wirkende Proteine, die in α-, ß- und γ-Interferone eingeteilt werden. α-Interferone werden von Leukocyten, ß-Interferone von Fibroblasten und γ-Interferone von T-Lymphocyten gebildet. Ihre Synthese wird durch eine Virusinfektion induziert. Aufgrund ihrer Artspezifität sind für eine Therapie beim Menschen nur Human-Interferone wirksam. Säugerzellen bilden auf natürliche Weise nur geringe Mengen an Interferonen aus.

Mit Hilfe gentechnischer Verfahren sind alle Interferon-Gene kloniert und nach Expression in Bakterien (z. B. *E. coli*) und Säugerzellinien Präparate für pharmakologische und klinische Untersuchungen bereitgestellt worden. Aufgrund ihrer antiviralen und immunregulierenden Wirkung werden Interferone in steigendem Maße in der klinischen Praxis eingesetzt.

Zur Herstellung **antiviraler Impfstoffe** war es bislang notwendig, abgeschwächte Viren in bebrüteten Hühnereiern oder in Gewebekulturen zu vermehren. Diese Verfahrensweise ist schwierig und risikoreich. Es ist vor einigen Jahren gelungen, das Hüllproteingen des Hepatitis-B-Virus in Bakterien zu übertragen und mit deren Hilfe große Mengen des immunogenen Proteins zu produzieren.

An der Entwicklung weiterer gentechnischer Verfahren zur Herstellung von Vakzinen gegen verschiedene Krankheiten, wie Wurmerkrankungen, Tumorviren, Malaria, Lepra u. a. wird intensiv gearbeitet. Besonders hervorzuheben sind Bemühungen zur Bekämpfung von **AIDS** (s. Abschn. 2.3.5).

Die Krankheit wird von Viren ausgelöst, welche die T-Lymphocyten im menschlichen Blut befallen. Da diese Zellen eine zentrale Rolle in der menschlichen Immunabwehr spielen, führt eine Sekundärinfektion häufig zum Tode. Gegenwärtig ist der einzige Weg, um zu Impfstoffen gegen AIDS zu kommen, immunogen wirkende Hüllproteine der Viren gentechnisch mit Bakterien herzustellen. Dabei müssen DNA-Teilsequenzen ausgewählt werden, die für Hüllproteinabschnitte von möglichst viel Virusvarianten codieren und relativ stabil bleiben.

Zu lebensbedrohlichen Erkrankungen mit Todesfolge können Fehlregulationen bei der Blutgerinnung führen, wenn Gefäße stark durchbluteter Organe (z. B. Herz, Lunge, Gehirn) durch **Blutgerinnsel** verstopft werden. Bisher verwendete Mittel zur Hemmung oder Auflösung der Thromben haben häufig unerwünschte Nebenwirkungen. Mittels gentechnischer Verfahren ist nun die Herstellung menschlicher Enzyme (z. B. gewebespezifischer Plasminogenaktivator, Urokinase) möglich, die zur Entfernung der Blutgerinnsel geeignet sind. Beide Substanzen aktivieren eine inaktive Vorstufe (Zymogen) der fibrinspaltenden Protease Plasmin, welche den Blutpfropf auflöst.

4.4 Biotechnologische Produkte und Verfahren in der Landwirtschaft

4.4.1 Biologische Schädlings- und Unkrautbekämpfung

Alljährlich werden etwa 30 % der Pflanzenproduktion durch mikrobielle oder tierische Schädlinge vernichtet. Da chemische Mittel zur Bekämpfung dieser Schädlinge häufig ein zu breites Wirkungsspektrum aufweisen und damit z. T. auch nützliche Organismen schädigen sowie im Boden schlecht abbaubar sind, werden weltweit biologische Mittel und Verfahren immer interessanter. In vorderster Reihe stehen vor allem Mikroorganismen und deren Produkte.

Mikrobielle Schädlingsbekämpfung. Mikroorganismen, die zur Bekämpfung von Schädlingen geeignet sind, kann man aus befallenen Pflanzen isolieren. Sie werden wie Starterkulturen in Fermentoren vermehrt und als Lebendpräparate konfektioniert. Eine Auswahl von Bakterien, Pilzen und Viren, die bereits als **Insektizide** eingesetzt werden, bietet Tab. 4-22.

Das bekannteste insektenpathogene **Bakterium** ist *Bacillus thuringiensis*. Es bildet mehrere Virulenzfaktoren, von denen das δ-Endotoxin am wichtigsten ist.

Das aus Proteinen bestehende **Toxin** wird im Insektendarm mittels Proteasen in zwei toxisch wirkende Polypeptide gespalten. Diese zerstören die Darmepithelzellen und die Bakteriensporen können in den Insektenkörper eindringen. Dort keimen die Sporen aus und bilden verschiedene Enzyme (Chitinasen, Lecitinase C, Proteasen), welche die Pathogenese verstärken. Einige Unterarten scheiden ferner ein extracelluläres, hitzestabiles ß-Exotoxin (Nucleotid) aus, das die DNA-abhängige RNA-Polymerase in den Insektenzellen hemmt. Dieses Toxin ist vor allem gegen Fliegen und Mücken wirksam. In Abhängigkeit von den gebildeten Virulenzfaktoren gibt es unterschiedliche Stämme von *Bacillus thuringiensis*, die eine spezifische Wirkung auf bestimmte Insekten ausüben. So tötet z. B. *B. thuringiensis subspecies kurstaki* einige pflanzenpathogene Schmetterlingsarten (Lepitopteren), wohingegen *B. thuringiensis subsp. israelensis* nur verschiedene Mückenarten (Dipteren) inaktiviert.

B. thuringiensis-Präparate werden industriell bereits seit 15 Jahren z. B. unter den Handelsnamen Biospor, Dipel Enterobacterin, Thuricid (Jahresproduktion über 10000 t) hergestellt und angewandt. Etwa 10^5 Sporen/ml genügen für eine 100 %ige Abtötung der Schadinsekten. Man hat die Toxingene bereits isoliert, kloniert und in *E. coli, Bacillus subtilis, Pseudomonas fluorescens* sowie in den Ausgangsstämmen erfolgreich zur Expression gebracht. Das Insektizid weist gute Eigenschaften auf, weil es biologisch abbaubar und gegenüber Warmblütlern, Bienen u. a. Nutzinsekten ungefährlich ist.

Tab. 4-22: Bekämpfung von Schadinsekten mit Mikroorganismen und Viren (DIEKMANN u. METZ, 1991, modifiziert)

Mikroorganismus/Virus	Schadinsekten	Beispiele
Pilze		
Verticillium lecanii	Blattläuse, Fliegen	Pfirsichblattlaus, Weiße Fliege
Hirsutella thompsonii	Milben	Citrusgelbmilbe
Beauveria bassiana	verschiedene Insekten	Apfelwickler, Kartoffelkäfer
Bakterien		
Pasteuria penetrans	Fadenwürmer	Heloidogyne incognita
Bacillus popillae	Larven vom Blatthornkäfer	Japankäfer
Bacillus sphaericus	Mücken- u. Schmetterlingslarven	Mosquito
Bacillus thuringiensis		
- Pathotyp A	Raupen von Schmetterlingen	Schwammspinner, Lärchenwickler
- Pathotyp B	Larven von Stechmücken	Hausmücke, Gelbfiebermücke
- Pathotyp C	Larven von Blattkäfern	Kartoffelkäfer
Viren		
Baculoviridae		
- Kernpolyeder-Viren	Schmetterlinge	Baumwolleule, Schwammspinner
- Granulose-Viren	Schmetterlinge	Apfelwickler, Kohleule

Auch mehrere **Pilzarten** werden bereits erfolgreich zur Bekämpfung von Schädlingen eingesetzt. In großem Umfange sind z. B. Präparate von *Beauveria bassiana* zur Bekämpfung von Mai- und Kartoffelkäfern verwendet worden. Einige Stämme von *Aspergillus flavus, A. versicolor* und *Penicillium rugulosum* töten bestimmte Fliegenarten.

Die Wirkung der Pilze beruht darauf, daß die Konidien oberflächlich auskeimen, die Hyphen mit Hilfe verschiedener Enzyme (z. B. Chitinasen) in die Insekten eindringen und dort ein Mycel ausbilden. Dieses scheidet Toxine aus, welche die Insekten abtöten. Im Gegensatz zu Bakterien und Viren besitzen Pilze ein relativ breites Wirkungsspektrum.

Wegen ihrer ausgeprägten Spezifität haben einige **Insektenviren** als Mittel zur biologischen Schädlingsbekämpfung Bedeutung erlangt. Bereits über 300 Virusarten wurden aus Schadinsekten isoliert. Nach ihrem Wirkungsort unterscheidet man zwischen Cytoplasma-Polyederviren und Kern-Polyederviren (Baculoviren). Von besonderem Interesse sind letztere, deren proteinartige Einschlußkörper die

Virulenz bedingen. Durch Infektion der Darmepithel- und Fettkörperzellen verursachen sie den Tod der Schadinsekten. Zur Erhöhung ihrer Wirksamkeit werden Kombinationspräparate mit *Bacillus thuringiensis,* Öl, Kupfersulfat u. a. Komponenten hergestellt. Der erste großflächige Einsatz von Baculoviren erfolgte gegen die Kiefernblattwespe. Weitere Beispiele sind aus Tab. 4-22 ersichtlich. Aufgrund ihrer Wirtsspezifität sind umweltbelastende und toxische Neben- wirkungen auf andere Organismen nicht zu erwarten.

Die **Produktion** von Schädlingbekämpfungsmitteln kann fermentativ (*in vitro*) sowie mit lebenden Organismen (*in vivo*) durchgeführt werden.

<u>Bakterienpräparate</u> kann man großtechnisch in Rührfermentoren mit komplexen Nährmedien üblicher Zusammensetzung herstellen (s. Abschn. 3.3).

Nach 28 - 32 h Fermentationsdauer erhält man z. B. bei *B. thuringiensis* eine Ausbeute von $2 - 5 \cdot 10^9$ Sporen/ml. Ein besonderes Problem in der technische Dimension stellt der Schutz vor Phageninfektionen dar. Mittels phagenresistenter Stämme, geeigneter Sterilisationsmaßnahmen sowie Inhibitoren läßt sich diese Gefahr jedoch mindern. Handelspräparate können in flüssiger oder fester Form mit der üblichen Aufarbeitungstechnologie (s. Abschn. 3.4) hergestellt werden.

Die produktionsmäßige Gewinnung von Schädlingbekämpfungsmitteln mit <u>Pilzen</u> erfolgt emers oder submers. Als Trägermaterial für Emersverfahren dienen u. a. Getreideabfälle sowie inerte Stoffe (z. B. Diatomeenerde). Die Kulturmedien, der Verfahrensablauf sowie die Aufarbeitung entsprechen weitgehend den in Abschn. 3 beschriebenen Standardbedingungen.

Für die Massenproduktion von <u>Insektenviren</u> werden Verfahren mit lebenden Organismen bevorzugt (Fig. 4-7).

Zumeist nutzt man für die Virusvermehrung die natürlichen Wirtsorganismen. Zur Züchtung der Insektenlarven werden halbsynthetische Medien mit Casein, Saccharose, Weizenkeimen, Hefe- extrakt, Mineralsalzen u. a. Zusätzen verwendet. Fremdinfektionen durch Mikroorganismen vermeidet man durch Zusätze von Formalin, Aureomycin u. a. Substanzen. Der Verfahrensablauf ist weitgehend automatisiert. Pro Monat kann man auf diese Weise mit einer Pilotanlage ca. 7 Mio. Larven gewinnen. Nach Anzucht der Insektenlarven erfolgt die Inoculation der Viren mittels Sprühverfahren. Während der Inkubation bei 26 °C über 5 - 7 Tage entwickeln sich in einer Larve etwa 36 Mrd. Viren. Die Abtrennung der Viren von den Larvenresten, ihre Aufarbeitung zu Trockenpräparaten sowie die Überprüfung ihrer Wirkung verlaufen wie bei Bakterien.

Zur Bekämpfung **mikrobieller Pflanzenkrankheiten** werden antagonistisch wirkende Keime sowie mikrobielle Metaboliten (z. B. Antibiotika) verwendet. Die Wirkung mikrobieller **Bakterizide** und **Fungizide** beruht vor allem auf Nährstoff- konkurrenz, Hemmstoffbildung, Parasitismus und Stimulierung von Abwehrkräften der Wirtspflanzen.

<u>Nährstoffkonkurrenz</u> und <u>Hemmstoffe</u> spielen z. B. bei der Bekämpfung der Kiefernwurzelfäule durch *Heterobasidion annosum* eine Rolle. Bei einigen in der Rhizosphäre vorkommenden Mikroorganismen hat man Antibiotika nachgewiesen, welche die Entwicklung pathogener Bakterien und Pilze hemmen.

So kann der Erreger der Wurzelhalsgallen bei Steinobst und Rosen *Agrobacterium tumefaciens* mit einem apathogenen Stamm K 8 der gleichen Art bekämpft werden, weil dieser zur Bildung des Antibiotikums **Agrocin** befähigt ist. Der Pilz *Trichoderma viride* ist als Antagonist gegen ein breites Spektrum phytopathogener Pilze (z. B. Wurzelfäule bei Kulturpflanzen) identifiziert worden. Seine Wirkung beruht auf der Bildung von Antibiotika und Enzymen (z. B. Chitinasen, Glucanasen).

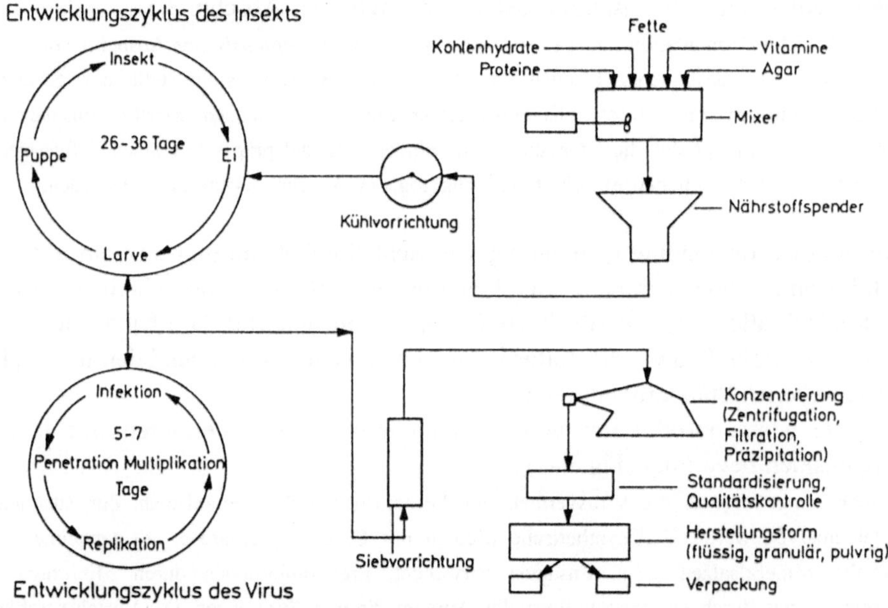

Fig. 4-7: Produktion von Baculoviren in Insektenlarven von *Heliothis* (WEIDE et al., 1991)

Die Anwendung antagonistischer Mikroorganismen kann auf unterschiedliche Weise erfolgen. Sie können submers angezüchtet und dann mit dem Saatgut oder durch direktes Versprühen in den Boden gebracht werden. Auch die emerse Kultivierung auf organischen Substraten (z. B. Torf, Stroh), die nachfolgend als Düngemittel eingearbeitet werden, ist möglich. Sehr wirksam sind auch Bodenbearbeitungs- und Fruchtfolgemaßnahmen, welche die Entwicklung antagonistischer Keime fördern.

Auf der Basis des <u>Parasitismus</u> beruht die Wirkung des Pilzes *Aphanocladium album*, der auf den Sporenlagern von *Puccinia graminis* und anderen auf Getreide vorkommenden Rostpilzen wächst. Der Pilz stimmt die Sporenbildung der Rostpilze so um, daß im Frühjahr nicht mehr die Uredosporen (Sommersporen, welche die schnelle Ausbreitung der Rostpilze verursachen), sondern die zur Überwinterung auf Berberitzen dienenden Teleutosporen ausgebildet werden.

Auch die Stimulierung pflanzlicher Abwehrmechanismen, z. B. die Bildung von Phytoalexinen, kann zur Bekämpfung mikrobieller Pflanzenschädlinge beitragen. **Phytoalexine** (z. B. Pisatin bei Leguminosen) sind niedermolekulare antimikrobielle Substanzen mit relativ breitem Wirkungsspektrum. Sie werden durch Elicitoren induziert, die bei Pilzinfektionen aus der Zellwand des Pathogens und bei Bakterieninfektionen aus der Pflanzenzellwand freigesetzt werden. Solche Induktoren sind häufig Oligosaccharide (wie z. B. Hepto-ß-glucosid bei *Phytophthora*-Arten) oder Ethylen (induziert Chitinasebildung bei Erbsen).

Mikrobielle Unkrautbekämpfung. Mikrobielle Stoffwechselprodukte werden auch zur Herstellung von **Herbiziden** (Unkrautbekämpfungsmittel) genutzt. Diese Phytotoxine sind biologisch aktive Sekundärmetaboliten, die Pflanzen schädigen oder ihr Wachstum hemmen. Es gibt spezifische und unspezifische Phytotoxine. Spezifische wirken nur auf die Wirtspflanze, unspezifische beeinflussen auch andere Pflanzen. Die meisten Phytotoxine besitzen ein breites Wirtsspektrum.

Für die Vernichtung des im Weizen auftretenden Unkrautes *Digitaria sanguinalis* sowie einiger Gräser wird z. B. das von *Rhizobium japonicum* gebildete Rhizobiotoxin eingesetzt, das die Bildung des Pflanzenhormons Ethylen hemmt. Zur Bekämpfung von Unkräutern kommen ferner spezifische Unkrautparasiten in Betracht (Tab. 4-23). Diese auch als **Mykoherbizide** bezeichneten Pilze befallen nur bestimmte Problemunkräuter. Voraussetzung für ihre Zulassung sind hohe Effektivität, toxikologische Unbedenklichkeit und hohe Wirtsspezifität. Um letztere zu sichern, sind umfangreiche Tests in verschiedenen Gebieten nötig.

Tab. 4-23: Beispiele für die Unkrautbekämpfung mit Pilzen (Mykoherbizide)

Kulturpflanzenbestand	Unkraut	Mykoherbizid (Pilzart)
Reis, USA	*Aeschynomene virginica*	*Colletotrichum gloeosporioides*
Weizen, Australien	*Chondrilla juncea*	*Puccinia chondrillina*
Forst, USA	*Arcenthobium sp.*	*Wallrothiella arcenthobii*
Gewässer, Südamerika	*Eichornia crassipes*	*Acremonium zonatum*
Rasen, Australien	*Xanthium spinosum*	*Puccinia xanthii*
Rasen, Hawai	*Cassia surattensis*	*Cepholsporium sp.*
Weiden, USA	*Rumex crispus*	*Uromyces ruminis*

4.4.2   Steigerung der Bodenfruchtbarkeit

Zur Steigerung land- und forstwirtschaftlicher Erträge werden biotechnologische
Verfahren ebenfalls genutzt. Dies betrifft in erster Linie die Verbesserung der
Stickstoffversorgung von Pflanzen durch Bakterien, die den Luft-Stickstoff binden
können. Aber auch an der Förderung der Mineralstoffversorgung (z. B. mit
Phosphaten) durch die Mykorrhiza sowie am positiven Rhizosphäreneffekt der in
der Wurzelregion von Landpflanzen lebenden Bakterien wird intensiv gearbeitet.

4.4.2.1   Fixierung von Luftstickstoff durch Bakterien

Die derzeitige Weltsituation bei der Produktion von Pflanzenprotein durch die
Landwirtschaft ist dadurch gekennzeichnet, daß bei ausreichender Versorgung mit
Stickstoffdünger 80 - 90 % durch den Getreideanbau erzeugt werden kann. Um im
Jahre 2000 die Welternährung zu sichern, sind nach bisherigen Einschätzungen
etwa 200 Mio t **Stickstoffdünger** notwendig. Berechnungen haben ergeben, daß
auf der Erde jährlich etwa 175 Mio t N_2 über *biologische Systeme* gebunden
werden, während die *Industrie* ca. 40 Mio t N_2 erzeugt. Da jedoch die industrielle
Produktion von Stickstoffdünger mit dem HABER-BOSCH-Verfahren immer
kostspieliger wird und 50 % dieses Düngers durch Auswaschungen und Denitri-
fizierung wieder verloren gehen, hat die Verbesserung der mikrobiellen Bindung
von Luft-N_2 sehr große Bedeutung.
Aus Tab. 4-24 wird deutlich, daß die Fixierungskapazität von symbiontisch
lebenden Bakterien wesentlich größer ist als die freilebender Mikroorganismen. Die
Ursache dafür liegt vorrangig in ihrer besseren Versorgung mit Nährstoffen, die
von den Pflanzen geliefert werden. Die Fixierungsraten schwanken in Abhängigkeit
von der Klimazone und der Bestandsdichte. Über die Bedeutung der N_2-Fixierung
im globalen Stickstoffkreislauf informiert Abschn. 2.1.

Stickstoff-bindende Bakterien haben zur Regulation des für die Umwandlung von molekularem (N_2)
in Ammonstickstoff (NH_4^+) erforderlichen Enzymsystems **genetische Kontrollelemente** entwickelt.
So wird z. B. die Synthese der vom *nif-Gen* codierten *Nitrogenase* durch $NH_4^.$ bzw. daraus
gebildeter organischer Effektoren reprimiert, sobald es nicht mehr für die Aminosäure-Synthese
benötigt wird. Man ist nun bestrebt, durch genetische Veränderung dieser Mechanismen die
biologische N_2-Fixierung mittels biotechnologischer Verfahren effektiver zu gestalten.

Für die biotechnologische Düngerproduktion aus Luftstickstoff werden vor allem
freilebende N_2-Fixierer, z. B. *Klebsiella*-und *Azotobacter*-Arten, vorgezogen.

Unter Verwendung dereprimierter **nif-Mutanten** von *Azotobacter vinelandii* und Holzhydrolysat als
C-Quelle konnte man in Submerskultur eine Stickstoffbindung von maximal 50 N_2/g C-Quelle
erzielen. Aus ökonomischen Gründen werden für die mikrobielle Ammoniakproduktion verstärkt

Arbeiten zur Entwicklung kontinuierlicher Verfahren mit immobilisierten Bakterien vorangetrieben. Wesentliche Voraussetzungen sind stabiles und vitales Zellmaterial sowie geeignete Trägersubstanzen (z. B. Kollagen). Die in kontinuierlich betriebenen Bioreaktoren erzielten Ausbeuten übersteigen 120 µmol NH_3 in 60 h. Die Lebensdauer der Zellen beträgt 200 h.

Tab. 4-24: Systeme der biologischen Stickstoffixierung

Biologische Systeme	Lokalisation der Bakterien	Beispiele Pflanze/Mikroorganismus	Fixierungsrate kg N_2/ha·Jahr
		Leguminosen:	
Symbiosen	Wurzelknöllchen	Erbse/*Rhizobium leguminosarum*	50 - 80
		Klee/*Rh. leguminosarum, ssp. trifolii*	100 - 300
		Sojabohne/*Bradyrhizobium japon.*	50 - 200
		Nichtleguminosen:	
	Rhizothamnien (ähneln	Erle/*Frankia alni*	50 - 250
	Wurzelknöllchen)	Sanddorn/Actinomyzeten	2 - 180
Assoziationen	Blattknöllchen, Wurzeln	Sandgras/*Azotobacter paspali*	15 - 90
		Fingerhirse/*Azospirillum lipoferum*	20 - 50
	Blatthohlräume,	Algenfarn/Cyanobakterien	60 - 150
	Wurzeln	Wasserfarn/*Anabaena azolla*	80 - 250
		Flechten/Cyanobakterien	10 - 100
Freilebende	Gewässer, Reisfelder	Cyanobakterien (z. B. *Nostoc sp.*)	10 - 30
Bakterien	Boden	*Clostridium pasteurianum*	0,5
	Boden	*Azotobacter vinelandii*	0,3

Bei ungünstigen Bodenverhältnissen, extremen klimatischen Bedingungen sowie unzureichender Menge und Leistungsfähigkeit von **Knöllchenbakterien** in Leguminosen konnte durch Bodenbeimpfung mit leistungsverbessertem Stammaterial eine Ertragssteigerung von 2 - 5 dt/ha erreicht werden. Als Reinkulturen dienen ausgewählte *Rhizobium*-Stämme, welche in Form flüssiger, lyophilisierter oder immobilisierter Kulturen dem Pflanzensamen bzw. dem Boden direkt zugesetzt werden. Die Herstellung des Impfmaterials erfolgt durch emerse oder submerse Kultivierung. Bei optimalem Wachstum kann unter sterilen Bedingungen eine Zellkonzentration von ca. 10^9 KBE/ml Kulturlösung realisiert werden. Derzeitig behandelt man etwa 50 % der für die Aussaat verwendeten Leguminosensamen mit Inoculum von Rhizobien.

Mit großer Intensität werden seit geraumer Zeit **gentechnische Arbeiten** zur Übertragung von nif-Genen sowie weiterer für die N_2-Fixierung verantwortlicher genetischer Marker auf pro- und eukaryotische Organismen betrieben. Die Isolierung und Übertragung von Genen für das Nitrogenase-System auf einige

Mikroorganismen ist bereits gelungen. Große methodische Probleme bereitet der Einbau dieser Gene jedoch in landwirtschaftlich wichtige Getreidearten.

4.4.2.2   Mineralstoffversorgung durch Pilze

Insbesondere bei ungünstigen Nährstoffverhältnissen tragen einige Pilze durch Ausbildung einer **Mykorrhiza** zur Mineralstoffversorgung von Pflanzen bei. Darunter versteht man das symbiontische Zusammenleben bestimmter Pilze mit den Wurzeln einiger Pflanzen. Der Pilz versorgt die Pflanze mit Mineralstoffen und erhält seinerseits organische Nährstoffe (z. B. C-Quellen, Vitamine) von der Pflanze. Da die Pilze nicht in Reinkultur vermehrt werden können, wird das Impfgut gemeinsam mit lebenden Wurzeln der Wirtspflanzen gewonnen.

Man unterscheidet zwischen ekto- und endotropher Mykorrhiza. Bei der **Ektomykorrhiza** dringen die Pilzhyphen in den Interzellularraum der Wurzelrinde ein und wachsen als dichte Scheide um die Pflanzenwurzeln. Sie wird von Basidiomyzeten (z. B. *Boletus, Amanita, Lactarius*) ausgebildet und tritt bei vielen Koniferen (z. B. Kiefer, Fichte) sowie Laubbäumen (z. B. Buche, Eiche, Birke) auf. Die Ektomykorrhiza ersetzt das Feinwurzelwerk und verbessert so die Nährstoffaufnahme aus dem Boden. Darüber hinaus schützt sie die Wurzeln vor phytopathogenen Pilzen und stärkt die Widerstandskraft der Pflanzen. Aus diesem Grunde werden bei der Aufforstung von Halden z. B. Kiefernpflanzen zuvor mit Sporen des Basidiomyzeten *Pisolithus tinctorius* beimpft.

Bei der **Endomykorrhiza** dringen die Pilzhyphen einiger Zygomyzeten (z. B. *Glomus*- und *Gigaspora*-Arten) in die Wurzelzellen ein und bilden dort bläschenförmige Vesikel und Hyphenverzweigungen (Arbuskeln). Diese sog. Vesikular-Arbuskular-Mykorrhiza (VAM) ist sehr verbreitet und tritt mit Ausnahme der Cruziferen (z. B. Kohl, Raps) bei fast allen Pflanzenfamilien - insbesondere bei Getreide, Kartoffeln, Leguminosen und Obst - auf. Bei nährstoffarmen und zu rekultivierenden Böden fördert sie das Wachstum, indem sie unlösliche Phosphate in eine pflanzenverfügbare Form überführt. Dies ist besonders in tropischen Regionen wichtig. Aber auch bei der Versorgung mit Wasser und Spurenelementen (z. B. Kupfer, Zink) spielt sie eine bedeutende Rolle. Eine zweite Variante der Endomykorrhiza kommt bei Orchideen und Ericaceen (z. B. Heidekraut) vor. Die Pilze (z. B. *Rhizoctonia*-Arten) bilden in den Pflanzenzellen Hyphenknäule aus, die nach einiger Zeit von der Wirtspflanze verdaut werden.

4.4.2.3   Wachstumsförderung durch Mikroorganismen

Im Vergleich zum wurzelfreien Boden ist der Raum um die Pflanzenwurzeln (Rhizosphäre) wesentlich stärker mit Bakterien besiedelt ($10 - 100 \cdot 10^9$ KBE/cm^3 Boden). Die Ursache dafür ist die gute Nährstoffversorgung der Bakterien durch Wurzelausscheidungen und abgestorbene Wurzeln (*Rhizosphären-Effekt*). Umgekehrt üben einige dieser Bakterien auch eine wachstumsfördernde Wirkung auf die betreffenden Pflanzen durch Bildung von **Wachstumsregulatoren** (z. B. Gibberiline, Cytokinine, Auxine, Radiclonsäure) und Siderophoren aus.

Hinsichtlich der Wirkung von Wachstumsregulatoren gibt es noch große Unklarheiten. Fest steht, daß sie mehrere Angriffspunkte haben. Jede Substanz übt in verschiedenen Konzentrationen multiple Wirkungen auf den Stoffwechsel aus. Diese betreffen sowohl die Regulation der Genexpression als auch die Beeinflussung der Enzymbildung und -wirkung, Membranprozesse u. a.. Mit Hilfe gentechnischer Methoden gewinnt man zunehmend Einblick in das Geschehen.

Zur Förderung des Wachstums von Kulturpflanzen werden Wachstumsregulatoren fermentativ hergestellt. Unter Nutzung verschiedener Mikroorganismen sowie komplexer Nährmedien üblicher Zusammensetzung kommen sowohl Emers- als auch Submersverfahren zum Einsatz. Einige Beispiele mikrobiell erzeugter Wachstumsregulatoren sowie deren Verwendung enthält Tab. 4-25.

Tab. 4-25: Mikrobiell hergestellte Wachstumsregulatoren und ihre Verwendung

Wachstumsregulatoren	produzierender Mikroorganismus	Prakische Nutzung/Effekt
Auxine	*Azotobacter vinelandii,* *Arthrobacter giacomelloi,* *Penicillium sp., Trichoderma sp.*	Induktion früher Fruchtbildung, das Streckungswachstums bei Pflanzen wird gefördert
Gibberiline	*Gibberella fujikuroi,* *Azotobacter beijerinckii,* *Azotobacter vinelandii,* *Arthrobacter giacomelloi*	Ertragssteigerung und verkürzte Entwicklungszeiten beim Obst- und Gemüseanbau, Stimulierung des Pflanzenwachstums, Verkürzung der Keimzeit von Braugerste, Verbesserung der Qualität von Citrusfrüchten
Cytokinine	*Arthrobacter giacomelloi,* *Rhizobium japonicum*	Stimulierung der Knospenentwicklung, Fruchtbildung und -reifung
Radiclonsäure	*Penicillium sp.*	Förderung des Wurzelwachstums

Der ökonomisch bedeutendste Wachstumsregulator ist **Gibberilinsäure**. Als Produzent dieser kommt besonders *Gibberella fujikuroi* in Betracht. In Emerskultur kann man mit diesem Pilz nach 15 - 30 Tagen 40 - 60 mg/l erhalten. Wesentlich effektiver sind die submerse Batch- bzw. die kontinuierliche Kultur. Bei Einsatz natürlicher Rohstoffe, z. B. Molke und Sojaöl, sind mit ausgewählten Stämmen nach 40tägiger Kultur unter N-limitierten Bedingungen Gibberilinsäure-Ausbeuten von 700 - 1100 mg/l erreichbar. Intensive Sauerstoffversorgung und optimale Wachstumsbedingungen (32 °C, Anfangs-pH 3,5 - 4) führen zur Anhäufung von Reservestoffen in der Biomasse und nach deren Absterben zur Freisetzung des

Wuchsstoffes. Nach Abschluß der Fermentation wird das Medium durch Zusatz von Ba(OH)$_2$ geklärt, anschließend filtriert und die Gibberilinsäure am Kationenaustauscher gereinigt.

Auch mit einigen Bakterienarten, insbesondere der Gattungen *Arthrobacter* und *Azotobacter*, lassen sich verschiedene Wachstumsregulatoren herstellen. Es gibt Stämme, die bei N-Limitation im Medium **mehrere Wuchsstoffe** gleichzeitig, aber in unterschiedlichen Mengen bilden. Die Ausbeuten liegen jedoch um Größenordnungen (z. B. 300 µg/l Gibberilin, 25 µg/l Auxin) unter denen von Pilzen. Nach Anzucht im Fermentor werden sie mit Sand, Torf oder natürlichem Dung vermischt und mit den Pflanzensamen in den Boden gebracht.

Die wachstumsfördernde Wirkung von Rhizobakterien (z. B. *Pseudomonas putida* und *P. fluorescens*) bei Kartoffeln, Zuckerrüben u. a. Kulturpflanzen beruht u. a. auf der Bildung von **Siderophoren**. So bindet beispielsweise der Siderophor *Pseudobactin* das Eisen in der Rhizosphäre so intensiv, daß phytopathogene Mikroorganismen (z. B. *Gaeumannomyces graminis* und *Erwinia carotovora*) wegen Eisenmangels nicht wachsen und daher die Kulturpflanzen nicht infizieren können. Durch Inokulation des Saatgutes mit leistungsstarken Stämmen kann dieser Effekt aufrecht erhalten und verstärkt werden.

4.4.3   Haltbarmachung von Futtermitteln durch Silierung

In der landwirtschaftlichen Produktion anfallendes frisches Pflanzenmaterial kann mittels Säuregärung konserviert und somit als Futter für längere Zeit haltbar gemacht werden. Das derart behandelte Pflanzenmaterial bezeichnet man als **Silage**. Für die Silierung kommen in der Hauptsache Gräser, unausgereifte Getreide- und Maispflanzen, Luzerne, Klee, Rübenblatt, Sonnenblumenpflanzen sowie Blätter von Kartoffeln und Topinambur in Betracht. Die grün geernteten Pflanzen werden zerkleinert, in Horizontalsilos aufgeschichtet und verdichtet. Unter diesen Bedingungen beginnt spontan ein **dreistufiger Gärungsprozeß**.

Solange noch Sauerstoff verfügbar ist, entwickelt sich zunächst eine aerobe und mikroaerophile Mikroflora (z. B. *Pseudomonas*- und *Bacillus*-Arten, coliforme Bakterien, einige Hefen und Pilze). Danach setzt unter anaeroben Bedingungen die Hauptgärung ein, welche nach einer kurzen Essigsäurebildung durch *E. coli* dann in die **Milchsäuregärung** durch Lactobazillen (z. B. *Lactobacillus plantarum, L. fermentum*), *Streptococcus*- und *Leuconostoc*-Arten übergeht. Je nach Kohlenhydratanteil des Rohmaterials entwickelt sich innerhalb von 4 - 8 Tagen ein Milchsäurepegel von 1,5 - 2 % (bezogen auf das frische Grünfutter), und der pH-Wert fällt auf ca. 4,0 ab. Unter sicherem Sauerstoffausschluß bleibt das Silagematerial so über Jahre haltbar.

Bei eiweißreichem und an direkt verfügbaren Zuckern armem Grünfuttermaterial besteht die Gefahr der **Fehlgärung** durch Buttersäurebakterien u. a. Keime. Die Ursache ist eine zu geringe Milchsäurebildung, welche die Entwicklung von Buttersäurebakterien ermöglicht. Sie bauen die

Milchsäure zu Buttersäure, CO_2 und H_2 ab, wodurch der pH-Wert ansteigt und die Entwicklung von Fäulnisbakterien fördert. Durch spezielle Erntetechnologien, Zugabe von Ameisensäure oder Bereitstellung vergärbarer Zucker kann man diesem Prozeß entgegenwirken. Gerät Luft an die Silage, ist gewöhnlich durch Hefebefall mit einem Verlust an Nährstoffen zu rechnen.

4.5 Biotechnologie in der Energiewirtschaft

Gegenwärtig verbraucht die Menschheit jährlich eine Primärenergiemenge von ca. 10 TWa (1 Terrawattjahr = $8{,}76 \cdot 10^{12}$ KWh, $\approx 10^9$ t Steinkohle, $\approx 0{,}7 \cdot 10^9$ t Erdöl). Etwa 90 % davon werden durch fossile Energieträger (Kohle, Erdöl, Erdgas) und Kernenergie abgedeckt. Die Verbrennung fossiler Energieträger ist bekanntlich mit einer Anzahl umweltbelastender Auswirkungen verbunden: Anstieg der CO_2-Konzentration, Treibhauseffekt (s. Abschn. 2.1) u. a..

Angesichts dieser Umweltschäden, der zunehmenden Verknappung fossiler Ressourcen und der mit der Kernenergie verbundenen Probleme gewinnt die **biotechnologische Energieerzeugung** aus organischer Substanz (Pflanzen, Algen) immer mehr Beachtung. Man schätzt ein, daß der Gesamtenergieverbrauch der Menschheit in der Mitte des kommenden Jahrhunderts etwa 20 TWa betragen wird. Annähernd 15 % könnten dann auf biotechnologischem Wege gewonnen werden. Der entscheidende Vorteil dieser Form der Energieherstellung ist, daß bei der Verbrennung regenerierbarer Energieträger CO_2 nur in dem Maße in die Atmosphäre entweicht, wie ihr zuvor durch die Photosynthese entzogen wurde.

4.5.1 Energie-(Biogas-)gewinnung durch Gärung

Bei der Methangärung wird organisches Material einer Mineralisierung unterzogen, wobei CH_4, CO_2, sowie geringe Mengen an H_2, H_2S, N_2 und CO entstehen. Man bezeichnet dieses Gasgemisch als **Biogas** (Synonyme: Faul-, Sumpf- und Klärgas). Nur ein relativ kleiner Teil der in der organischen Substanz gebundenen Energie wird zum Wachstum der an dem anaeroben Abbauprozeß beteiligten Mikroorganismen benötigt, der weitaus größte Anteil bleibt im Methan erhalten. Zur Biogasgewinnung werden überwiegend organische Abfallstoffe der Landwirtschaft (z. B. Gülle) sowie Klärschlamm kommunaler und gewerblicher Abwässer verwendet. Durch Zusätze weiterer C-Quellen (z. B. pflanzliche Biomasse) können Ausbeutesteigerungen erzielt werden.

Biochemische Vorgänge. Die Methangärung ist ein sehr komplexer Prozeß, an dem verschiedene Mikroorganismen beteiligt sind. Natürliche Standorte solcher Mischpopulationen sind Moore, Schlammschichten in Gewässern, Reisfelder und der Wiederkäuerpansen. Aufgrund der physiologischen Vorgänge kann man den **Ablauf der Biogasbildung** in 4 Phasen einteilen (Fig. 4-8).

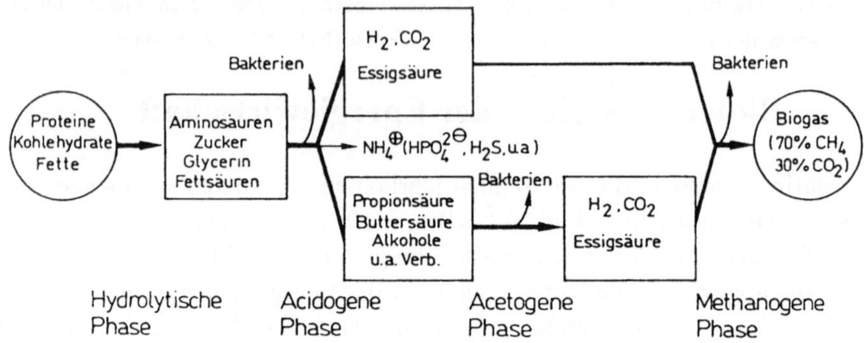

Fig. 4-8: Biochemische Vorgänge bei der Biogasbildung (FÖRSTNER, 1993)

In der 1. Phase (**hydrolytische Phase**) werden polymere organische Stoffe (z. B. Polysaccharide, Proteine, Fette) durch hydrolytische Bakterien in ihre monomeren Bestandteile abgebaut.

Die 2. Phase (**acidogene Phase**) ist vor allem durch den weiteren Abbau der Monomeren zu verschiedenen kurzkettigen organischen Säuren und Alkohol gekennzeichnet. In beiden Phasen werden vorwiegend anaerobe Bakterien, wie z. B. *Clostridium-, Bacillus-, Pseudomonas-, Micrococcus-, Alcaligenes-, Micrococcus-* und *Bifidobacterium*-Arten, wirksam. Lignocellulose übt einen hemmenden Einfluß auf den enzymatischen Abbau aus. Die Abbauprozesse beider Phasen verlaufen weitgehend parallel ab. Durch die gebildeten Säuren kommt es relativ rasch zum pH-Abfall und damit zur Hemmung dieser Bakteriengruppen.

In Phase 3 (**acetogene Phase**) dominiert die Bildung von Essigsäure. An dem Prozeß sind zum einen obligat H$_2$-bildende, acetogene Bakterien beteiligt, durch deren Stoffwechsel H$_2$, CO$_2$ sowie Essigsäure entstehen. Zum anderen wirken homoacetogene Bakterien mit, die aus H$_2$ und CO$_2$ wieder Essigsäure bilden. Wichtige Vertreter der acetogenen Bakterien sind *Synthrophobacter-, Synthrophomonas*-Arten, *Clostridium aceticum* und *Acetobacterium woodii.*

Die in der 4. Stufe (**methanogene Phase**) aktiven Methanbakterien bilden aus H$_2$ und CO$_2$ bzw. Essigsäure Methan. Sie gehören zu den Archaebakterien (s. Abschn. 2.3.3) und sind außerordentlich sauerstoffempfindlich. Einige Vertreter (z. B. *Methanococcus janaschii, Methanobacterium thermoautrophicus*) können noch bei 65 - 85 °C existieren.

Die in Phase 3 und 4 unter streng anaeroben Bedingungen lebende Mischkultur mit breitem Stoffwechselspektrum ist eine sehr enge Symbiose zwischen acetogenen und methanogenen Bakterien (*synthrophe Assoziation*). Die acetogenen Bakterien, die das Bindeglied zwischen acidogener und methanogener Phase darstellen, können nur bei einem sehr niedrigen H$_2$-Partialdruck wachsen. Die Umsetzung von Ethanol und kurzkettigen Fettsäuren zu Essigsäure läuft im neutralen pH-Bereich nur ab, wenn bei der nachfolgenden Reaktion H$_2$ verbraucht wird.

$$CH_3\text{-}CH_2OH + H_2O \rightarrow CH_3COOH + 2\,H_2 \qquad \Delta G^\circ = +\,6{,}6\ kJ$$

$$4\,H_2 + CO_2 \rightarrow CH_4 + 2\,H_2O \qquad \Delta G^\circ = -\,136\ kJ$$

Hinsichtlich der Generationszeiten der an der Biogasbildung beteiligten Mikroorganismen gibt es große Unterschiede. Während die säurebildenden Bakterien nur einige Stunden benötigen, nimmt die Zellverdopplung bei den methanogenen Bakterien bis zu 14 Tagen in Anspruch.

Technologie. Sehr unterschiedlich sind die Anforderungen an die optimalen Fermentationsbedingungen. So liegt der günstigste **pH-Wert** für den Stoffwechsel der hydrolytischen und acidogenen Mikroorganismen zwischen 5,2 und 6,3, wohingegen die methanogenen Bakterien den neutralen pH-Bereich von 6,8 - 7,2 bevorzugen. Das **Temperaturoptimum** für die Säurebildner befindet sich bei 30 °C. Mesophile Methanbakterien wachsen bei 33 - 45 °C, thermophile hingegen bei 65 - 70 °C am besten. Im Falle der einstufigen Fermentation wird das Temperaturregime auf 30 - 37 °C eingestellt. Entgegengesetzte Ansprüche gibt es auch bei der **Durchmischung** des Mediums. Während eine intensive Umwälzung mit Rühreinrichtung, Pumpen oder Gasvortrieb die Hydrolyse und Säurebildung begünstigt, wird andererseits die enge Wechselwirkung zwischen acetogener und methanogener Mikroflora negativ beeinflußt.

Von großer Bedeutung ist ferner die **Nährmedienzusammensetzung**. So soll das *C/N-Verhältnis* der Medienkomponenten nicht niedriger als 16:1 und nicht höher als 45:1 liegen. Erhöhter N-Gehalt führt zur Bildung von NH_3, was die Hemmung des Bakterienwachstums bewirkt. Bei Mangel an Stickstoff wird die C-Quelle nicht vollständig verwertet. Zur Einstellung der C/N-Relation und des Feststoffgehaltes werden daher flüssige und feste Substrate in geeigneter Weise gemischt.

Die Technologie der Biogasproduktion ist im Zusammenhang mit der Abwasserreinigung entwickelt worden. Die ersten Biogasanlagen entstanden vor über 100 Jahren. Sie dienten zunächst nur der Stabilisierung des Schlammes von Abwässern. Mit der Nutzung des dabei gebildeten Biogases für Heizzwecke begann man in Deutschland 1922. Ab 1927 wurden damit stationäre Motoren, von 1937 an auch Fahrzeugmotoren betrieben.

In Abhängigkeit von Konsistenz und Menge der Substrate, der Anforderungen hinsichtlich der Prozeßführung, technischer Voraussetzungen und Möglichkeiten u. a. m. hat man zahlreiche **Biogasreaktoren** konstruiert. Verfahrenstechnisch unterscheidet man zwischen nicht-homogenen und homogenen Reaktoren.

In nicht-homogenen Reaktoren erfolgt die Biogasbildung - ähnlich wie in natürlichen Gewässern - in der am Boden abgesetzten Schlammschicht. Derartige Reaktoren einfacher Bauart gibt es in großer Zahl vor allem in China, Indien u. a. asiatischen Ländern (Fig. 4-9). Da sie leicht zu betreiben sind, eignen sie sich besonders für die Biogasversorgung von Kleinverbrauchern. Sie haben eine Bruttovolumen von 4 - 30 m^3 und ergeben eine Gasausbeute von 0,1 - 0,4 m^3/m^3 Reaktorraum und Tag. Die Verweilzeit des täglich diskontinuierlich oder kontinuierlich zugesetzten Substrates beträgt etwa 25 Tage.

Zu den homogenen Biogasreaktoren zählen modernere Anlagen, wie sie meist in den hochentwickelten Industriestaaten betrieben werden. Die Homogenisierung des Mediums mit mechanischem, hydrodynamischem oder pneumatischem Energieeintrag (s. Abschn. 3.3.2) führt zu einem intensiven Stoffumsatz und damit zu einer guten Biogasausbeute. Kernstück dieser Anlagen sind zylindrische Behälter aus Stahl, Beton oder Kunststoff, die mit Mischeinrichtungen, Gasspeicher, Temperaturregler, mechanischer Schwimmschichtbeseitigung und verschiedenen Meß- und Kontrollgeräten ausgerüstet sind. Das Bruttovolumen kann bis zu 7500 m^3 betragen. Die Optimierung der Gasproduktion wird in erster Linie durch Verkürzung der Verweilzeit des Substrates im Reaktor angestrebt. Dies ist durch **Zurückhaltung der Biomasse** im Reaktor realisierbar.

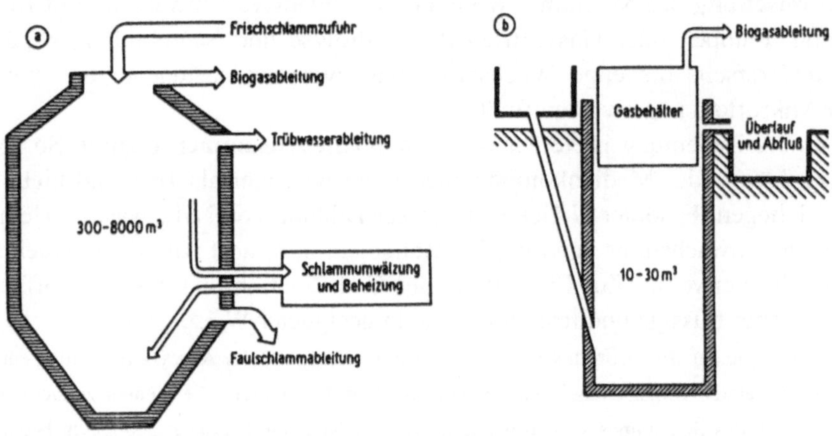

Fig. 4-9: Verschiedene Reaktortypen zur Gewinnung von Biogas (FRITSCHE, 1990)
a - Faulbehälter einer großtechnischen Anlage (Abwasserreinigung, Gülleverwertung), b - Indische Kleinanlage für ländliche Regionen

Nach dem Kontaktprinzip arbeiten *Rührschlaufenreaktoren*, bei denen der Bioschlamm durch Schikanen im Kreislauf geführt wird. Nach Passieren des Reaktorhauptraumes gelangt das Material wandständig in eine Beruhigungszone, wo es sich absetzt. Von dort wird es erneut in die Zulaufregion zurückgeführt und vermischt sich mit frischem Substrat. In ähnlicher Weise arbeitet der *Schlammbettreaktor*. Der Substratzulauf erfolgt im unteren Teil des Reaktors so, daß der Bioschlamm nicht ausgeschwämmt wird. Ein vor allem in Skandinavien zur Biogasgewinnung aus Gülle verwendeter Reaktortyp ist der *Mehrkammer-Plug-Flow-Reaktor* (Pfropfen-Strömungs-

Reaktor). Er besteht aus einem Stahlbehälter mit eingelassener rotierender Kammerunterteilung, einer Gasableiteinrichtung sowie Schlammrückführung.

<u>Immobilisierte Mikroorganismen</u> werden z. B. beim *Anaerobfilter* und beim *Fixed-Film-Reaktor* eingesetzt. Sie sind mit porösen Steinen, Keramik-, Kunststoffstücken, konzentrisch angeordneten Platten u. a. Materialien ausgestattet, auf denen sich die Mikroflora ansiedelt (s. Abschn. 4.7.1). Die Substratflüssigkeit wird von unten nach oben durch den Füllkörper geführt. Das durch den mikrobiellen Abbau gebildete Biogas steigt auf und wird aus der oberen Region des Reaktors abgeleitet. Die Fließgeschwindigkeit des Substratstromes regelt man so, daß ein Teil des mikrobiellen Bewuchses ständig abgelöst und ausgewaschen wird. Auf diese Weise kann das Zuwachsen des Reaktors verhindert werden.

Die Auswahl der für den jeweiligen Fall geeigneten Reaktoren und Verfahren ist von den Substrateigenschaften abhängig. Während man z. B. für Substrate mit hohem Feststoffanteil den Plug-Flow-Reaktor einsetzt, werden dünnflüssigere Substrate bevorzugt mit Schlammbettreaktoren, Anaerobfiltern und Fixed-Film-Reaktoren verarbeitet. Einige Kenngrößen dieser Reaktoren enthält Tab. 4-26.

Tab. 4-26: Kenngrößen von Biogasreaktoren für die Agrarabfall-Verarbeitung (BRAUN. 1982)

Reaktortyp	Raumbelastung (kg oTS/m^3·Tag)	Verweilzeit	Biogasausbeute (m^3/m^3·Tag)
einfache Faulgrube		mehrere Wochen	0,1 - 0,2
Rührkesselreaktor	0,5 - 4	15 - 35 Tage	0,25 - 2
Plug-Flow-Reaktor	1 - 10	10 - 35 Tage	0,5 - 5
Schlammbettreaktor	4 - 45 (CSB)	5 - 24 Stunden	2 - 25
Anaerobfilter	1 - 30	mehrere Stunden bis Tage	0,5 - 15

Unter Berücksichtigung der verschiedenen Reaktoren und Verfahren läßt sich folgende generelle **Einteilung von Biogasanlagen** vornehmen:

1. Vollständig durchmischte einstufige Anlage

- In der verbreiteten klassischen Anlage laufen alle 4 Fermentationsphasen in einem Reaktor ab.
- Die Umwälzung erfolgt durch Rührer, Pumpen oder Gas.
- Sie ist vorrangig für Substrate mit 3 - 5 % oTS-Gehalt geeignet.
- Die oTS wird zu etwa 40 % mit geringer Biogasausbeute abgebaut.

2. Einstufige Anlage mit Festbettreaktor

- Die selten genutzte trockene Fermentation läuft wie in einer Deponie ab.
- Ihre Vorteile sind: geringer Wasserverbrauch, wenig Vor- oder Nachbehandlung, kleines Reaktorvolumen, wenig Aufwendungen für Beheizung.
- Der Abbau oTS ist bei niedrige Biogasausbeute gering.

3. Zweistufige Anlage mit durchmischter Hydrolyse

- Nach diesem Prinzip arbeiten zahlreiche moderne Anlagen.

- Die Substrateinstellung auf ca. 15 % oTS erfolgt durch Mischung von zerkleinertem organischen Material mit Klärschlamm oder Wasser.

- Die 1. Stufe umfaßt die Hydrolyse der oTS in einem belüfteten Rührkessel, in der 2. Stufe wird die Methanisierung des Materials im Biogasreaktor durchgeführt.

- Der Abbau der oTS erfolgt zu ca. 80 % mit hoher Biogasausbeute.

4. Zweistufige Anlage mit Festbetthydrolyse

- Bei dieser weniger verbreiteten Variante erfolgt in der 1. Stufe die Substrathydrolyse in großen, gasdichten Silos mit Sandbett und Drainage für den Flüssigkeitsaustrag.

- Dazu werden mehrere Reaktoren phasenverschoben mit zerkleinertem Substrat beschickt, geflutet und das suspendierte Material 1 - 2 mal pro Tag umgewälzt.

- In der 2. Stufe wird Sickerwasser aus Hydrolysebehältern im Schlammbettreaktor methanisiert.

- Der intensive Abbau der oTS führt zu einer hohen Biogasausbeute.

Über Zusammensetzung und Eigenschaften des bei der Methanisierung im allgemeinen gebildeten **Biogases** informiert Tab. 4-27.

Der nach der Methangärung anfallende stabilisierte **Schlamm** ist reich an Pflanzennährstoffen und wird aus diesem Grunde direkt als Dünger oder bei der Kompostierung eingesetzt. Er hat gewöhnlich ein niedriges C/N-Verhältnis, und der organisch gebundene Stickstoff ist weitgehend in NH_4^+ überführt. Die organischen Säuren sind zum größten Teil abgebaut, so daß bei Verwendung des Schlammes für Düngungszwecke keine Verätzung der Pflanzen auftritt. Der Gehalt an Geruchsstoffen ist gering, pathogene Keime sind nicht mehr nachzuweisen.

Tab. 4-27: Zusammensetzung und Eigenschaften von Biogas

Eigenschaft	CH_4	CO_2	H_2	H_2S	60 % CH_4 + 40 % CO_2
Vol.-%	55 - 70	27 - 44	< 1	< 3	100
Heizwert (MJ/m^3)	35,8	-	10,8	22,8	21,5
Dichte (g/l)	0,72	1,98	0,09	1,54	1,2

Wirtschaftliche Aspekte. Aus energetischer Sicht ist die Biogasgewinnung sehr effizient, weil über 80 % der in der Biomasse enthaltenen **Energie** in das Methan eingehen. Der technologische Prozeß erfordert durch die anaeroben Bedingungen nur eine geringe Energiezufuhr zur Durchmischung und Beheizung. Auch zur Schlammabtrennung wird keine Energie benötigt.

Die **Biogasausbeute** von 1 kg oTS mit einem Celluloseanteil von 50 % beträgt 0,4 - 0,7 m^3. Eine Kuh erzeugt täglich ca. 45 l Gülle mit 3 - 5 kg oTS, aus der 1,2 - 1,8 m^3 Biogas gewonnen werden können. Eine vergleichbare Gasmenge kann man auch aus der täglich anfallenden Gülle von 6

Schweinen produzieren. Sehr ergiebig ist auch Hühnermist. Bei 300 Hühnern fallen 7,5 - 12 kg oTS pro Tag an, woraus 4,5 - 8,5 m^3 Biogas erzeugt werden können. Aus menschlichen Exkrementen und Abfällen lassen sich pro Person und Tag durchschnittlich 35 l Biogas gewinnen.

Der **Heizwert** von Biogas (20 - 27 MJ/m^3) liegt zwischen dem von Stadtgas (ca. 20 MJ/m^3) und Erdgas (35 - 40 MJ/m^3). Der kalorische Gehalt des Gases beträgt 9,96 KWh/m^3. Bei Verbrennung in einem Blockheizkraftwerk, wie es häufig in ländlichen Regionen geschieht, kann man mit einer Effizienz von 90 % pro m^3 Biogas 3 KWh Elektroenergie und 6 KWh Wärmeenergie erzeugen.

4.5.2   Energiegewinnung mit anderen Bioprozessen

Es gibt in einigen Ländern (z. B. Frankreich, Dänemark) bereits Versuche, auch die durch mikrobiellen Abbau organischer Substrate bei der **Kompostierung** (s. Abschn. 4.7.3) frei werdende Energie zu nutzen.. Über ein Rohrleitungssystem wird Wasser durch großvolumige Kompostmieten geleitet und dabei auf 60 - 80 °C aufgeheizt. Für die Kompostierung werden vor allem gehäckseltes Unterholz sowie landwirtschaftliche Abfälle verwendet.

Als Energiequelle für Kraftfahrzeuge hat **Ethanol** an Bedeutung gewonnen. Wie in Abschn. 4.2.2 bereits angeführt, spielt vor allem Brasilien auf diesem Gebiet eine Vorreiterrolle. Zahlreiche Agrarländer, die auf Ölimporte angewiesen sind, sowie einige Entwicklungsländer erwägen in zunehmendem Maße die Herstellung von Treibstoff mittels biotechnologischer Verfahren. In Brasilien wurden bereits 1988 über 10 Mio. m^3 Ethanol auf fermentativem Wege aus Zuckerrohr produziert und als Bezinzusatz (bis zu 20 %) bzw. -ersatz verwertet.

Als idealer chemischer Energieträger, der mit kleinstem Stoffgewicht die größte Bindungsenergie speichert, ein sauberes Reaktionsprodukt in Form von Wasser liefert, bei hohen Temperaturen verbrannt werden kann und damit hohe Energienutzwerte und -wirkungsgrade erreicht sowie in unerschöpflichen Mengen auf der Erde vorhanden ist, wird **Wasserstoff** angesehen. Technologien zu seiner energiewirtschaftlichen Herstellung sind bisher daran gescheitert, daß mehr (z. B. elektrische) Energie zu seiner Gewinnung aufzuwenden ist, als man mit dem erzeugten Wasserstoff anschließend erhält. Auch eine direkte biotechnologische Wasserstoffproduktion unter Verwendung phototropher Mikroorganismen oder durch anaerobe Fermentation wird immer wieder erwogen.

Aus Untersuchungen mit Cyanobakterien ist bekannt, daß diese zwar bei der energieabhängigen Photolyse des Wassers Wasserstoff freisetzen. Da sie jedoch zu langsam wachsen, ist eine praktische Nutzung noch nicht abzusehen. Dennoch scheint es prinzipiell möglich, auf der Basis photosynthetischer Biosysteme mit gentechnischen Methoden und Immobilisierungsverfahren ähnliche Leistungen wie mit Photozellen zu erreichen. Für die Gewinnung von Wasserstoff aus organischen Abfällen durch anaerobe Stoffwechselprozesse könnten z. B. auch mittels Gentechnik Mikroorganismen konstruiert werden, die Wasserstoff anstelle von Methan erzeugen.

4.6　　　Biotechnologische Verfahren im Bergbau

Beim Lösen und Ablagern von Metallen haben Mikroorganismen im Verlaufe der erdgeschichtlichen Entwicklung eine wichtige Rolle gespielt. Einige ihrer Fähigkeiten hat der Mensch gelernt für sich zu nutzen. So werden sie z. B. bei Erschöpfung erzreicher Lagerstätten verstärkt zur Ausbeutung von metallarmen Erzen (Armerzen) eingesetzt, deren konventioneller bergmännischer Abbau unwirtschaftlich wäre. Auch Abraumhalden, die noch geringe Metallmengen beinhalten, werden durch Laugungsverfahren (engl. *leaching*) ausgebeutet. Mit Hilfe von Mikroorganismen lassen sich sehr viele Metalle wie Fe, Cu, Zn, Sn, Mn, U u. a. abbauen. Sie werden zuerst in eine wasserlösliche Form überführt, dann aus der Lösung ausgefällt oder extrahiert und somit angereichert.

Bereits in Lösung vorliegende Metalle (z. B. Schwermetalle) lassen sich mit Mikroorganismen durch Adsorption oder Akkumulation anreichern und so aus Sickerwässern von Deponien oder Abwässern entfernen. Mikroorganismen kann man ferner zur Entschwefelung von Erzen, Kohle und Erdöl einsetzen, um die bei ihrer Verarbeitung auftretende Umweltbelastung durch Schwefelemissionen zu mindern. Auch zur Förderung von Erdöl und zur Verflüssigung von Kohle werden Mikroorganismen neuerdings verwendet.

4.6.1　　　Mikrobielle Erzlaugung

Biotechnologische Laugungsverfahren zum Abbau von Armerzen sind meist konventionellen wegen ihres geringeren Energieverbrauchs, niedrigerer Kosten und einer umweltfreundlicheren Arbeitsweise überlegen. Mit ihnen können **Metalle**, die in minimalen Mengen in Erzen u. a. Substanzen vorliegen, gewonnen werden. Großtechnisch genutzt wird derzeitig insbesondere die Biolaugung von **Uran** und **Kupfer**. In Kanada werden seit Jahren Uranerze aus Lagern mit weniger als 0,01 % Uranoxid mikrobiell gewonnen. In den USA sind es mehr als 10 % der Kupferproduktion, die durch Erzlaugung erzeugt werden. Unter Berücksichtigung der bei der Laugung verwendeten Mikroorganismen unterscheidet man zwischen *autotropher Laugung*, bei der sulfidische Erze aufgeschlossen werden, und *heterotropher Laugung*, die vorzugsweise zur Metallgewinnung aus Silikatgesteinen dient.

Erzlaugung mit autotrophen (chemotrophen) Bakterien. Sie besitzt z. Z. die größte technologische Bedeutung. Bevorzugte Bakterienarten sind *Thiobacillus ferrooxidans* und *T. thiooxidans*, die CO_2 als einzige C-Quelle assimilieren und durch Oxidation von Schwefel und Metallsulfiden ihren Energiebedarf decken. Zur Erzlaugung in Gruben und Halden bei höheren Temperaturen (45 - 75 °C) sind

thermophile Archaebakterien (z. B. *Sulfolobus*- und *Ferrolobus*-Arten) besonders geeignet. Sie werden zur Gewinnung von **Kupfer** und **Molybdän** eingesetzt. Höhere Laugungsaktivitäten weisen auch Mischkulturen verschiedener Stämme (z. B. säureresistente *Leptospirillum ferrooxidans* und kupferresistente *T. ferrooxidans*) auf.

Beim Laugungsverfahren laufen direkte und indirekte Prozesse ab. Im Falle der **direkten Laugung** greifen die Bakterien (z. B. *T. ferrooxidans*) das im Erz enthaltene Sulfid direkt an und oxidieren es zu Sulfat, wodurch das Metall (Fe, Cu, Zn, Pb, Mo, Sb, Co, Ni u. a.) in Lösung gebracht wird.

$$2\ FeS_2 + 7\ O_2 + 2\ H_2O \rightarrow 2\ FeSO_4 + 2\ H_2SO_4$$

$$4\ FeSO_4 + O_2 + 2\ H_2SO_4 \rightarrow 2\ Fe_2\,(SO_4)_3 + 2\ H_2O$$

Um die Reaktion möglichst effektiv ablaufen zu lassen, müssen die Bakterien in hoher Zelldichte vorliegen, in engem Kontakt zu den Sulfid-haltigen Erzpartikeln stehen sowie ausreichend mit Sauerstoff versorgt werden. Letzteres ist in der Praxis häufig der limitierende Faktor.

Die **indirekte Laugung** ist ein chemischer Vorgang, bei dem die Metallsulfide durch Fe^{3+}-Sulfat zu elementarem Schwefel oxidiert werden.

$$FeS_2 + Fe_2\,(SO_4)_3 \rightarrow 3\ FeSO_4 + 2\ S \qquad \text{oder}$$

$$CuS + Fe_2\,(SO_4)_3 \rightarrow CuSO_4 + 2\ FeSO_4 + S$$

Damit diese Reaktion aufrecht erhalten werden kann, ist jedoch die Reoxidation des Fe^{2+}-Sulfates zu Fe^{3+}-Sulfat erforderlich, was unter Einwirkung von *T. ferrooxidans* geschieht. Dieser Prozeß läuft mikrobiell 10^6 mal schneller ab als der chemische Vorgang.

$$4\ FeSO_4 + O_2 + 2\ H_2SO_4 \rightarrow 2\ Fe_2\,(SO_4)_3 + 2\ H_2O$$

Der durch die Sulfidoxidation anfallende elementare Schwefel wird von *T. thiooxidans* zu Schwefelsäure oxidiert. Die dadurch bedingte pH-Absenkung auf Werte zwischen 1 - 3 ist für das Wachstum der acidophilen *Thiobacillus*-Arten lebenswichtig.

Direkte und indirekte Laugungsvorgänge spielen auch bei der Oxidation von Cu-Fe-Erzen eine Rolle. Unter Einwirkung von *T. ferrooxidans* werden beispielsweise Fe und Cu im Chalcopyrit ($CuFeS_2$) zu löslichen Sulfaten oxidiert und gleichzeitig Fe^{2+} zu Fe^{3+} umgewandelt.

$$4\ CuFeS_2 + 17\ O_2 + 2\ H_2SO_4 \rightarrow 4\ CuSO_4 + 2\ Fe_2\,(SO_4)_3 + 2\ H_2O$$

Das gebildete Fe^{3+}-Sulfat reagiert sodann mit Chalcopyrit in einem indirekten Laugungsprozeß.

$$CuFeS_2 + 2\ Fe_2\,(SO_4)_3 \rightarrow CuSO_4 + 5\ FeSO_4 + 2\ S$$

Die in der Laugungsflüssigkeit vorliegende Kupferkonzentration kann bis zu 50 g/l betragen.

Neben Kupfer wird **Uran** mittels Laugung ökonomisch vorteilhaft abgebaut. Es ist in der Erdkruste weit verbreitet, tritt aber nur in geringer Konzentration als Begleitmetall anderer Erze auf. Aus diesem Grunde ist die Biolaugung für die Urangewinnung sehr geeignet.

Der Uranabbau verläuft ebenfalls über direkte und indirekte Laugungsprozesse. Bei der direkten Laugung wird unter Einwirkung von *T. ferrooxidans* Uransulfid zu löslichem Uransulfat oxidiert, wobei Uran selbst auch oxidiert.

$$2\ US_2 + 9\ O_2 + 2\ H_2O \rightarrow 2\ (UO_2)SO_4 + 2\ H_2SO_4$$

Wesentlich stärker ist der indirekte Laugungsvorgang durch Fe^{3+}-Sulfat.

$$UO_2 + Fe_2\ (SO_4)_3 \rightarrow (UO_2)SO_4 + 2\ FeSO_4$$

Die Uran- und Eisenoxidation erfolgt im periplasmatischen Raum der Bakterienzelle mittels Rustimycin (Cu-haltiges Protein), welches als Elektronenakzeptor fungiert.

Die Biolaugung läuft nach zwei Verfahren ab. Bei der **Perkolationslaugung** (oder in-situ-Laugung) werden Erzhalden oder -lagerstätten mit bakterienhaltiger Laugungsflüssigkeit berieselt bzw. infiltriert (Fig. 4-10). Um Verunreinigungen des Grundwassers zu vermeiden, muß der Untergrund wasserdicht sein. Nach Passieren der Erzschichten wird die metallhaltige Lauge in einer Mulde aufgefangen und zur Isolierung der Metalle in ein Aufarbeitungsbecken geleitet.

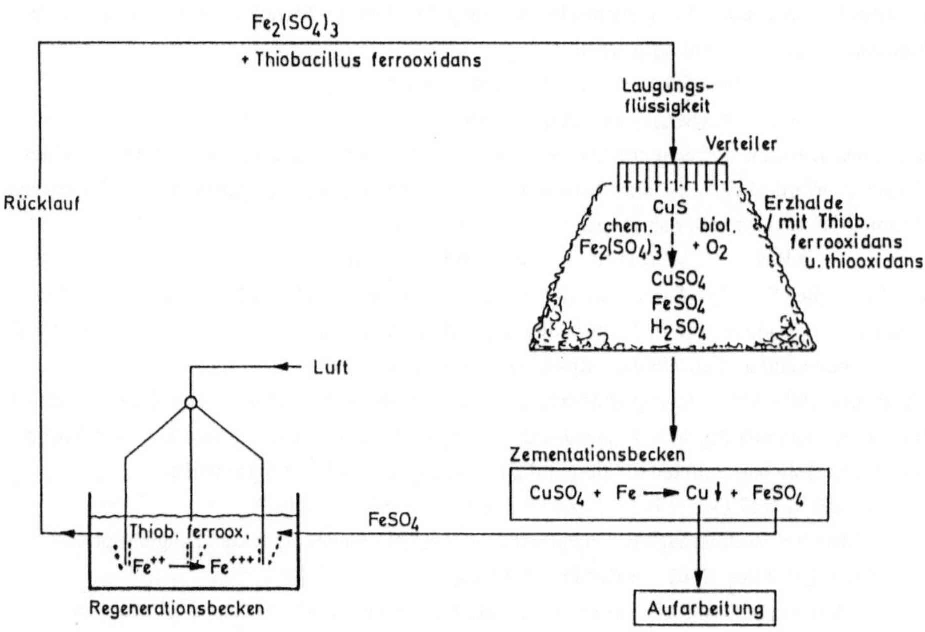

Fig. 4-10: Metallaugung nach dem Perkolationsverfahren (KÖHLER u. HOFMANN, 1992)

Beim *Zementationsverfahren* wird z. B. Kupfer durch Zugabe des weniger edlen Metalls Eisen (Späne, Platten) ausgefällt. Dabei geht Eisen als $FeSO_4$ in Lösung. Ein zweites Verfahren, welches vor allem für Uran und Kupfer genutzt wird, ist die metallselektive *Bindung mit Ionenaustauschern*. Für einige Metalle eignet sich die *Extraktion* mit organischen Lösungsmitteln. Das Metall tritt von der wäßrigen in die organische Phase über und reichert sich dort an. Die beim Zementationsverfahren anfallende $FeSO_4$-Lösung wird in einem gesonderten Oxidationsbecken regeneriert, d. h Fe^{2+} wird wieder in Fe^{3+} überführt.

Im Falle der **Suspensionslaugung** wird mechanisch zerkleinertes Erz im Rührfermentor mit Bakterien behandelt. Bei optimalen Wachstumsparametern sowie möglichst großer Oberfläche des Erzes läßt sich die Laugung auf wenige Tage bzw. Wochen reduzieren. Von Nachteil ist, daß mit dieser Verfahrensweise nur relativ kleine Erzmengen behandelt werden können und die Kosten wesentlich höher als bei der Perkolationslaugung sind.

Der Laugungsprozeß mit autotrophen Mikroorganismen ist von verschiedenen **Milieubedingungen** abhängig. An vorderster Stelle steht eine ausreichende Sauerstoffversorgung, die von der Belüftungsintensität, der Partikelgröße des Erzes, der Temperatur u. a. Parametern abhängig ist. Bei der relativ geringen Wachstumsrate der *Thiobacillus*-Arten ist die in der Luft enthaltene CO_2-Konzentration als C-Quelle ausreichend. Wichtig ist, daß für die CO_2-Fixierung genügend Energie durch Oxidation von Fe^{2+} zu Fe^{3+} bereitgestellt wird. Der optimale Temperaturbereich für die überwiegend mesophilen Bakterien liegt zwischen 30 - 40 °C, die günstigsten pH-Verhälnisse befinden sich im stark sauren Bereich (pH 2 - 2,5). Als Begleitorganismen treten säuretolerante Bakterien und Pilze auf, die sich fördernd oder hemmend auswirken können.

Die Intensität der Biolaugung ist auch von der **Metall-Resistenz** der Bakterien abhängig. *T. ferrooxidans* ist an Schwermetalle relativ gut adaptiert. Zu hohe Metallkonzentrationen hemmen die CO_2-Fixierung sowie die Fe^{2+}-Oxidation. Als obere Toleranzgrenzen gelten für Uran ca. 10 g/l, Kupfer ca. 50 g/l und Zink etwa 110 g/l. Wesentlich niedriger sind die Toleranzgrenzen für Pb, Hg, Mo und Cd. Da in verschiedenen Bakterien die Metallresistenz durch Plasmidgene kodiert wird, besteht die Möglichkeit, diese mittels gentechnischer Methoden weiter zu verbessern.

Erzlaugung mit heterotrophen Bakterien. Die Laugung erzhaltiger Gesteine, die einen hohen Silikat- und Carbonatgehalt aufweisen, kann mit heterotrophen Mikroorganismen effektiv durchgeführt werden. Ihre Wirkung beruht auf der **Ausscheidung von Metaboliten** (Fettsäuren, Citronensäure u. a.), die infolge Salz- und Komplexbildung Gesteine zersetzen und Metalle in Lösung bringen. Im Gegensatz zu den autotrophen Bakterien benötigen die heterotrophen organische C- und Energiequellen wie Stärke, Melasse, Gewässersedimente u. a.. Die **Gesteinsauflösung** kann im wesentlichen nach drei Prinzipien erfolgen.

a.) Bei der **Acidolyse** wirken organische und anorganische Säuren, die durch mikrobielle Abbauvorgänge sowie Sulfurikation oder Nitrifikation entstehen. Diese Säuren lösen verschiedene Metalle aus dem Gestein heraus. Allgemein läßt sich dies wie folgt ausdrücken:

$$Metall^+Mineral^- + H^+Anion^- \rightarrow H^+Mineral^- + Metall^+Anion^-$$

Als Säureanion können COO^-, SO_4^{2-}, CO_3^{2-}, NO_3^- wirksam werden.

b.) Die **Komplexolyse** ist durch Bildung und Ausscheidung von Komplexbildnern (z. B. Phenole, Citronensäure, Siderophoren) gekennzeichnet, welche metallorganische Verbindungen bilden.

c.) Im Falle der **Alkalinolyse** erfolgt die Auflösung von Silikatstrukturen durch alkalische Metabolite (z. B. NH_3, OH^-). Die allgemeine Formel lautet:

$$Metall^+Mineral + H^+OH^- \rightarrow H^+Mineral + Metall^+OH^-$$

Erfolgreiche Anwendung fand die heterotrophe Laugung bisher bei der Gewinnung von Cu, Zn, Mn, U, Au, Ag und Selteneerde-Metalle sowie bei der Reduzierung von Fe-Oxiden u. a. Verunreinigungen in **Silikaten**.

Die Silikat-auflösende Wirkung einiger Mikroorganismen beruht zum einen auf der Spaltung von Siloxanbindungen (Si-O-Si, Si-O-Al), die gegenüber chemischen Reaktionen relativ stabil sind. Die mikrobielle Spaltung erfolgt bevorzugt im alkalischen Milieu (pH >9). Als Beispiele sind *B. licheniformis* u. a. *Bacillus*- sowie *Pseudomonas*-Arten zu nennen. Ein zweiter Wirkmechanismus beruht auf der Bildung organischer Säuren (z. B. Citronensäure, Oxalsäure), welche mit Ca^{2+}, K^+ u. a. Ionen der Silikate Komplexe bilden. In dieser Weise werden zahlreiche Mikroorganismen (z. B. *Aspergillus-, Lactobacillus*-Arten) wirksam.

An der Nutzung mikrobieller Silikatwandler wird auch hinsichtlich der Reinigung von Rohstoffen wie Quarzsand, Kaolin, Bauxit und Ton intensiv gearbeitet. So hat man z. B. mit ihrer Hilfe den Siliziumanteil in minderwertigem Bauxit reduziert sowie die Plastizität und Bruchfestigkeit von Keramikmasse verbessert. Ein Problem für die Umwelt ist die unkontrollierte Biolaugung. Sie erfolgt z. B. in allen Abraumhalden, Asche- und Mülldeponien sowie Lagerstätten für Böden.

4.6.2   Mikrobielle Metallanreicherung

Unter Ausnutzung der Fähigkeiten einiger Mikroorganismen zur Adsorption, Akkumulation und chemischen Veränderung von Metallen kann man auch unerwünschte Schwermetalle (z. B. Cd, Hg) aus Abwässern eliminieren und geringe Mengen wertvoller Metalle (z. B. Uran, Gold) aus Lösungen anreichern.

Bei der **Biosorption** kommt es zur Anreicherung positiv geladener Metallionen an der Zelloberfläche von Mikroorganismen infolge Chelatbildung, Adsorption, Ionenaustausch, Präzipitation u. a. Reaktionen mit negativ geladenen Hydroxyl-, Carboxyl-, Phosphat- und Sulfhydryl-Gruppen von Zellwandpolymeren. Dieser Prozeß ist vom Stoffwechsel unabhängig und findet auch bei toten Zellen statt.

Durch Biosorption mit *Aspergillus niger* und *Penicillium chrysogenum* können beispielsweise Uran, Radium u. a. Nuclide bis zu 180 mg/g TS angereichert werden. *Rhizopus arrhizus* und *Saccharomyces cerevisiae* sind in der Lage, Uran aus Abwässern der Atomindustrie bis zu 18 % ihrer Zelltrockensubstanz zu adsorbieren, was mehr als das Doppelte der Bindungskapazität von Ionenaustauschern darstellt. Die Adsorption ist so intensiv, daß Uransalze an der Zelloberfläche auskristallisieren. Eine hohe Bindungskapazität für Cd und Cu (0,1 - 0,3 g Metall/g TS) besitzt ein bakterielles Polysaccharid, das von *Zoogloea ramigera* ausgeschieden wird.

Die gebundenen Metallmengen sind von der Zellwandzusammensetzung, vom Metallion und den Milieubedingungen abhängig. Bei Anwesenheit mehrerer Metalle konkurrieren diese um die Bindungszentren. Daraus resultieren für verschiedene Mikroorganismen unterschiedliche Affinitätsreihen, die man zur selektiven Anreicherung von Metallen nutzt.

Zur Isolierung der angereicherten Metalle werden die Mikroorganismen mittels Sedimentation oder Zentrifugation aus der wäßrigen Phase abgetrennt. Durch Desorption bei pH-Werten unter 3, Destillation, Extraktion oder Verbrennung werden anschließend die Metalle aus der Biomasse freigesetzt. Bei der Desorption können Zellmaterial oder Polysaccharide erneut verwendet werden. Die Ökonomie dieses Prozesses wird von der Bereitstellung billiger Biomasse bestimmt, die z. B. aus Fermentationsansätzen anderer Produkte bereitgestellt werden kann.

Ein stoffwechselabhängiger Prozeß, zu dem nur *lebende* Mikrobenzellen befähigt sind, ist die **Bioakkumulation** von Metallen. Diese weit verbreitete Fähigkeit von Mikroorganismen beruht darauf, daß von den Zellen spezielle niedermolekulare Proteine, die sog. *Metallothioneine*, gebildet werden. Sie besitzen in bestimmten Bereichen ihres Moleküls vermehrt Aminosäuren mit freien SH-Gruppen (vorrangig Cystein). Durch spezielle Faltung der Aminosäurekette konzentrieren sich die SH-Gruppen in einer räumlichen Struktur, welche zur Komplexbildung mit ganz bestimmten Metallionen befähigt ist.

Die Bildung solcher Mercaptidkomplexe ist für den Schwermetallstoffwechsel bei Mikroorganismen sehr bedeutungsvoll. Die Synthese der Proteine wird von den Metallen induziert. Die Akkumulation der Metalle im Cytoplasma der Zelle ist nicht von chemischen oder physikalischen Faktoren abhängig. Der Anreicherungsfaktor, vor allem für Radionuclide, kann mehrere Zehnerpotenzen betragen. So bindet z. B. *Rhizopus arrhizus* bis zu 185 mg Uran oder Thorium pro g TS. In etwa 10 s kann *Pseudomonas aeruginosa* Uran bis zu einer Konzentration von 56 % der TS aufnehmen, wird aber wegen der starken Giftwirkung des Metalls dabei abgetötet. Eine Mischkultur von *Pseudomonas maltophila, Staphylococcus aureus* u. a. Bakterien ist in der Lage, aus einer 10 mmol Silberlösung bis zu 300 mg Silber/g TS anzureichern.

Eine dritte Möglichkeit der biotechnologischen Metallanreicherung besteht durch **chemische Veränderung** der Metalle. Auf diese Weise wird z. B. mit *Thiobacillus ferrooxidans* Eisen aus sauren Abwässern von Minen entfernt. Trägerfixierte Zellen dieses Schwefelbakteriums oxidieren in Abwässern Fe^{2+} zu Fe^{3+} und veranlassen dadurch die Metallausfällung. Andere Mikroorganismen bilden aus Methanol und Schwermetallen (z. B. Hg, Se, As, Pb, Cd) leicht flüchtige metallorganische Verbindungen, die durch Destillation konzentriert werden können. Die praktische

Nutzung der letztgenannten Variante dürfte allerdings mit Problemen verbunden sein, da diese Verbindungen sehr giftig sind.

4.6.3   Mikrobielle Entschwefelung fossiler Rohstoffe

Bei Verbrennung von Kohle und Erdöl, die mitunter große Mengen an **Schwefel** enthalten, kommt es zu SO_2-Emissionen, welche durch Bildung von saurem Regen und Smog zu erheblichen **Umweltschäden** führen (Waldsterben, Korrosion u. a.). Heizkraftwerke sind daher vom Gesetzgeber beauflagt, bestimmte Grenzwerte an SO_2-Emissionen nicht zu überschreiten. Diese lassen sich durch Entschwefelung der fossilen Brennstoffe leichter erreichen.

Zur Entschwefelung von Kohle und Erdöl wurden verschiedene Verfahren entwickelt, von denen mikrobielle zunehmendes Interesse finden. Ziel der mikrobiellen Behandlung ist die Umwandlung anorganischer und organischer Schwefelverbindungen in wasserlösliche Abbauprodukte. Dazu können sowohl aerobe als auch anaerobe Keime verwendet werden.

Kohleentschwefelung. Je nach Herkunft kann der Schwefelgehalt in der Kohle große Schwankungen aufweisen. Steinkohle enthält etwa 0,2 - 8 %, Braunkohle 8 - 10 % Schwefel. Kohle mit hohem S-Gehalt ist für die Energiegewinnung wegen der hohen Kosten für die Abgasentschwefelung weniger geeignet. Steinkohle enthält Schwefel in 3 verschiedenen Formen, nämlich

- als sulfidisches Mineral in Form von FeS_2 (Pyrit),
- organisch gebunden in Form von SH-Gruppen und Schwefelbrücken (z B. Thiophen-, Thioether- und Thiolstrukturen)
- sowie als anorganische Sulfatverbindungen.

Den Hauptanteil der S-Verbindungen macht **Pyrit** aus, so daß die Entschwefelung hauptsächlich darauf konzentriert wird. Die Verfahren zum biotechnologischen Pyritabbau gleichen denen der Armerzlaugung (s. Abschn. 4.6.1). **Organisch gebundener Schwefel** läßt sich aus der Kohle biotechnologisch weniger gut entfernen. Zu seiner Oxidation und Herauslösung sind bevorzugt thermophile Bakterienstämme (z. B. *S. acidocaldarius, T. ferrooxidans)* befähigt.

Die meisten mikrobiellen Verfahren arbeiten mit Kohlesuspensionen, die unter Verwendung von Rührfermentoren u. a. Reaktortypen mit entsprechenden Mikroorganismen beimpft werden. Die Effektivität der Entschwefelung hängt von der Größe der Kohlepartikel, dem Verwachsungsgrad mit anderen Komponenten, der Bakterienkonzentration sowie von geeigneten Wachstumsbedingungen für die Keime ab. Die wesentlichsten **Verfahrensschritte** sind in Fig. 4-11 dargestellt.

Die mechanische Kohlezerkleinerung sorgt für eine große Oberfläche und den intensiven Kontakt mit den Bakterien. Die während der Entpyritisierung entstehende Schwefelsäure wird z. T. zur Entfernung der Carbonate genutzt. Die mikrobielle Reaktion läuft gewöhnlich bei pH-Werten zwischen 2 - 3 ab.

Zu einer 20 - 50 %igen Kohlesuspension setzt man im Bioreaktor Nährstoffe (vor allem N- und P-Quellen) hinzu, beimpft mit Bakterien und begast mit Sauerstoff und CO_2. Die Reaktionstemperatur wird bei Einsatz von *T. ferrooxidans* auf 28 - 32 °C, bei Verwendung von *Sulfolobus*-Arten auf 60 - 75 °C eingestellt. Die Entschwefelung dauert je nach Partikelgröße und Prozeßführung 7 - 30 Tage und kann im günstigsten Falle bis zu 90 % betragen.

Obwohl die Entschwefelung mittels Suspensionsverfahren einen beträchtlichen technologischen und energetischen Aufwand erfordert, ist sie effektiver als mit Halden- und Sickerverfahren. Die Gründe dafür sind, daß die Kohle bei Einsatz moderner Feuerungsanlagen sowieso gemahlen wird und in wäßriger Suspension über Rohrleitungen kostengünstiger transportiert werden kann.

Erdölentschwefelung. Erdöl enthält etwa 0,1 - 5 % anorganisch und organisch gebundenen Schwefel. Die Vielfalt von über 200 organischen Verbindungen erschwert die Schwefeleliminierung. Einen teilweisen **aeroben Abbau** des Schwefels erreicht man mit einigen *Pseudomonas*-Arten (z. B. *P. alcaligenes, P. putida*). Gene für Enzyme, die z. B. zur Oxidation von Dibenzothiophen benötigt werden, hat man auf einem 72 kb großen Plasmid dieser Bakterien gefunden.

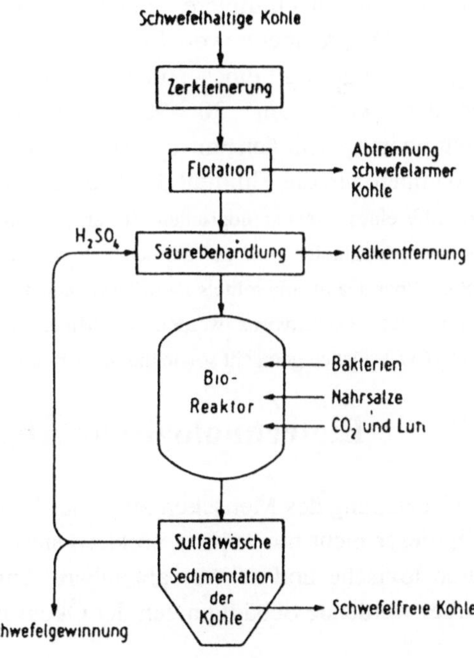

Fig. 4-11: Verfahrensablauf der mikrobiellen Kohleentschwefelung (FRITSCHE, 1990)

Eine weitere Möglichkeit der Entschwefelung besteht durch **anaeroben Abbau** mit Hydrogenasebildnern, die S-C-Bindungen durch H-Anlagerung spalten.

$$R_1\text{-}S\text{-}R_2 + H_2 \rightarrow R_1\text{-}SH + R_2H$$
$$R_1\text{-}S\text{-}R_2 + 2\,H_2 \rightarrow R_1H + H_2S + R_2H$$

Die großtechnische Anwendung der mikrobiellen Entschwefelung von Erdöl wird sich aus Kostengründen in nächster Zeit nicht durchsetzen, da primär S-armes Erdöl noch ausreichend vorhanden und etwa um die Hälfte billiger ist.

4.6.4 Erdölförderung mit Hilfe von Mikroorganismen

Erdöl tritt meist nach dem Anbohren von Lagerstätten unter Eigendruck aus. Ist diese sog. *Primärförderung* erschöpft, kann durch Hineinpumpen von Wasser in Bohrlöcher die Lagerstätte unter Druck gesetzt und weiteres Öl gefördert werden, da das spezifisch schwerere Wasser das Öl unterschichtet (*Sekundärförderung*). Ist das Öl wegen geringer Durchlässigkeit von Gesteinsschichten oder durch hohe Viskosität wenig fluid, kann es mittels mikrobiell produzierter oberflächenaktiver und dispergierender Substanzen verändert und die weitere Ölförderung ermöglicht werden (*Tertiärförderung*).

Oberflächenaktive Substanzen werden von einigen Mikroorganismen gebildet, wenn man sie in Medien kultiviert, die KW enthalten. Ihre Ausscheidung erfolgt, um die KW zu emulgieren und für den Mikroorganismus besser zugängig zu machen. Die Ausbeute von Erdöllagerstätten in Sandstein konnte so z. B. durch Zugabe von 50 mg/l eines Trehalosefettsäureesters, der von *Nocardia rhodochrous* gebildet wird, um 30 % gesteigert werden. Es ist ferner möglich, Bakteriensuspensionen mit derartigen Eigenschaften direkt in die Erdöllagerstätte zu pumpen, um die Fluidität des Erdöles zu verbessern.

Mit Hilfe eines biotechnologischen Verfahrens läßt sich auch das nicht fluide Öl aus **Ölschiefer** gewinnen. Ölschiefer wird gewöhnlich bergmännisch abgebaut und das darin enthaltene Öl unter großem Energieaufwand mittels Destillation abgetrennt. Durch ein Laugungsverfahren mit Hilfe von *Thiobacillus concretivorus* werden die Mineralien, welche das Öl einschließen, in Form von $CaMg(CO_3)_2$ löslich gemacht sowie das stark bituminöse Öl verflüssigt und damit verfügbar.

4.7 Biotechnologische Abproduktbeseitigung

Die Beziehung des Menschen zu seiner Umwelt ist dadurch gekennzeichnet, daß er sich dieser nicht nur anpaßt, sondern sie auch bewußt verändert. Leider ist jedoch durch toxische und schwer abbaubare Abfall- und Schadstoffe auch eine immer stärker werdende Schädigungen der Ökosysteme zu verzeichnen.

Die **umweltschädigenden Einflüsse** sind quantitativer und qualitativer Art. *Quantitativ* durch das explosionsartige Wachstum der Erdbevölkerung, vor allem aber durch die zunehmende Industrialisierung und Erhöhung des Lebensstandards in vielen Ländern, wodurch ein überproportionaler Anfall an festen, flüssigen und gasförmigen Abprodukten zu verzeichnen ist. In *qualitativer* Hinsicht dadurch, daß immer mehr chemische Produkte hergestellt werden, für deren Abbau es in der Natur noch keine Enzyme gibt und die eine schädliche Wirkung auf die in der Umwelt befindlichen Lebewesen ausüben. Dazu gehören z. B. Schädlingsbekämpfungsmittel, Treibstoffe, Lösungsmittel, aber auch einige Haushaltschemikalien.

Mit Hilfe biotechnologischer Verfahren können umweltschädigende Einflüsse gemindert werden. Einige Einsatzgebiete werden nachfolgend behandelt.

4.7.1 Mikrobielle Abwasserreinigung

Abwasser ist ein mit unterschiedlichen anorganischen und organischen Stoffen verunreinigtes Wasser, das im kommunalen Bereich (z. B. Haushalte, Gewerbe, Schulen, Behörden) sowie in der Industrie und Landwirtschaft anfällt. Da die Selbstreinigungskapazität natürlicher Gewässer häufig nicht ausreicht, um die in den Abwässern enthaltenen Substanzen insbesondere der chemischen Industrie abzubauen, wurden Abwasserreinigungsanlagen notwendig.

Zur Beurteilung des Verschmutzungsgrades von Abwässern und zur Einschätzung des durch die Abwasserbehandlung eingetretenen Reinigungseffektes dienen vor allem **Summenparameter,** da die Bestimmung von Einzelsubstanzen aus Kosten- und Zeitgründen im allgemeinen nicht möglich ist.

Als Maß für den Gehalt an mikrobiell abbaubaren Stoffen im Abwasser dient der **Biochemische Sauerstoffbedarf (BSB$_5$),** der den oxidativen Abbau unter Standardbedingungen im Verlaufe von 5 Tagen kennzeichnet. Für die Oxidation von 1 g oTS werden z. B. folgende Sauerstoffmengen (g O$_2$) benötigt: Glucose 1,07, Proteine 1,46, Fette 2,85, Phenol 2,39, Methan 4,0.

Zur Einschätzung des Verschmutzungsgrades von Abwasser wird im Abwasserabgabengesetz der BRD die Messung des **Chemischen Sauerstoffbedarfs (CSB)** gefordert, weil der BSB$_5$ von der Wirkung der im Abwasser enthaltenen Toxine beeinflußbar ist. Dieser Wert gibt die Menge eines Oxidationsmittels (z. B. Kaliumchromat, Kaliumpermanganat) bzw. die daraus errechenbare Menge an Sauerstoff an, welche zur chemischen Oxidation aller im Abwasser enthaltenen Schmutzstoffe notwendig ist. Der CSB ist immer höher als der BSB$_5$. Der CSB/BSB$_5$-Faktor liegt bei kommunalen Abwässern zwischen 1 - 1,5, bei Industrieabwässern meist über 2.

Weitere Parameter, die zur Charakterisierung des Verschmutzungsgrades häufig verwendet werden, sind der **AOX** (Gehalt an adsorbierbaren organisch gebundenen Halogenen, z. B. Cl$_2$), der Gehalt an **Schwermetallen** (z. B. Hg, Cd, Cr, Ni, Pb, Cu), **Phosphat** und **Nitrat** sowie die **toxische Wirkung** auf biologische Testobjekte (z. B. Fische, Wasserflöhe und Leuchtbakterien).

Die Menge des anfallenden Abwassers wird in sog. **Einwohnergleichwerten (EGW)** ausgedrückt. Diese Größe beruht darauf, daß statistisch gesehen jeder Einwohner durchschnittlich 60 BSB_5/Tag in 200 l Abwasser abgibt. Setzt man 1 EGW mit 60 g BSB_5 an, so lassen sich auf dieser Basis die in allen Lebensbereichen anfallenden Abwassermengen vergleichbar angeben (Tab. 4-28).

Tab. 4-28: Abwassermengen einiger Betriebe in Einwohnergleichwerten

Betrieb	Produktmenge	Einwohnergleichwerte
Brauerei und Molkerei	1000 l Bier bzw. Milch	150 - 350
Stärkefabrik	1 t Mais	800 - 1000
Papierfabrik	1 t Papier	200 - 900
Schlachthof	100 Schweine	2700 - 3000
Tierzucht	500 kg Rind	14 - 16

Die Abwasserreinigung in einer Kläranlage verläuft gewöhnlich über drei Prozeßstufen (Fig. 4-12). In der 1. Stufe (**Vorklärung**) erfolgt die mechanische Abtrennung von Feststoffen. Die 2. Stufe (**Hauptklärung**) umfaßt den biologischen Abbau der organischen Substanz und des Ammoniums. In der 3. Stufe (**Nachklärung**) werden die in der Hauptklärstufe gebildeten sowie die noch nicht abgebauten Stoffe abgesondert. Die verschiedenen Verfahren der 2. Stufe lassen sich in aerobe und anaerobe Prozesse unterteilen.

4.7.1.1   Aerobe Abwasserreinigung

Zu den ältesten und einfachsten Verfahren der aeroben Abwasserreinigung gehören die **Rieselfelder**, die vor allem den Großstädten im 19. Jh. für die Entsorgung ihrer Abwässer dienten. Das mechanisch vorgereinigte Abwasser versickert im Boden, in dem dann der mikrobielle Abbau der organischen Schmutzstoffe stattfindet. Nachteile dieser Verfahrensweise sind der große Flächenbedarf (ca. 1 ha für 500 - 1000 Einwohner), die starke Geruchsbelästigung sowie die unzureichende Abtötung pathogener Keime und Wurmeier.

Eine bessere, mehr technisch geprägte Anlage zur Abwasserreinigung ist der **Tropfkörper**, der 1894 in England entwickelt wurde und nach dem Prinzip eines Festbettreaktors arbeitet (Fig. 4-13). Die ursprünglichen Tropfkörper waren Gesteinshaufen ohne feste seitliche Ummantelung. Neuere Anlagen bestehen aus kesselartigen Behältern, die bis zu 24 m hoch sein können. Tropfkörper sind mit festem, großporigem Material (z. B. Lavabrocken, Schlacke, Bimsstein, Ziegelstücke, Kunststoffkörper) gefüllt, auf welches mechanisch vorgeklärtes Abwasser durch Drehsprenger versprüht wird.

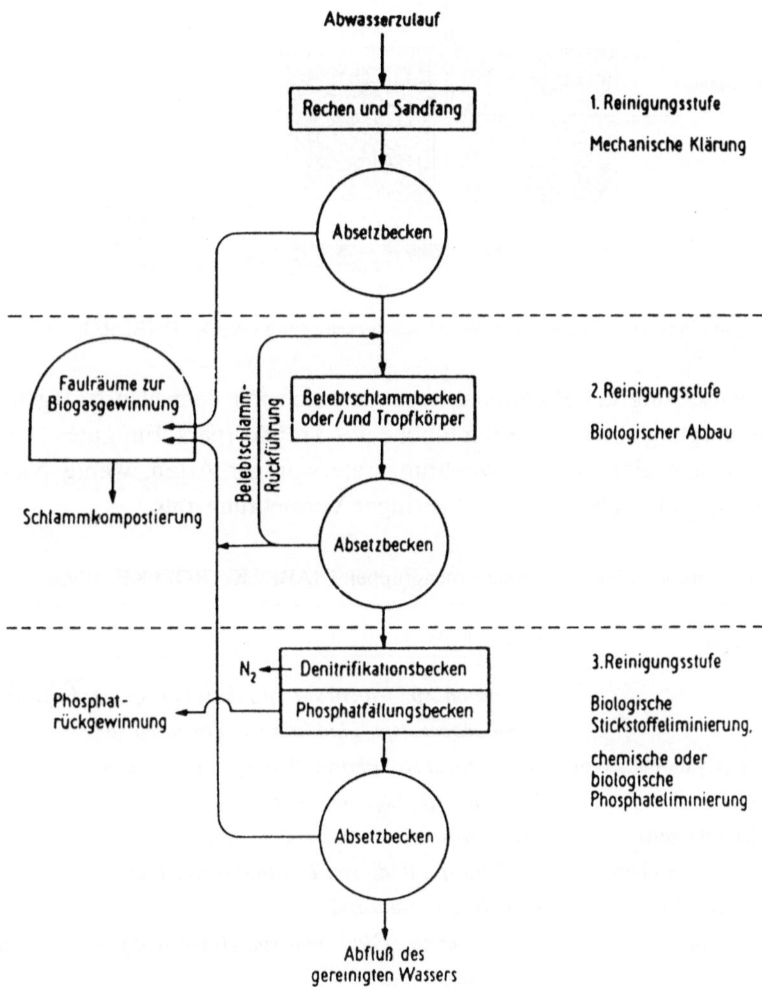

Fig. 4-12: Prozeßstufen einer kommunalen Abwasserkläranlage (FRITSCHE, 1990)

Unter Ausnutzung der im Abwasser enthaltenen Nährstoffe entwickelt sich auf den Füllkörpern ein aus zahlreichen Bakterien, Pilzen, Cyanobakterien und Algen bestehender „**Rasen**" (Tab. 4-29).
Dieser wird von Protozoen, Rotatorien, Nematoden, Milben, Insektenlarven u. a. Kleinstlebewesen abgeweidet und schafft somit Platz für nachwachsende Mikro-

organismen. Einige Vertreter der in *Biozönose* lebenden unterschiedlichen Organismen sind in Fig. 4-14 zu sehen.

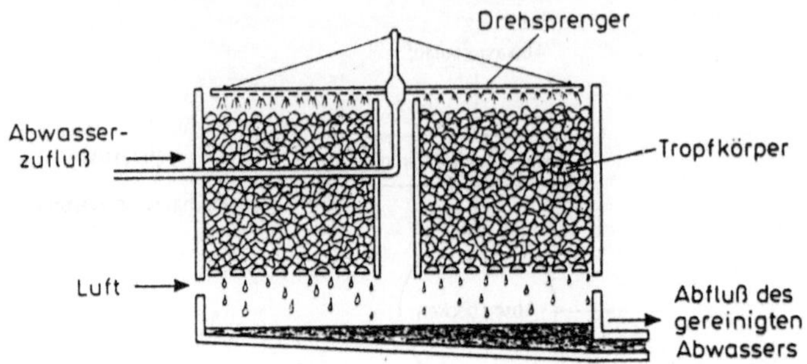

Fig. 4-13: Aufbau eines Tropfkörpers für die Abwasserreinigung (WARTENBERG, 1989)

Die Zusammensetzung der Biozönose verändert sich mit dem Nährstoffgehalt, der Sauerstoffversorgung sowie der Schichthöhe des Tropfkörpers. Ein gutes Nährstoffangebot ermöglicht eine hohe Vermehrungsrate weniger Arten, wenig Nährstoffe die Entwicklung zahlreicher Arten mit geringer Vermehrungsrate.

Tab. 4-29: Im Tropfkörper lebende Organismengruppen (HABECK-TROPFKE, 1992)

Organismengruppe	Beispiele
Bakterien	*Beggiatoa sp., Nocardia sp., Sarcina sp., Sphaerotilus sp., Streptococcus sp., Thiothrix sp., Zoogloea sp.*
Cyanophyceae (Cyanobakterien)	*Oscillatoria sp., Phormidium sp., Spirulina sp.*
Mycophyta (Pilze)	*Fusarium sp., Leptomitus sp.*
Diatomeae (Kieselalgen)	*Navicula sp., Nitzschia sp.*
Flagellatae (Geißeltierchen)	*Euglena sp., Bodo sp., Tetramitus sp., Trigonomonas sp.*
Rhizopodae (Wurzelfüßler)	*Amoeba sp., Heliozoae sp.*
Ciliatae (Wimpertierchen)	*Colpidium sp., Glaucoma sp., Hexotrichia sp., Paramaecium sp., Vorticella sp.*
Rotatoriae (Rädertierchen)	*Rotaria sp., Colurella sp.*
Oligochaetae (Wenigborster)	*Tubifex sp.*
Hexapoda (Insekten)	*Chironomus sp.*

In den gut belüfteten oberen und unteren Regionen des Tropfkörpers sind aerobe, in der mittleren Zone meist anaerobe Mikroorganismen aktiv. Der Hauptanteil der im Abwasser enthaltenen organischen Substanzen wird von den Mikroorganismen (vorzugsweise Bakterien) verstoffwechselt. Protozoen u. a. Kleinstlebewesen ernähren sich von Bakterien und festeren organischen Bestandteilen. In Fig. 4-15 sind die in einem Tropfkörper ablaufenden Stoffwechselprozesse in groben Zügen schematisch dargestellt.

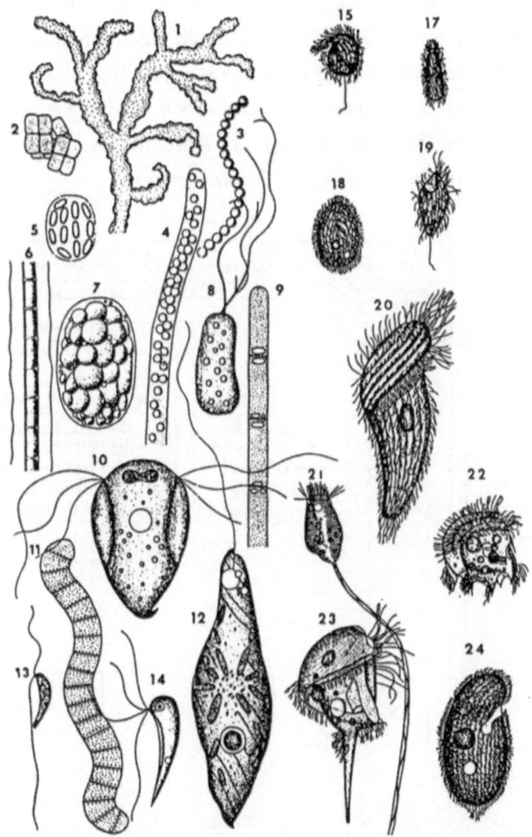

Fig. 4-14: Kleinstlebewesen, die im Tropfkörperrasen leben (HABECK-TROPFKE, 1992)

Bakterien: 1 - *Zoogloea ramigera* (Bäumchenbakterie), **2** - *Sarcina paludosa* (Bakterien in Paketform), **3** - *Streptococcus margaritaceus* (Bakterien in Kettenform), **4** - *Beggiatoa alba* (weiße Schwefelbakterie), **5** - *Chlorobacterium aggregatum* (grüne Schwefelbakterie), **6** - *Sphaerotilus natans* (Fadenstück des „Abwasserpilzes"), **7** - *Achromatium oxaliferum* (weiße Schwefelbakterie), **8** - *Chromatium Okenii* (rote Schwefelbakterie), **9** - *Oscillatoria putrida* (Cyanobakterie), **11** - *Spirulina Jenneri* (Cyanobakterie), **Geißeltierchen:** 10 - *Trigonomonas compressa*, **12** - *Euglena viridis*, **13** - *Bodo putrinus*, **14** - *Tetramitus pyriformis*, **Wimpertierchen:** 15 - *Hexotricha caudata*, 17 - *Enchelys vermicularis*, **18** - *Glaucoma scintillans*, **19** - *Trimyema compressa*, **20** - *Metopus es*, **22** - *Saprodinium dentatum*, **23** - *Caenomorpha medusula*, **24** - *Colpidium colpoda*, **Glockentierchen: 21** - *Vorticella microstoma*

Zwischen Höhe und **Leistungsfähigkeit** eines Tropfkörpers besteht eine Korrelation. Bei schwach belasteten Abwässern (< 1 g BSB_5/l) genügen niedrige Anlagen (bis 3 m), stark verschmutzte Abwässer (> 1 g BSB_5/l) erfordern hingegen höhere Turmtropfkörper (bis 24 m hoch). Ist die BSB_5-Belastung des Abwassers sehr stark, kann es durch intensive Rasenentwicklung zur Verstopfung des Tropfkörpers kommen. Diese läßt sich durch Herausspülen von Teilen des Rasens mit gereinigtem Wasser vermeiden. Die abgelösten Rasenstücke setzen sich im Nachklärbecken als Schlamm ab. Er wird in separaten Anlagen einer anaeroben Faulung unterworfen, bei der die Mineralisierung der organischen Substanz erfolgt (s. Abschn. 4.7.1). In schwach belasteten Anlagen läuft die Mineralisierung überwiegend im Tropfkörper ab.

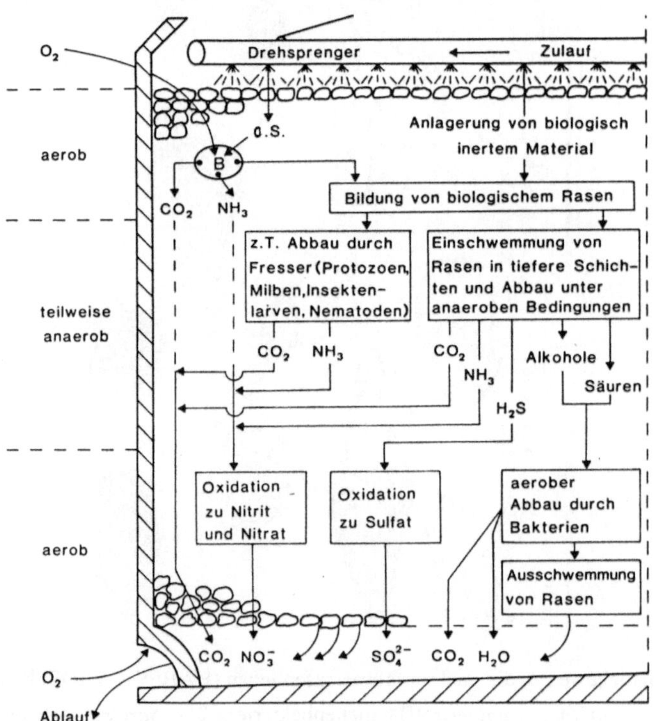

Fig. 4-15: Stoffwechselprozesse in einer Tropfkörperanlage (HARTMANN, 1989)
o. S. - organische Substanz, B.- Bakterien

Zur Reinigung stark belasteter Abwässer werden bevorzugt **Belebtschlamm-Verfahren** eingesetzt, die durch intensive Belüftung eine hohe Abbauleistung aufweisen. Dazu nutzt man große offene Becken, welche intensiv belüftet und durchmischt werden. Das mechanisch vorgereinigte kontinuierlich zufließende Abwasser wird sofort homogen verteilt, so daß lokal keine Störungen des Mikrobenwachstums durch zu hohe Konzentrationen toxischer Stoffe entstehen können. Da schwer abbaubare Stoffe unzureichend metabolisiert werden, betreibt man bei industriellen Abwässern Mischreaktoren häufig mehrstufig. Der optimale Temperaturbereich liegt um 20 °C, der günstigste pH-Wert zwischen 7 - 8.

Der Belebtschlamm besteht aus **Belebtschlammflocken**, die einen Durchmesser von 50 - 200 μm aufweisen. Sie stellen eine Biozönose verschiedener Bakterienarten dar, die von einer Schleimschicht zusammengehalten werden. In der Schleimschicht befinden sich ferner Schmutzpartikel, Kolloide, Enzyme sowie anorganische Bestandteile (z. B. Ton, Eisenoxid, Calciumphosphat). Die Zusammensetzung der in der Belebtschlammflocke enthaltenen Mikroorganismen ist von Art und Menge der Schmutzstoffe abhängig. Häufig vertreten sind *Pseudomonas-, Micrococcus-, Achromobacter-, Alcaligenes-* und *Enterobacter*-Arten. Außerdem kommen im Belebtschlamm Protozoen, Rotatorien und Nematoden vor, die von den Bakterien leben und so zur Reduktion der Biomasse beitragen. Sie haben für die Leistungsfähigkeit des Belebtschlammes gewissermaßen Indikatorfunktion. Dominieren z. B. die Ciliaten, verläuft der Reinigungsprozeß gut. Befinden sich hingegen Flagellaten und Suctorien in der Überzahl, ist der Abbauprozeß gestört. Wichtige Vertreter dieser Organismengruppen enthält Tab. 4-30.

Tab. 4-30: Organismen im normalbelasteten Belebungsbecken (HABECK-TROPFKE, 1992)

Organismengruppe	wichtige Vertreter
Bakterien	*Arthrobacter sp., Bacterium aerogenes, B. cercus, Beggiatoa alba, Enterobacter aerogenes, Escherichia intermedium, Nocardia sp., Sphaerotilus natans, Zoogloea ramigera*
Cyanophyceen	*Oscillatoria limosa*
Rhizopoden	*Amoeba actinosphaerium, A. limax, Chaos diffluens*
Ciliaten	*Acineria incurvata, Aspidisca costata, Carchesium polypinum, Cyclidium lanuginosum, Epistylis plicatilis, Euplote affinis, Lionotus ancer, Opercularia coarctata, Paramecium caudatum, P. putrinum, Platynema sociale, Urotricha farcta, Vorticella alba, V. campanula*
Suctorien	*Podophrya fixa*
Nemathelminthen	*Diplogaster sp.*
Rotatorien	*Rotaria rotatoria*

Die **Abbauleistung** im Belebungsbecken kann man durch Teilrückführung von im Absetzbecken anfallendem Schlamm intensivieren. Unter günstigen Bedingungen sind Abbauraten von 5 - 10 kg BSB_5/m^3 pro Tag erreichbar. Verbesserungen der Belebtschlammverfahren betreffen hauptsächlich die Sauerstoffversorgung und die Vergrößerung der Biomasseoberfläche durch kleinere Schlammflocken. Dies wird u. a. mit dem *Tauchstrahlreaktor* erreicht, der durch intensiveren Lufteintrag zur verstärkten Biomassebildung und damit zu höheren Abbauleistungen führt. Auch der sog. *Deep-Shaft-Reaktor*, bei dem der Reaktorraum bis zu 200 m in die Erde reicht, zeigt durch erhöhten hydrostatischen Druck und den langen Weg der Luft eine verbesserte Sauerstoffübergangsrate.

Zu den Abwasserreinigungs-Systemen der 3. Generation zählen die *Turmbiologie-* und *Biohoch-Reaktor-Verfahren* (Fig. 4-16). Die Vorteile der bis zu 30 m hohen turmartigen Reaktoren gegenüber den Belebungsbecken liegen in der effektiveren Sauerstoffausnutzung (80 % zu 15 %), dem geringeren Platzbedarf und der Abgasdesodorierung.

Im Belebungsraum des **Biohoch-Reaktors** befinden sich mehrere Mammutschlaufen, die das kontinuierlich zufließende Abwasser durch gezielte Lufteinleitung in ständigem Umlauf halten und dadurch eine intensive mikrobielle Abbautätigkeit ermöglichen. Durch die siebartige Abdeckung im oberen Teil des Belebungsraumes gelangt das teilgereinigte Abwasser über die Ruhezone in den Nachklärraum, in dem sich der Schlamm absetzt. Dieser wird zu 90 % in den Belebungsraum zurückgeführt, 10 % werden aufgearbeitet. Das gereinigte Abwasser fließt in den Vorfluter.

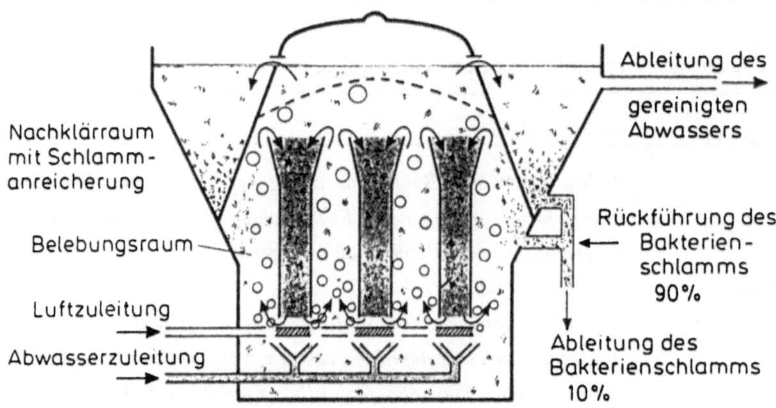

Fig. 4-16: Aufbau eines Biohoch-Reaktors der Hoechst AG (WARTENBERG, 1989)

4.7.1.2   Anaerobe Abwasserreinigung

Ein gravierender Nachteil aerober Abwasserreinigungsverfahren besteht darin, daß sie gewöhnlich nicht mehr als 50 % der organischen Substanz mineralisieren. Der Rest wird zur Synthese mikrobieller Biomasse genutzt, die neben schwer abbaubaren organischen Substraten (z. B. Lignocellulose) und anorganischen Komponenten den Hauptanteil des Schlammes ausmacht.

Der **Schlamm** kann direkt kompostiert oder in begrenztem Maße als Dünger eingesetzt werden, sofern sich die Belastung mit toxischen Substanzen (insbesondere Schwermetalle) in den vom Gesetzgeber vorgeschriebenen Grenzen bewegt. Aus energetischer und ökologischer Sicht ist es jedoch vorteilhafter, wenn der Schlamm durch anaerobe Faulung zu **Biogas** abgebaut wird.

Hochbelastete Abwässer aus der Lebensmittelindustrie (z. B. aus Stärkefabriken) und Landwirtschaft (z. B. Gülle), mit einem TS-Anteil von mehr als 10 g/l, werden häufig auch direkt einem anaeroben Reinigungsverfahren unterworfen. Die bei derartigen Verfahren ablaufenden mikrobiellen und biochemischen Prozesse sind bereits bei der Methangärung in Abschn. 4.5.1 beschrieben worden.

Vergleicht man die anaerobe und die aerobe Abwasserreinigung, so ergeben sich folgende **Vorteile**:

- Kosteneinsparung aufgrund nicht erforderlicher Belüftung und durch Gewinnung von Biogas,
- weniger Schlamm, da ca. 95 % der organischen Substanz zu CH_4 und CO_2 abgebaut werden,
- Ausfällung von Schwermetallen mit H_2S zu unlöslichen Sulfiden, die deponiert werden,
- Abtötung pathogener Keime und Wurmeier sowie
- geringer Bedarf an Nährstoffen (z. B. N-Quellen).

Von **Nachteil** ist

- der relativ langsame Prozeßverlauf, der große Reaktoren erforderlich macht sowie
- der geringere Verbrauch an N- und P-Verbindungen, wodurch deren Eliminierung in der 3. Reinigungsstufe unbedingt erforderlich wird.

4.7.1.3   Spezialkulturen für schwer abbaubare Substrate

Auch in sehr effektiv arbeitenden Abwasserreinigungsanlagen wird meist keine vollständige Mineralisierung aller organischen Substanzen erreicht, weil einige unter den üblichen Prozeßbedingungen nur schwer oder nicht abbaubar sind. Dies trifft vor allem für Abwässer der chemischen Industrie zu, die halogenierte Aliphate (z. B. Trichlormethan) und Aromaten (z. B. Chlorphenole), Sulfonate (z. B. Ligninsulfonat), polychlorierte Biphenyle u. a. toxische Substanzen enthalten. Eine große Anzahl dieser Stoffe kann mittels Spezialkulturen, die durch Selektion oder gentechnische Methoden im Labor entwickelt wurden, abgebaut werden. Ihr Einsatz erfordert oft spezielle Bedingungen, die in komplex zusammengesetzten Abwässern nicht vorliegen. Diese Bedingungen muß man dann durch gesonderte Erfassung der einseitig mit Problemstoffen belasteten Abwässer schaffen.

Ein Beispiel hierfür sind Abwässer der Papierindustrie, die bei der Papierbleichung anfallen und 1 - 5 mg Chlorphenol/l enthalten. **Chlorphenole** (z. B. 2,4,6-Trichlorphenol) sind für Fische u. a. Wasserorganismen sehr toxisch; sie schädigen auch die Mikroorganismen im Belebtschlamm. Durch Kombination eines anaerob arbeitenden Festbettreaktors mit einem Tropfkörper gelang es, 95 % der Chlorphenole zu mineralisieren. In der anaeroben Phase, in welcher sich eine Mischpopulation aus *Citrobacter-, Enterobacter-, Hyphomicrobium-* u. a. Bakterienarten entwickelt, kommt es zur Dechlorierung der Phenole, die in der nachfolgenden aeroben Phase weiter abgebaut werden. Am Endabbau können bis zu 70 verschiedene Stämme beteiligt sein.

Mittels **genetischer und gentechnischer Methoden** hat man in den USA und anderen Ländern zahlreiche Spezial- und Starterkulturen hergestellt, die für unterschiedliche Anwendungen (z. B. Anfahren von Kläranlagen, Reinigung von Rohren und Tanks) geeignet sind. Spezielle Leistungen sind u. a.

- der Abbau von Alkanen und Aromaten in Saline bei 0 - 15 °C,
- die Mineralisierung von DDT, Octan und Erdöl,
- Wachstum unter extremen pH-Verhältnissen,
- Desodorierung von Tierexkrementen,
- Bildung hoher Enzymaktivitäten (z. B. Lipasen, Cellulasen, Ligninasen).

Sie werden in großen Fermentoren angezüchtet und im Handel vertrieben. Ihr Marktvolumen liegt bereits bei mehreren 100 Mio. Dollar.

4.7.1.4   Mikrobielle Stickstoff- und Phosphateliminierung

Das in biologischen Kläranlagen anfallende Wasser enthält häufig noch zu viel Mineralstoffe (vor allem Ammonium, Nitrat und Phosphat), die bei ihrer Einleitung in natürliche Gewässer (Vorfluter) zu deren Eutrophierung beitragen.

Unter **Eutrophierung** versteht man die Schädigung von Gewässern durch Überdüngung. Aus der Massenentwicklung von Phytoplankton, Algen und Wasserpflanzen sowie deren teilweisen Abbau durch aerobe Bakterien resultieren Sauerstoffverarmung, pH-Anstieg und eine stärkere Vermehrung pathogener Keime. In tieferen Gewässerschichten entstehen aus nicht zersetzter organischer Substanz durch anaerobe Fäulnisprozesse Schwefelwasserstoff, Ammoniak u. a. Giftstoffe. Diese Vorgänge bewirken eine Schwächung bzw. den Tod von Fischen u. a. Organismen.

Zur Minderung des N- und P-Gehaltes im Abwasser sind die meisten Kläranlagen mit einer 3. Reinigungsstufe ausgestattet.

Stickstoffeliminierung. Der mikrobielle Prozeß verläuft über zwei Stufen.

In der 1. Stufe erfolgt die Oxidation aller Stickstoffverbindungen (**Nitrifikation**). Unter Belüftung wird Ammonium durch *Nitrosomonas sp.* im Verlaufe von 5 - 10 h zu Nitrit und dieses anschließend durch *Nitrobacter*-Arten zu Nitrat umgewandelt.

$$2\ NH_4^+ + 3\ O_2 \rightarrow 2\ NO_2^- + 4\ H^+ + 2\ H_2O \qquad \Delta G° = -600\ kJ$$
$$2\ NO_2^- + O_2 \rightarrow 2\ NO_3^- \qquad \Delta G° = -150\ kJ$$

In der 2. Stufe (**Denitrifikation**) wird Nitrat unter anaeroben Bedingungen zu molekularem Stickstoff reduziert, der gasförmig entweicht. An dieser Reaktion, die ein organisches Substrat als Wasserstoffdonator erforderlich macht, sind verschiedene Bakterien (z. B. *Pseudomonas-, Micrococcus-, Bacillus-, Achromobacter*-Arten) beteiligt.

$$2\ NO_3^- + 2\ H^+ + 10\ H \rightarrow N_2 + 6\ H_2O$$

Die für diesen Prozeß benötigten spezifischen Reaktionsbedingungen kann man im Tropfkörper bzw. Belebungsbecken durch entsprechende Verfahrensführung einstellen. Um eine 95 %ige Denitrifikation zu erreichen, muß NH_4^+ weitgehend oxidiert sein, ein hohes Schlammalter vorliegen (Nitrifikanten wachsen langsamer als andere Bakterien, Generationszeit über 12 h) und eine ausreichende Versorgung mit C- und Energiequellen erfolgen .

Eine besondere Rolle spielt die **C-Quelle**, die als Wasserstoff-Donator dient. Da nach der biologischen Reinigung im Abwasser häufig nicht mehr genügend organische Substanz enthalten ist, muß diese ergänzt werden. Dies kann durch Zugabe ungereinigten Abwassers aber auch durch Zudosierung definierter und leicht verwertbarer C-Quellen (z. B. Acetat, Methanol) erfolgen. Für die Reduktion von 1 g Nitrat-Stickstoff sind etwa 2 g Methanol erforderlich.

$$5\ CH_3OH + 6\ NO_3^- \rightarrow 5\ CO_2 + 3\ N_2 + 7\ H_2O + 6\ OH^-$$

Phosphateliminierung. Sie kann mit chemischen und mikrobiellen Verfahren durchgeführt werden. Letztere Variante beruht auf der Fähigkeit einiger Bakterien des Belebtschlammes (z. B. *Acinetobacter*-Arten), unter Streßbedingungen (z. B. wechselnde Sauerstoffversorgung) lösliche Phosphate zeitweilig in Form von Phosphatgranula als **Energiereserve** zu speichern.

Nach einer kurzen *anaeroben* Phase erfolgt unter *aeroben* Bedingungen und Nitratmangel eine verstärkte P-Aufnahme. Die P-Konzentration kann bis zu 10 % der Zell-TS erreichen. Tritt O_2-Mangel ein, werden Polyphosphate wieder in lösliche Phosphate umgewandelt. Mikroorganismen benötigen P u. a. zur Nucleinsäurensynthese und den Energiestoffwechsel (s. Abschn. 2.4).

Bei der technischen Umsetzung dieses Prozesses wurden mehrere **Verfahren** entwickelt, welche sich prinzipiell zwei Grundtypen zuordnen lassen.

1. Beim **Hauptstromverfahren** kommt es in der biologischen Reinigungsstufe zum Wechsel aerober und anaerober Bedingungen durch das Belebungs- und das Absetzbecken. Die Abtrennung von überschüssigem P-angereichertem Schlamm (mit 6 - 7 % P-Gehalt i. d. TS) kann mit Hilfe von Flotationsanlagen unter Vermeidung von Sauerstoffmangel vorgenommen werden.

2. Im **Nebenstromverfahren** wird eine Reaktivierung der Phosphatreserven des Belebtschlammes im Anaerobbecken über 12 - 24 h vorgenommen (*Phosphat-Strippung*). Das von den Zellen abgegebene lösliche Phosphat wird mit Kalk ausgefällt, und die Zellen können dann in das Belebungsbecken zurückgeführt werden. Bei dem Strip-Prozeß kommt es durch die Bakterien zur zehnfachen Phosphoranreicherung (P-Konzentration im Zulauf ungefähr 7 mg/l, im Fällungsbecken ca. 70 mg/l, nach der Fällung im Auslauf nur 0,5 mg/l).

Der P-reiche Überschußschlamm und das mit Kalk ausgefällte Phosphat können zur Düngung verwendet werden.

4.7.1.5   Eliminierung von Krankheitserregern

In Kläranlagen werden auch im Abwasser enthaltene Krankheitserreger abgetötet (Tab. 4-31). Dabei spielen folgende Faktoren eine Rolle:

- Nährstoffkonkurrenz durch die normale Bakterienflora,
- Verzehr pathogener Mikroorganismen durch Protozoen,
- ungünstige Lebensbedingungen durch Fäulnisprozesse sowie
- Erhitzen und Austrocknen des Faulschlammes, ggf. kombiniert mit z. B. Chlor.

Tab. 4-31: Mikrobielle Krankheitserreger, die im Abwasser vorkommen können (Auswahl)

Krankheit	Inkubationszeit	Mikroorganismus
Typhus	3 - 30 Tage	*Salmonella typhi*
Paratyphus		*Salmonella enteritidis*
Bakterienruhr	1 - 4 Tage	*Shigella dysenteriae, Sh. flexneri*
Cholera	18 - 72 Stunden	*Vibrio cholerae*
Enteritis	1 - 12 Tage	*Yersinia enterocolitica*
Wundstarrkrampf		*Clostridium tetani*
Meningitis, Gastroenteritis	3 - 5 Tage	*Campylobacter jejuni*
Blutvergiftung, Rinder-Abort		*Campylobacter intestinalis*
Tuberkulose	1 - 2 Jahre	*Mycobacterium tuberculosis*

4.7.2   Mikrobielle Abluftreinigung

Im Vergleich zur Abwasserreinigung ist die Reinigung von Abluft mit Hilfe von Mikroorganismen eine relativ junge Technologie. Sie wurde durch die anhaltende Umweltbelastung mit geruchsintensiven und teilweise gesundheitsschädigenden Abgasen aus Industrie und Landwirtschaft notwendig.
Seit Ende der 70er Jahre hat man verschiedene Verfahren entwickelt, die sich an Prinzipien der Abwasserreinigung anlehnen. Da Luft kein mikrobielles Substrat ist, werden die in den Abgasen enthaltenen Geruchs- und Schadstoffe zunächst durch eine flüssige oder feste Phase geleitet, wo sie ad- oder absorbiert und nachfolgend durch Mikroorganismen oxidativ abgebaut werden. In der Praxis haben sich bisher die nachfolgenden drei Verfahren durchgesetzt.

4.7.2.1   Biowäscher

Bei diesem Verfahren wird die Abluft durch eine Waschflüssigkeit geleitet, wobei gasförmige Komponenten in Lösung gehen und dann wie in Abwasserkläranlagen mikrobiell mineralisiert werden. Die Effektivität der Abbauprozesse ist von der Stoffaustauschfläche zwischen Gas- und Flüssigphase, der Verweildauer, von Art und Menge der Schadstoffe, der verfügbaren Sauerstoffmenge, der Temperatur, dem pH-Wert u. a. Faktoren abhängig. Bei der verfahrenstechnischen Gestaltung des Biowäschers wurden verschiedene Wege beschritten.

1. *Kombination von Biowäscher und Belebungsbecken*

Es gibt verschiedene Varianten von Biowäschern. Am gebräuchlichsten sind **Gegenstromwäscher**, z. B. Blasensäule, Füllkörperkolonne und Sprühwäscher (Fig. 4-17). Teilgereinigtes Waschwasser aus dem Belebungsbecken wird im Gegenstrom zu von unten eingeleiteter Abluft in einen Wäscher gesprüht, wobei die Schadstoffe der Gasphase in das Waschwasser übergehen. Nach Einleitung des Waschwassers in das Belebungsbecken und Zugabe von Nährstoffen (z. B. N-Quellen) erfolgt der mikrobielle Abbau der gelösten Substanzen.

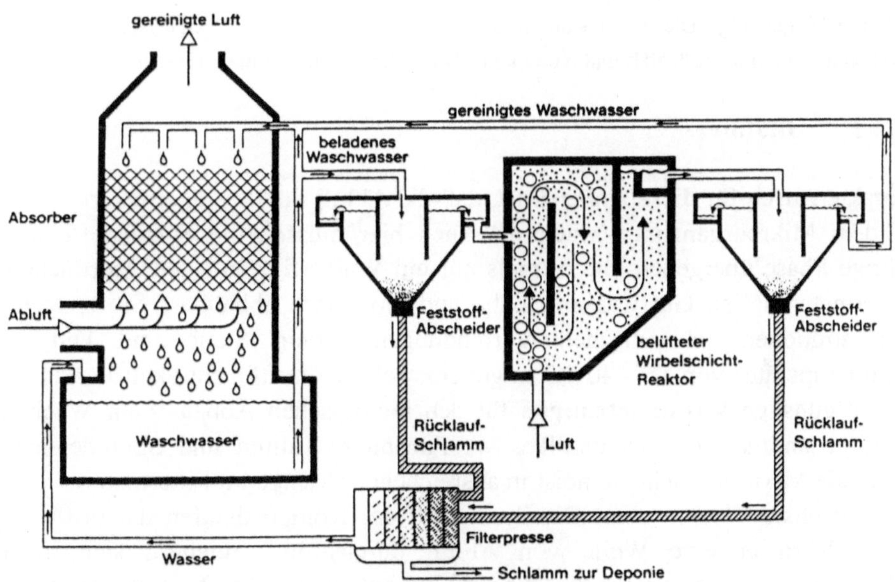

Fig. 4-17: Funktionsprinzip eines Biowäschers zur Abgasreinigung (FONDS DER CHEMISCHEN INDUSTRIE, 1989)

2. *Biowäscher mit fixierten Mikroorganismen*

Diese nach dem **Tropfkörperprinzip** der Abwasserreinigung (s. Abschn. 4.7.1) arbeitende Anlage enthält den Biorasen auf den Wäschereinbauten, so daß die Absorption der Schadstoffe und deren mikrobieller Abbau in einem Reaktor stattfinden. Leistungsfähigkeit und Anlagegröße sind von Oberfläche und Abbauleistung des Rasens, Umlaufgeschwindigkeit des Wassers, Löslichkeit der Abgase, Abluftbelastung u. a. Faktoren abhängig.

Bei einer Ausgangskonzentration von 1 g/m^3 Abluft beträgt die Löslichkeit in Wasser (g/l) z. B. für Ethanol 2,3, Butanol 1,8, Aceton 0,6, Methylchlorid 0,079, Xylol und Toluol 0,032, Hexan 0,001.

Der **Wirkungsgrad des Wäschers** hängt von der Regenerierung des Waschwassers durch den biologischen Abbau der Inhaltsstoffe ab. Bei einer Füllkörperoberfläche von 100 - 300 m^2/m^3 beträgt die übliche Berieselungsmenge zwischen 10 - 30 m^3/m^2·h. Die Wirkungsweise eines Biowäschers wird anhand von zwei Anwendungsbeispielen verdeutlicht.

Geruchsintensive Abgase einer Gießerei enthielten Phenol, Formaldehyd, Amine, NH$_3$, Crackprodukte von Kunstharz u. a. Stoffe. In einer großtechnischen Biowäscher-Anlage mit einer Leistung von 12000 m^3/h Abluft konnte eine Geruchsminderung von 75 - 85 % erreicht werden.

Mit Hilfe eines zweistufigen Biowäschers wurde die Abluft einer Tierkörperverwertungs-Anlage (40000 m^3/h) gereinigt. Die in der Rohluft enthaltenen Schadstoffe (ca. 2 kg/h NH$_3$, ca. 0,8 kg /h H$_2$S) konnten auf 0,04 kg/h NH$_3$ und 0,004 kg/h H$_2$S in der Reinluft reduziert werden.

4.7.2.2 Biofilter

Charakteristisch für diese Anlagen ist, daß die Abluft durch Trägermaterial strömt, auf dem Mikroorganismen wachsen. Auch hier müssen die Schadstoffe in die wäßrige Phase übergehen, die oftmals nur ein Wasserfilm auf der Oberfläche des Trägermaterials ist. Gut wasserlösliche und biologisch abbaubare Stoffe, geringe Konzentrationen an toxischen Verbindungen, wenig Staub und Fett, eine Ablufttemperatur von 15 - 40 °C sowie eine relative Luftfeuchtigkeit von über 95 % sind günstige **Voraussetzungen** für den biologischen Abbau. Zum Wachstum benötigte anorganische Nährstoffe, wie Phosphor, Kalium und Spurenelemente, finden die Mikroorganismen meist in ausreichender Menge im Filtermaterial.

Die einfachste Version eines Biofilters stellt der Komposthaufen dar (s. Abschn. 4.7.3). Wird er eine Weile von Abluft durchströmt, reichern sich in ihm Mikroorganismen an, welche die in der Abluft enthaltenen Stoffe verwerten.

Einen großen Einfluß auf die Abbauintensität haben die **Betriebsbedingungen**, wie Temperatur, Wassergehalt, pH-Wert, Art der Stoffzufuhr u. a.. Sie lassen sich am besten in speziellen Biofilteranlagen, die mit Kompost oder anderen Trägermaterialien gefüllt sind, einstellen und regeln. Das Aufbauschema einer derartigen **Anlage** enthält Fig. 4-18.

Über ein Gebläse gelangt die Abluft zunächst in einen Staubabscheider. In Abhängigkeit von der Größe der Staubteilchen kann dies ein Zyklon, Filter oder Wäscher sein. Die Einstellung der für den mikrobiellen Abbau günstigsten Temperatur erfolgt mittels Wärmeaustauscher. Im Wäscher werden die Schadstoffe in die wäßrige Phase überführt. Zur Befeuchtung dient überwiegend im Kreislauf geführtes Brauchwasser. Eine sehr bedeutende Rolle spielt das *Trägermaterial*, welches zur Füllung des Biofilters dient. Für eine gute Filterwirkung sollte es folgende Eigenschaften aufweisen:

* Eine große Oberfläche für den mikrobiellen Bewuchs bieten,
* als Nahrungsreservoir, Feuchtigkeitsspeicher und Puffer für Mikroorganismen dienen,
* einen geringen Durchströmwiderstand bieten sowie
* möglichst kostengünstig und immer verfügbar sein.

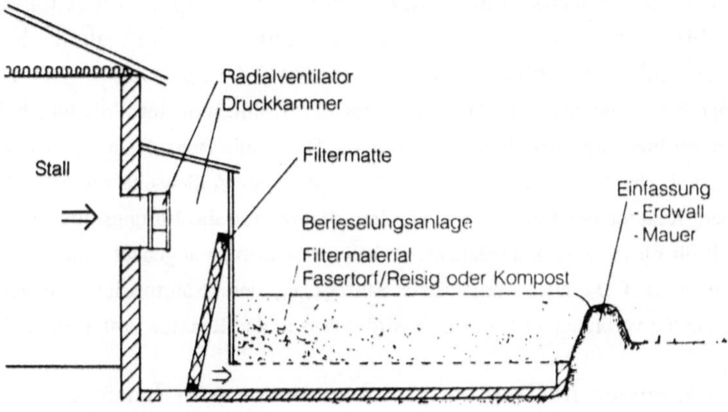

Fig. 4-18: Aufbauschema einer Biofilteranlage (HULPKE et al., 1993)

In der Praxis werden diese Anforderungen am besten von Kompost, Heidekraut, Reisig, Torf sowie einigen inerten Materialien (z. B. Lava, Blähton, Styropor) erfüllt. Wichtig ist, daß das Trägermaterial mittels Regner ständig befeuchtet wird. Die Abgaszufuhr kann man über gelochte Rohre, Spaltböden, Formsteine u. a. vornehmen. Das anfallende Sickerwasser wird in Kläranlagen geleitet. Je nach Abgasbelastung sollte das Filtermaterial in Abständen von 1 - 3 Jahren erneuert werden. Biofilter werden in verschiedenen Ausführungen gebaut.

1. Flächenfilter: Offene Behälter, 50 - 150 cm hoch, Trägermaterial Kompost, Belastbarkeit 20 - 300 m^3/m^2 h oder ca. 50 cm hoch, Trägermaterial Erde, Belastbarkeit 1 - 20 m^3/m^2 h, besonders für die Reinigung von Deponiegas geeignet

2. Hochfilter: Flächenfilter auf Dächern bei Platzmangel

3. Etagenfilter: Mehrere Flächenfilter übereinander , offene u. geschlossene Konstruktionen

4. Containerfilter: Transportable Flächenfilter, Kombination von Filtern mit unterschiedlicher Mikroflora, Belastbarkeit 50 - 500 m^3/m^2 h

5. Turmfilter: Bis zu 6 m hohe Behälter, Kombination von Filtern mit unterschiedlicher Mikroflora, besonders geeignet für schwer abbaubare Substanzen

Biofilter sind vielseitig einsetzbar (z. B. Fischverarbeitung, chemische Industrie, Massentierhaltung). Die **Abbauraten** für Geruchsstoffe liegen zwischen 80 - 90 %, für organische Kohlenstoffverbindungen bei 50 - 95 %. Die Reaktionszeit für chemische Abgase ist meist länger als für landwirtschaftliche. Aus diesem Grunde sind für spezifische Anwendungsfälle gesonderte Pilotversuche erforderlich.

4.7.2.3   Membranreaktor

Unter Einsatz von **Löslichkeitsmembranen** werden seit einiger Zeit Anlagen zum mikrobiellen Abbau persistenter, in Wasser schlecht oder nicht löslicher Schadstoffe der Abluft (z. B. chlorierte Kohlenwasserstoffe) gebaut.

Die Löslichkeitsmembran liegt meist in Form nichtporöser Hohlfasern aus Polydimethylsiloxan (PDMS) vor. Durchströmen **apolare Lösungsmittel** (z. B. Xylol, Benzol) in der Abluft diese Fasern, werden sie von der PDMS-Membran absorbiert. Auf der Außenseite dieser Hohlfasern, welche sich in einem Reaktor mit Nährlösung befinden, desorbieren die Lösungsmittel wieder und werden von speziell für diesen Zweck angezüchteten Mikroorganismen abgebaut. Nach Abtrennung der Abbauprodukte (z. B. CO_2, NH_4^+, organische Säuren) aus dem Nährmedium mit geeigneten Verfahren und Ergänzung verbrauchter Nährstoffe wird dieses in den Reaktor zurückgeführt.

Vergleichsuntersuchungen im Biofilter und Membranreaktor haben ergeben, daß z. B. 1,2-Dichlorethan im Membranreaktor wesentlich intensiver ($100 g/m^3 \cdot h$) als im Biofilter ($23\ g/m^3 \cdot h$) abgebaut wird.

4.7.2.4   Mikroorganismen

Bei der Abluftreinigung werden zahlreiche Bakterien und Pilzen wirksam. Die Zusammensetzung der Mikroflora ist von den Inhaltsstoffen, vom pH-Wert und vielen anderen Faktoren abhängig. Tab. 4-32 enthält z. B. die mengenmäßige Zusammensetzung der sessilen Mikroflora in einem **Biofilter**.

Tab. 4-32: Zahl mesophiler Keime in Filtermaterial (KBE/g TS) mit und ohne Belastung (FISCHER, 1990)

Mikroorganismen	unbelastetes Material		mit Abluft belastetes Material		
			Schlachthof	Hühnerkot-trocknung	Kaffeerösterei
	Heidekraut	Kompost	Heidekraut	Heidekraut	Kompost
Bakterien	$1,5\ 10^4$	$2,6\ 10^8$	$7,4\ 10^6$	$1,7\ 10^7$	$1,9\ 10^7$
Actinomyzeten	-	$7,7\ 10^5$	$8,8\ 10^4$	-	$3,1\ 10^4$
Pilze	$4,6\ 10^5$	$9,7\ 10^5$	$4,5\ 10^5$	$6,0\ 10^3$	$1,6\ 10^5$

In Abhängigkeit vom verwendeten Filtermaterial und den in der Abluft verschiedener Betriebe enthaltenen Inhaltsstoffen verändert sich die Zahl mesophiler Bakterien, Actinomyzeten und Pilze teilweise um mehrere Zehnerpotenzen.

Untersuchungen der **Mikroflora** von **Filterkompost** haben gezeigt, daß ohne Abgasbelastung folgende Gattungen von Mikroorganismen vorherrschen: *Pseudomonas, Corynebacterium, Flavobacterium, Cytophaga, Flexibacter, Bacillus* und *Micrococcus*. Bei Filterbelastung mit Butanol dominieren nach einer Anpassungsphase die Gattungen *Pseudomonas, Micrococcus* und *Corynebacterium*. Bei Xylol sind nur noch 3 % der ursprünglichen Mikroflora überlebensfähig. Befindet sich H_2S in der Abluft, werden bevorzugt *Thiobacillus*-Arten aktiv. Während ihre Zahl von 10^1 auf 10^8 KBE/gTS ansteigt, gehen andere aerobe Keime von 10^9 auf 10^6 KBE/g TS zurück.

In **Biowäschern** kommen bevorzugt Bakterien zur Wirkung, welche kleine Belebtschlammflocken bzw. auf Trägeroberflächen Biofilme bilden. Die in einem Tropfkörperwäscher vorliegende Mikroflora geht aus Tab. 4-33 hervor.

Die Bakterien *Pseudomonas putida, P. cepacia, Sphingobacterium multivorum* sowie die Hefe *Trichosporon cutaneum* sind in der Lage, Toluol als einzige C-Quelle zu verwerten.

Tab. 4-33: Mikroflora im Biofilm eines Tropfkörperwäschers (FISCHER, 1990)

Bakterien	Hefen	Schimmelpilze
Pseudomonas putida, P. cepacia	*Trichosporon cutaneum*	*Aspergillus sp.*
Xanthomonas maltophilia		*Penicillium sp.*
Comamonas acidovorans		
Alcaligenes xylosoxidans, A. faecalis		
Sphingobacterium multivorum		
Enterobacter sakazakii		

4.7.3 Biotechnologische Verwertung fester Abfallstoffe

Feste organische Abfallstoffe hat man in der Vergangenheit meist deponiert, weniger verbrannt oder wieder verwertet. Da aber der Deponieraum knapper wird und diese Art der Entsorgung ernsthafte ökologische Probleme zur Folge hat, mußte man nach neuen Lösungen suchen. Neben Strategien zur Abfallvermeidung und Wiederverwertung sind auch verschiedene Entsorgungsverfahren entwickelt worden. Für die umweltfreundlichste Entsorgung organischer Abfälle, die etwa 50 % aller Abfallstoffe ausmachen, besitzen biotechnologische Verfahren wie die Kompostierung und die anaerobe Substratvergärung die besten Voraussetzungen.

4.7.3.1   Kompostierung

Die vorwiegend durch mikrobiellen Abbau verursachte Verrottung organischen Materials wird in der Landwirtschaft und Gärtnerei schon lange zur Gewinnung von **Humus** für die Bodenverbesserung genutzt. Charakteristische Bestandteile des Humus sind die Huminstoffe, welche für die Strukturbildung, Wasserbindung und den Ionenaustausch des Bodens sowie als Stickstoffreservoir für die Mikroflora des Bodens wichtige Funktionen besitzen.

Stoffwechselvorgänge. Humus ist eine dunkelbraune, amorphe organische Substanz mit einer chemisch sehr heterogenen Struktur. Seine Hauptbestandteile, die Huminstoffe, sind hochpolymere Kolloide, welche aus einem polycyclischen aromatischen Kern mit verschiedenen Anlagerungen (z. B. Phenole, Aminosäuren, Proteine, aliphatische Kohlenwasserstoffe, Metalle) bestehen. Sowohl bei der Bereitstellung von Bausteinen als auch bei der Synthese von Humuskomponenten (**Humifizierung**) spielen verschiedene mesophile und thermophile Bakterien (insbesondere Actinomyzeten) sowie Pilze eine entscheidende Rolle. Im fortgeschrittenen Rottestadium setzt mit abnehmender Temperatur noch eine Besiedelung durch tierische Organismen (z. B. Collembolen, Würmer, Asseln) ein, die durch ihre Verdauungstätigkeit den Zersetzungsprozeß unterstützen.

Bei der **Mineralisierung** leicht abbaubarer polymerer Naturstoffe (z. B. Kohlenhydrate, Proteine) entstehen als Endprodukte CO_2, H_2O, NO^{3-}, PO_4^{3-}, SO_4^{2-}. Dabei wird ein Teil der in diesen Substraten enthaltenen Energie in Form von Wärme freigesetzt. Schwer metabolisierbare Stoffe (z. B. Lignin, Tannine, Polyphenole) werden zunächst depolymerisiert und ihre Spaltprodukte aktiviert. Die Spaltprodukte (Mono-, Di-, Triphenole u. a.) bilden teilweise neue Polymere und kondensieren dabei gleichzeitig N-haltige Verbindungen (z. B. NH_4^+, Aminosäuren, Aminozucker). Huminstoffe sind daher reicher an Stickstoff als ihre Ausgangssubstrate. Während pflanzliche Biomasse ein C/N-Verhältnis von durchschnittlich 30 - 40:1 aufweist, beträgt dieses bei Humus etwa 10:1.

Der Abbau von Humus erfolgt wegen der heterogenen Struktur im allgemeinen nur langsam (1,5 - 7 % jährlich). Durch ständige Neubildung aus der organischen Substanz wird der Verlust jedoch wieder kompensiert (Fig. 4-19). Bei hohen Temperatur- und Feuchtigkeitsverhältnissen verschiebt sich das bestehende Fließgleichgewicht zwischen Neubildung und Abbau zugunsten der Mineralisierung, wodurch sich die Humusverarmung tropischer Böden erklärt.

Rottebedingungen. Um eine intensive Rotte und eine gute Kompostqualität zu erreichen, sind optimale Prozeßbedingungen eine wichtige Voraussetzung. Von großer Bedeutung für den aeroben Zersetzungsprozeß ist die **Belüftung**. Intensität und Wirkung dieser sind von der Zusammensetzung der organischen Substanz abhängig. Zur Metabolisierung von 1 g Substrat benötigen die Mikroorganismen gewöhnlich folgende Sauerstoffmengen (g): Glucose - 1,07; Protein - 1,46; Fette - 2,85; Phenol - 2,4; Methan - 4,0. Um 1 g O_2 bereitzustellen sind ca. 4 l Luft (spez. Gewicht 1,2 g/l, 21 % O_2) erforderlich. Eine gute Sauerstoffversorgung ist u. a.

durch Umsetzen von Kompostmieten, künstliche Belüftung über Gebläse und Drehtrommeln realisierbar.

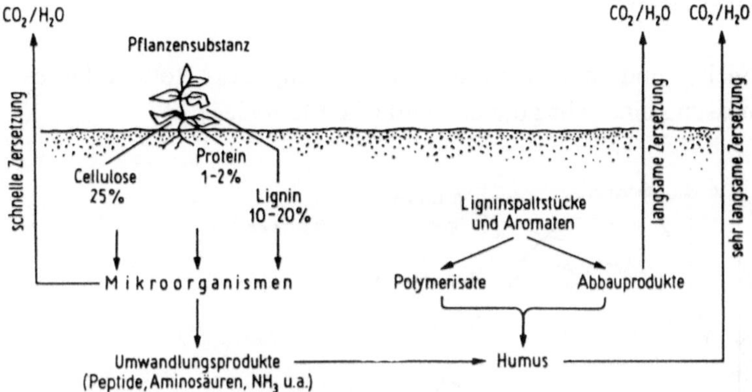

Fig. 4-19: Humusbildung (SCHLEE u. KLEBER, 1991)

Zur Beurteilung des Rotteverlaufes kann man den **respiratorischen Quotienten** $RQ = CO_2/O_2$ heranziehen. Beträgt dieser 1, liegt eine Oxidation Sauerstoff-reicher Verbindungen (z. B. Kohlenhydrate) vor. Bei RQ-Werten über 1 laufen anaerobe Prozesse ab und es wird chemisch gebundener Sauerstoff verbraucht. Im Falle der Umsetzung Sauerstoff-armer Verbindungen liegt der RQ unter 1 (z. B. bei Protein 0,7) und es muß sehr intensiv belüftet werden. Anaerobe Gärprozesse sind bei der Kompostierung unerwünscht, weil dabei u. a. organische Säuren entstehen, welche die Mikroorganismen hemmen und zu Geruchsbelästigungen führen können.

Da die Nährstoffaufnahme durch Mikroorganismen in gelöster Form erfolgt und enzymatische Umsetzungen gewöhnlich im wäßrigen Milieu ablaufen, ist auch eine ausreichende **Befeuchtung** des Rottematerials vorzunehmen. Der optimale Wassergehalt liegt bei 40 - 75 %. Aufgrund unterschiedlicher Wassergehalte ist eine Mischung von trockenem Material (z. B. Rohmüll) mit sehr feuchten Substraten (z. B. Gülle, Klärschlamm) vorteilhaft. Bei Kompostmieten kommt es durch Verdunstung und Sickerwasserablauf zu Wasserverlusten von ca. 2 % in der Woche. Sie sind durch Bewässerung wieder auszugleichen.

Hinsichtlich des **Temperaturverlaufes** kann man bei der Rotte drei Phasen unterscheiden (Fig. 4-20).

In der **1. (mesophilen) Phase** steigt die Temperatur durch die Stoffwechseltätigkeit mesophiler Mikroorganismen und die Restatmung des frischen Pflanzenmaterials innerhalb eines Tages von etwa 20 °C auf 50 °C an. Die **2. (thermophile) Phase** ist aufgrund intensiven Substratabbaus durch einen Temperaturanstieg auf 80 °C gekennzeichnet. Dabei dominieren thermophile Keime, während mesophile Arten abnehmen. Unter diesen Bedingungen werden pathogene Mikroorganismen, Wurmeier und die meisten Pflanzensamen abgetötet (*Hygienisierung*). Mit dem Rückgang der mikrobiellen Abbautätigkeit beginnt die **3. (Abkühl-) Phase**. Für sie ist die Abnahme thermophiler und die Zunahme mesophiler Mikroorganismenarten sowie anderer Kleinlebewesen (z. B. Asseln, Collembolen, Regenwürmer) typisch.

Für die schnelle und zuverlässige Einschätzung des Rotteverlaufes ist die Temperaturmessung eine sehr gute und einfache Methode.

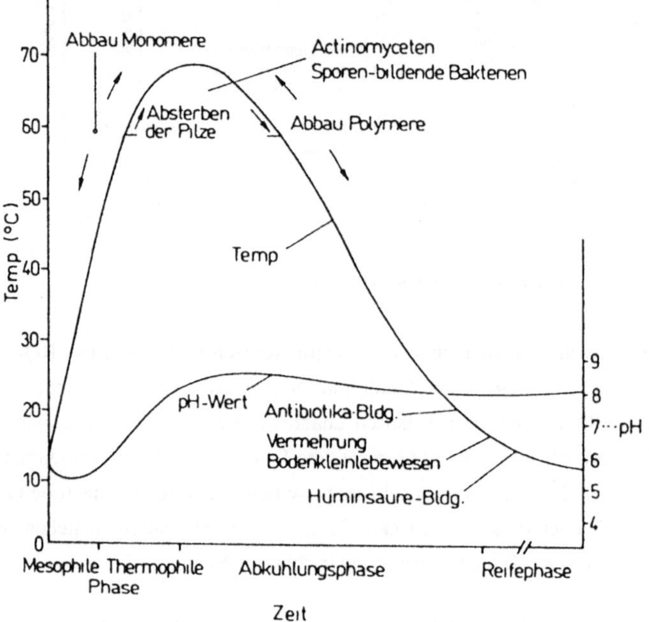

Fig. 4-20: Temperatur- und pH-Profil einer Rotte in der Kompostmiete

Der **Anfangs-pH** des organischen Substrates liegt gewöhnlich im alkalischen Bereich (Fig. 4-20). Aufgrund vorübergehender Anreicherung organischer Säuren, Bildung von CO_2 und Oxidation von NH_4^+ zu NO_3^- während der mesophilen und zu Beginn der thermophilen Phase fällt der pH auf Werte um 5,5 ab und hemmt dadurch die mesophile Mikroflora. Mit stärkerer Entwicklung der thermophilen Keime werden jedoch die Säuren verstoffwechselt und der pH-Wert steigt wieder an. Der intensivste Stoffumsatz findet im pH-Bereich von 6 - 8 statt. Fällt der pH zu stark ab, kann man ihn durch Kalkzugaben wieder anheben.

Bei den **Nährstoffen** ist insbesondere auf eine ausreichende *N-Bereitstellung* zu achten. Optimal ist ein C/N-Verhältnis von 18 - 30/1. Da gewöhnlich der C-Anteil zu hoch ist - z. B. liegt er bei Laub und Holzabfällen um 60/1 - macht sich eine N-Ergänzung durch Klärschlamm, NH_4^+, NO_3^-, tierische Abfälle u. a. Substanzen erforderlich. Denn N-Mangel im Kompost hemmt das Pflanzenwachstum.

Hinsichtlich der *Schwermetalle* ist zwischen essentiellen und toxischen zu unterscheiden. Während Zn, Cu, Fe und Cr für viele Organismen lebensnotwendig sind, wirken Pb, Cd, Hg, Co, Ni, Va, Mo, As und Se auf den Rotteprozeß hemmend. Sie ergeben einen Kompost, der in der Pflanzenproduktion für Nahrungszwecke nicht verwendbar ist. Aufgrund des hohen Gehaltes an toxischen Schwermetallen sind Klärschlämme vieler Industrieanlagen zur Herstellung von Kompost für die Obst- und Gemüseproduktion meistens nicht geeignet.

Je nach Verfahren und angestrebtem Endprodukt erfordert die Kompostierung gewöhnlich einen **Zeitaufwand** von 1 - 6 Monaten. Unter Berücksichtigung des Reifegrades unterscheidet man ferner zwischen Vor- und Nachrotte.

In der <u>Vorrotte</u> werden vorrangig durch Bakterien leicht abbaubare Substrate metabolisiert. Man erhält den sog. *Frischkompost*, der zwar entseucht ist, aber noch einen das Pflanzenwachstum hemmenden zu hohen Gehalt an organischen Säuren aufweist. Der reife oder *Fertigkompost* entsteht in mehrwöchiger <u>Nachrotte</u>, bei der die organischen Säuren sowie schwerer abbaubare Substrate überwiegend unter Einwirkung von Pilzen abgebaut und zu Humus umgewandelt werden. Die organische Masse nimmt im Verlaufe der Rotte um ungefähr die Hälfte ab.

Verfahren. Für die Kompostherstellung sind verschiedene diskontinuierliche und kontinuierliche Verfahren entwickelt worden.

Das einfachste **diskontinuierliche Verfahren** ist die *Mietenkompostierung,* bei der man zerkleinertes Abfallmaterial zu ca. 1,3 m hohen Mieten in Dreiecks-, Tafel- oder Trapezform aufschüttet. Die Belüftung erfolgt durch mehrmaliges Umsetzen mittels Schaufelladern oder anderen Geräten bzw. über Rohrsysteme. Um das Grundwasser vor schadstoffhaltigem Sickerwasser zu schützen, muß der Untergrund mit Folien oder Beton abgedichtet und mit Drainagen versehen werden. Der Flächenbedarf beträgt ca. 200 m^2 je 1000 Einwohner. Für die Vorrotte werden 3 - 4 Monate, für die Nachrotte ca. 5 Wochen benötigt.

Verläuft die Kompostierung in *statischen Rottezellen* (z. B. Tunnel- oder Biozellenreaktor) unter geregelten Bedingungen (Belüftung, Befeuchtung u. a.), wird die Vorrotte auf 1 - 2 Monate verkürzt. Die Nachrotte erfolgt wiederum in Mieten und dauert 3 - 5 Wochen. Unter statischen Bedingungen läuft auch das *Brikollare-Verfahren* ab, bei dem das zerkleinerte Material mit Klärschlamm oder anderen flüssigen Abfallprodukten zu Preßlingen geformt wird. Bei günstigen Bedingungen dauert hier die Vorrotte etwa 4 und die Nachrotte 2 - 4 Wochen.

Im Falle **kontinuierlicher Verfahren** erfolgt die Vorrotte in *dynamischen Behältersystemen,* wobei die zerkleinerten Abfälle ständig oder zyklisch durchmischt werden. In *Rottetürmen* passiert das Material von oben nach unten über Schlitzböden mehrere (ggf. bis zu 10) Etagen, welche separat belüftet und befeuchtet werden können. Nach Entnahme von Frischkompost aus der untersten Etage wird frisches Material in der oberen nachgefüllt. Die Vorrotte dauert bei diesem Verfahren 1 - 5 Tage, die sich anschließende Nachrotte in Mieten nimmt etwa 2 Wochen in Anspruch.

Häufige Verwendung finden horizontal gelagerte *Rottetrommeln* mit einer Länge von 20 - 40 m und einem Durchmesser von 4 - 5 m, die im Innenraum mit Schikanen ausgestattet sind (Fig. 4-21). Die stirnseitig eingegebenen zerkleinerten Abfälle durchwandern in 1 - 5 Tagen die sich langsam drehende Rottetrommel. Der anfallende Frischkompost wird zur Nachreife ca. 2 Wochen in Mieten gelagert. Stark wasserhaltige Gülle und Klärschlamm müssen zur Verbesserung der Durchlüftung mit saugfähigen und strukturierenden Materialien (z. B. Sägespäne, Stroh, Torf) gemischt werden. Durch Teilrückführung von Frischkompost in die Trommel kann man die Mikroflora anreichern, die lag-Phase verkürzen und den Abbau beschleunigen.

Qualitativ guter **Fertigkompost** sollte folgende **Eigenschaften** aufweisen:

- Ein C/N-Verhältnis von 15 - 25/1,
- einen pH-Wert von 7 - 8, wurzelverträglich und geruchsarm,
- frei von pathogenen Keimen und keimfähigen Unkrautsamen,
- einen Wassergehalt von 35 - 45 Gew.-%,
- eine Partikelgröße unter 1 cm,
- maximal 0,5 Gew.-% der TS an Verunreinigungen (z. B. Kunststststoff), wenig Schwermetalle.

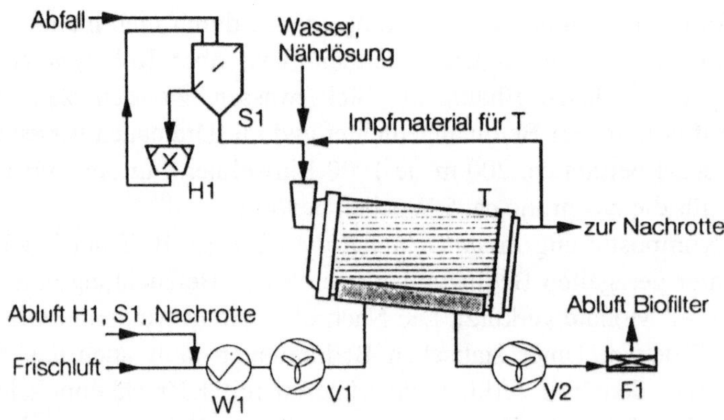

Fig. 4-21: Kompostierung von Abfall in einer Rottetrommel (CHMIEL, 1991)

Bei der Kompostierung werden häufig geruchsintensive und leicht flüchtige Abbauprodukte freigesetzt, die zu einer Umweltbelastung führen können. Diese **Abluft** wird in speziellen Anlagen aufgefangen und über Biofilter gereinigt.

Die **Kompostverwertung** ist vom Reifegrad und den Inhaltsstoffen abhängig. Frischkompost wird im Wein-, Obst- und Landschaftsbau, Fertigkompost bevorzugt in Gärtnereien, von Kleingärtnern und in der Landwirtschaft verwendet. Voraussetzung ist, daß die zulässigen *Richtwerte für toxische Schwermetalle* nicht überschritten werden. Bezogen auf Fertigkompost sind dies für Pb 150, Cd 1,5, Cu 100, Cr 100, Ni 50, Hg 1 und Zn 400 mg/kg TS. Bei Kompost aus Hausmüll sind die Werte meist nicht einzuhalten. Er wird dann z. B. für Lärmschutzwälle und zur Deponieabdeckung verwendet oder verbrannt.

4.7.3.2 Anaerobe Verarbeitung von Naßmüll

Diese neuere Verfahrensentwicklung basiert auf dem gleichen Prinzip wie die anaerobe Abwasserbehandlung (s. Abschn. 4.7.1). Zunächst wird der Naßmüll mit rezirkuliertem Prozeßwasser oder Klärschlamm versetzt, zerkleinert und einer thermisch-alkalischen Behandlung unterworfen. Anschließend werden polymere Substanzen durch hydrolytische und acidogene Bakterien zu organischen Säuren abgebaut, die acetogene und methanogene Bakterien sodann zu Methan und CO_2 umsetzen. Im Unterschied zum anaeroben Abwasserverfahren erfolgt hier zwischen den Abbaustufen eine Abtrennung der Feststoffe, die anschließend einer aeroben Nachrotte unterworfen werden.

Im Vergleich zur Kompostierung ergeben sich für die Naßmüllvergärung folgende Vorteile:

1. Die Prozeßdauer ist kürzer (4 - 6 Tage für die Vergärung und 4 - 10 Tage für die Nachrotte),

2. nur etwa 50 % Platzbedarf, das Restvolumen ist um 30 % geringer,

3. durch mehrere Entwässerungsstufen in der Gärphase ist der Gehalt an Salzen und Schwermetallen in den Reststoffen geringer, wodurch ein wertvollerer Kompost entsteht,

4. es wird ein größeres Abfallsortiment effektiver verwertet,

5. durch die Nutzung von Methan können die Betriebskosten deutlich gesenkt werden.

4.7.4 Biologische Boden- und Grundwassersanierung

Der **Boden** erfüllt in der Natur wichtige Funktionen. Er ist Träger und Vermittler von Wachstumsfaktoren für die Vegetation und übernimmt wichtige Puffer-, Umsetzungs- und Filteraufgaben für verschiedene Stoffe im Ökosystem. Diese Funktionen werden durch die Kontamination mit „Altlasten" beeinträchtigt.

Unter **Altlasten** versteht man Altablagerungen kommunaler Abfälle und industrieller Produktionsrückstände, Kontaminationen auf Betriebsgeländen, alten und neuen Militärstandorten, Abläufe undichter Öl-, Treibstoff- und Abwasserleitungen, gesundheitsschädliche Baumaterialien u. v. m.. Sie verunreinigen Böden und Gewässer und gefährden so die Umwelt. Solange keine Erkundung und Gefahrenabschätzung der Altlasten vorliegt, spricht man von Verdachtsflächen.

Nach Ermittlungen kompetenter Institutionen gab es 1989 in den Altbundesländern Deutschlands 48377 **Verdachtsflächen**, davon 7863 Altstandorte und 40514 Altablagerungsflächen. Bei Einbeziehung der neuen Bundesländer dürfte die aktuelle Anzahl der Verdachtsflächen in ganz

Deutschland inzwischen über 120000 betragen. Die Erfassung von Verdachtsflächen beinhaltet hauptsächlich eine Katalogisierung. Für die Ermittlungen dienen Deponie- und Abfallkarten, Unterlagen von Wasser- und Abfallbehörden, Hinweise aus der Bevölkerung u. v. m..

Die **Standortbewertung** umfaßt im wesentlichen drei Bereiche:

1. *Art und Umfang der Kontamination,*

2. *Standortbedingungen,*

3. *Einschätzung der Nutzungsbeeinträchtigung.*

Auf der Basis der Erstbewertung erfolgt die Einordnung der Verdachtsflächen in *Prioritätenlisten*. Im allgemeinen unterschiedet man 4 *Gefährdungskategorien*: Bei den Kategorie I und II sind sofort **Sanierungsmaßnahmen** einzuleiten, um die Gefährdung zu beseitigen.

Ist eine Sanierung aufgrund fehlender technischer Voraussetzungen bzw. Verfahren zunächst nicht möglich, sind *Sicherungsmaßnahmen* zu ergreifen. Je nach den örtlichen Gegebenheiten können dies Ausgrabungen und Umlagerungen auf Deponien bzw. Zwischenlager, die Errichtung eines Barrieresystems mit Oberflächen-, Vertikal- oder Untergrundabdichtung sowie eine Verfestigung oder chemische Immobilisierung von schadstoffhaltigem Material sein.

Eine Bodensanierung liegt erst vor, wenn Maßnahmen zur Beseitigung der Schadstoffe getroffen werden. Hierfür gibt es verschiedene **Verfahren:**

- In- situ-Verfahren (Sanierung vor Ort ohne Bodenaushub),

- Ex-situ-Verfahren (Sanierung nach Bodenaushub),

  • on-site (der ausgekofferte Boden wird vor Ort dekontaminiert),

  • off-site (der ausgekofferte Boden wird in Sanierungszentren behandelt).

Für die Auswahl des anzuwendenden Sanierungsverfahrens sind die geologischen Verhältnisse und Umweltbedingungen am Standort, Schadstoffparameter, Aufwand und Zielstellung der Sanierung sowie die vorgesehene Bodennutzung nach der Sanierung die Hauptkriterien.

Eine besondere Rolle bei Sanierungsmaßnahmen spielen **biotechnologische Verfahren**. Da sie meist sehr zeit- und kostenaufwendig sind, werden sie häufig in Konkurrenz mit anderen Verfahren, z. B. Verbrennung und Deponie, benachteiligt. Es muß jedoch festgestellt werden, daß sie bei kritischer Betrachtung aller Aspekte die umweltfreudlichste und konsequenteste Art der Sanierung darstellen. In vielen Fällen kommen sie daher in Kombination mit anderen Verfahren zur Anwendung, was bei der nachfolgenden Abhandlung verschiedener Sanierungsmöglichkeiten deutlich wird.

4.7.4.1   In-situ-Verfahren

Ein sehr häufig genutztes Verfahren ist die **Bodenluftabsaugung**. Sie wird vor allem zur Eliminierung leicht flüchtiger Verbindungen aus ungesättigten Bodenzonen eingesetzt und zeichnet sich durch einen relativ geringen technischen Aufwand und geringe Kosten aus.

Die Reichweite der Absaugpegel kann bei gut durchlässigen Böden 80 m, bei tonigen hingegen lediglich 2 m betragen. Auswahl der Pumpen sowie Anzahl und Dimensionierung der Bohrungen hängen demzufolge von den örtlichen Bedingungen ab. Ist auch das Grundwasser mit flüchtigen Schadstoffen verunreinigt, kann man diese durch zusätzlich injizierte Druckluft austreiben. Eine derartige Verfahrensweise wird als **in-situ-stripping** bezeichnet.

Da die Bodenluftabsaugung lediglich zur Verlagerung der Schadstoffe aus dem Boden in die Luft führt, ist für eine echte Sanierung die weitere Behandlung der kontaminierten Luft erforderlich. Hierfür können alle zur Verfügung stehenden Verfahren der biologischen Abluftreinigung, wie z. B. *Biofilter, Biowäscher* (s. Abschn. 4.7.2), sowie die Verbrennung eingesetzt werden.

Die Eliminierung leichtflüchtiger Schadstoffe aus Boden und Grundwasser kann man auch mit **Geo- und Hydroschockverfahren** erreichen. Die Mobilisierung der Schadstoffe erfolgt hierbei durch Eintrag mechanischer Energie mit Hilfe von Schwingungsgebern. Das Geoschockverfahren ist für überbautes Gelände wegen der Risiken für die Bausubstanz ungeeignet. Nachteilig sind auch die hohen Energiekosten.

Hydraulische Verfahren dienen der Entnahme von Deponiesickerwasser und zur Sicherung des Grundwasserleiters bei Sanierungsmaßnahmen. Sie werden häufig zusammen mit anderen Verfahren eingesetzt. In Kombination mit Infiltrations- wird durch Entnahmebrunnen der Grundwasserstrom verändert. Dadurch kann man die Trinkwasserbrunnen vor Kontaminationen schützen. Das abgepumpte Wasser wird dekontaminiert, indem die organischen Verbindungen vorzugsweise mit Hilfe biotechnologischer Verfahren abgebaut und Schwermetalle durch Neutralisierungsanlagen abgetrennt werden. Wichtige Voraussetzungen für die Anwendung dieser Verfahren sind genaue Kenntnisse über die hydrogeologischen Gegebenheiten, ausreichend poröser Untergrund sowie leicht desorbierbare und lösliche Schadstoffe. Hierfür sind Probebohrungen unerläßlich.

Auf ähnliche Weise funktionieren auch **Spülverfahren**, bei denen Wasser oder andere Spülflüssigkeiten über Bohrungen in den kontaminierten Boden infiltriert werden, um die Schadstoffe zu desorbieren und auszuwaschen. Die Reinigung der kontaminierten Spülflüssigkeit erfolgt wie zuvor beschrieben.

Biologische in-situ-Verfahren. Sie werden vor allem mit großem Erfolg bei *Mineralölverunreinigungen* auf Sand- und Kiesböden durch **Aktivierung der Bodenbakterien** angewendet. So befördert man z. B. über Infiltrationsbrunnen *Mineralsalzlösung* in den Kontaminationsherd, um damit das Mikrobenwachstum vor Ort anzuregen (Fig. 4-22). Zur Versorgung der Mikroflora mit *Sauerstoff* und anderen Elektronenakzeptoren wird das Grundwasser mit Druckluft oder reinem Sauerstoff begast bzw. mit Ozon und Wasserstoffperoxid versetzt. Auch indirekte Sauerstoffdonatoren wie Nitrat sind schon mehrfach eingesetzt worden. Weil aus ökologischen Gründen der Einsatz von Nitrat bedenklich ist, nutzen die meisten Anwender H_2O_2. Über Förderbrunnen pumpt man das behandelte Grundwasser mit den Abbauprodukten wieder nach oben und schafft so einen Spülkreislauf.

Um das Ausspülen der Schadstoffe zu erleichtern, wird Reinwasser infiltriert und somit eine Anhebung des Grundwasserspiegels bewirkt. Gleichzeitig erfolgt dadurch eine Schutzinfiltration, die das Abströmen des durch den Schadensherd fließenden Grundwassers verhindert.

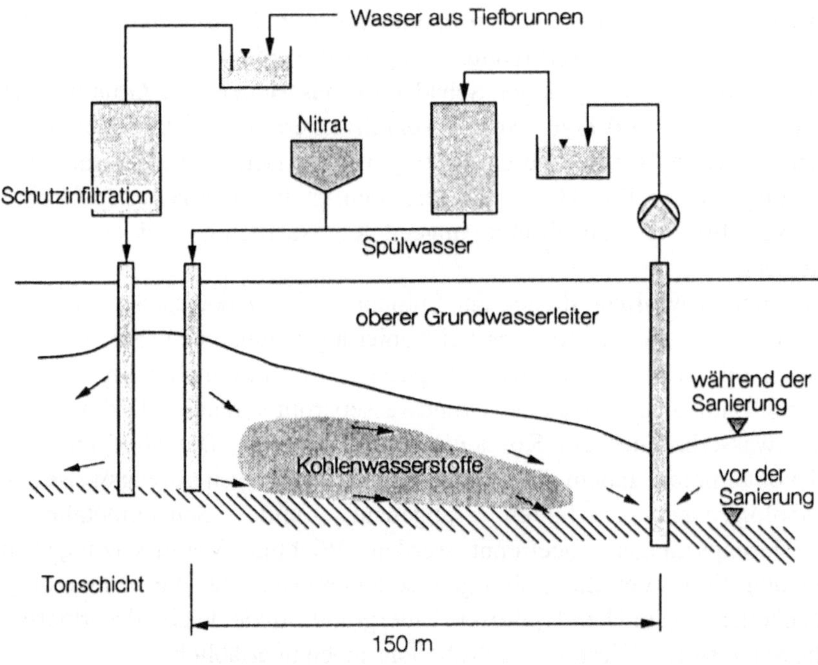

Fig. 4-22: Biologische in-situ-Sanierung einer Untergrundkontamination mit Mineralöl (CHMIEL, 1991)

Zur Aktivierung der vor Ort befindlichen Mikroflora kann auch ein **Bioreaktor** in den Spülkreislauf einbezogen werden. Unter optimalen Bedingungen wird in diesem die Biomasse angezüchtet und danach mit der Nährlösung in den Kontaminationsherd eingebracht. Gelegentlich ist der Einsatz von *Spezialkulturen* sinnvoll, wenn der Schadstoffabbau durch die autochthone Flora unzureichend verläuft. Eine förderliche Maßnahme ist auch die *Erwärmung* des Spülwassers. Bei

Temperaturerhöhung von 12 auf 22 °C konnte z. B bei denitrifizierenden Bakterien die Abbauleistung nahezu verdoppelt werden.

Die *Sanierungsdauer* ist von den vorherrschenden Bedingungen abhängig und kann Monate bis Jahre dauern. Deshalb ist in Voruntersuchungen abzuklären, ob die vorhandenen Schadstoffe durch die autochthone Mikroflora abgebaut werden oder ob Spezialkulturen nötig sind. Hierzu sind Laborversuche durchzuführen, bei denen die Toxizitätsschwelle und die günstigsten Wachstumsparameter ermittelt werden. Hochkontaminierte Bereiche werden abgepumpt oder ausgekoffert und nach Verdünnung der Schadstoffe mit Nährlösung oder anderen Zusätzen einer Spezialbehandlung unterworfen. Sind für den Schadstoffabbau **anaerobe Keime** besser geeignet, ist mitunter der Nährlösung eine C-Quelle zuzusetzen. Falls ein Schadstoffgemisch vorliegt, dessen Komponenten entweder aerob oder anaerob metabolisiert werden, läßt sich eine in-situ-Sanierung nur schwer realisieren.

Wird der biologische Abbau durch die schlechte Löslichkeit der Schadstoffe beeinträchtigt, kann man durch Zusätze von Lösungsvermittlern, wie Tenside und Alkohol, die **Bioverfügbarkeit** verbessern. Diese müssen natürlich ebenfalls für die Mikroorganismen untoxisch und durch diese verwertbar sein. Bei schlecht löslichen Schadstoffen, die schwerer als Wasser sind (z. B. Teeröle) und sich meist auf dem Grundwasserleiter absetzen, ist eine in-situ-Behandlung nicht zu empfehlen. Sie müssen abgepumpt und mit ex-situ-Verfahren abgebaut werden. Ähnliche Maßnahmen sind auch für schwer lösliche und leicht flüchtige Stoffe erforderlich.

Landfarming. Bei oberflächlichen Kontaminationen bis zu maximal 1 m Eindringtiefe kann auch das „Landfarming"-Verfahren zur Anwendung kommen. Der kontaminierte Boden wird umgepflügt und dadurch belüftet. Je nach Bedarf setzt man anschließend Nährlösungen und Spezialkulturen zu oder ergreift andere abbaufördernde Maßnahmen. In einigen Ländern wird so Ölschlamm entsorgt.

4.7.4.2   Ex-situ-Verfahren

Hierzu gehören Verfahren, die vor Ort (on-site) in mobilen Anlagen oder vom Sanierungsstandort entfernt (off-site) in speziellen stationären Sanierungszentren durchgeführt werden. In beiden Fällen ist ein Aushub des verunreinigten Bodens erforderlich. Dabei ist vorteilhaft, daß das Erdreich aufgelockert, homogenisiert und mit Zuschlägen vermischt werden kann. Für die Behandlung des Bodens gibt es zahlreiche Verfahren, die in der Spezialliteratur ausführlich beschrieben sind. Auf einige wichtige wird nachfolgend kurz eingegangen.

Verfahren zur Bodenwäsche und -extraktion. Hierbei werden die Schadstoffe erst mechanisch vom Erdreich desorbiert und in eine *flüssige Phase* überführt.

Befinden sie sich in der Spülflüssigkeit (gewöhnlich Wasser) als Tröpfchen oder Feststoffpartikel, handelt es sich um einen *Abspülvorgang*. Liegen sie hingegen in gelöster Form vor, spricht man von

Extraktion. Als Extraktionsmittel dienen neben Wasser gelegentlich auch nichtwäßrige Lösungsmittel. Sowohl bei der Bodenwäsche als auch bei der Bodenextraktion werden Tenside häufig als Lösungsvermittler eingesetzt. Für den Wasch- und Extraktionsprozeß verwendet man Trommelwäscher, Waschschnecken, Hochdruckwaschanlagen, Rührextraktoren u. a. Anlagen.

Die in der flüssigen Phase vorliegenden Schadstoffe müssen im 2. Schritt der eigentlichen Sanierungsbehandlung unterzogen werden. Hierfür bieten sich die biologischen *Verfahren der Abwasserreinigung* an.

Regenerationsmieten. Dem Konzept des Landfarming nachempfunden sind die Mietenverfahren, die von mehreren Sanierungsfirmen angeboten werden. Sie beruhen darauf, daß das kontaminierte Erdreich mit einigen **Zusätzen** (z. B. Torf, Stroh, Borke, Sägemehl, Kompost) vermischt und zu etwa 1,5 m hohen Mieten aufgeschüttet wird. Die zugesetzten Substrate bewirken einerseits eine *Auflockerung* des Bodens, wodurch die Belüftung und Durchfeuchtung des Materials gefördert wird. Auf der anderen Seite dienen sie als *Trägermaterial* für Schadstoff-abbauende Mikroorganismen, die sich daran anheften und einen Biofilm ausbilden. Sie werden ferner als *Substrat* von Celluloseverwertern wie den Weißfäulepilzen genutzt, die ebenfalls die Schadstoffe angreifen.
Zur Dekontamination von Böden in Biobeeten und Regenerationsmieten stehen mehrere **Verfahren** zur Verfügung. Sie unterscheiden sich in den Ausmaßen, in der technischen Ausstattung und im Verfahrensablauf (Fig. 4-23).
Gewöhnlich sind die Mieten mit Drainage- und Belüftungsrohren sowie mit Berieselungsanlagen ausgestattet. Der Untergrund besteht meist aus einem Kiesbett, das auf einer wasserundurchlässigen Folie aufgeschüttet wird. Mit dem im Kreislauf geführten Berieselungswasser werden nach Bedarf Nährstoffe, Tenside oder auch Spezialkulturen eingebracht. Um die Menge der abbauenden Mikroorganismen zu erhöhen, integriert man gelegentlich in den Kreislauf Bioreaktoren. Mieten ohne eingebautes Belüftungssystem werden zur Sauerstoffversorgung mehrfach umgesetzt.
Im Falle von Verunreinigungen durch leicht flüchtige Substanzen (z. B. BTX-Aromaten, leicht flüchtige Kohlenwasserstoffe) besteht die Gefahr, daß die Kontaminationen durch die Belüftung der Mieten ausgestrippt werden. Aus diesem Grunde sind bei modernen Regenerationsmieten Überdachungen angebracht, welche einerseits das Entweichen der Abluft verhindern, andererseits die Einstellung optimaler Temperatur- und Feuchtigkeitsverhältnisse ermöglichen.

Die **Regenerationsdauer** bei Mietenverfahren liegt zwischen 2 - 4 Jahren. Sie haben sich besonders bei Benzin- oder Heizölschäden sowie bei schwer abbaubaren Schadstoffen bewährt.
Die **Kosten** für Verrottungsmieten ohne Untergrundabdichtung liegen z. Z. bei 110 - 160 DM/m^3, für Mieten mit Untergrundabdichtung und Wasserhaltung bei 180 -

300 DM/m^3. Da bei Mieten meist Sickerwasser und schadstoffhaltige Dämpfe anfallen, sollten generell Abwasser- und Abluftreinigung erfolgen.

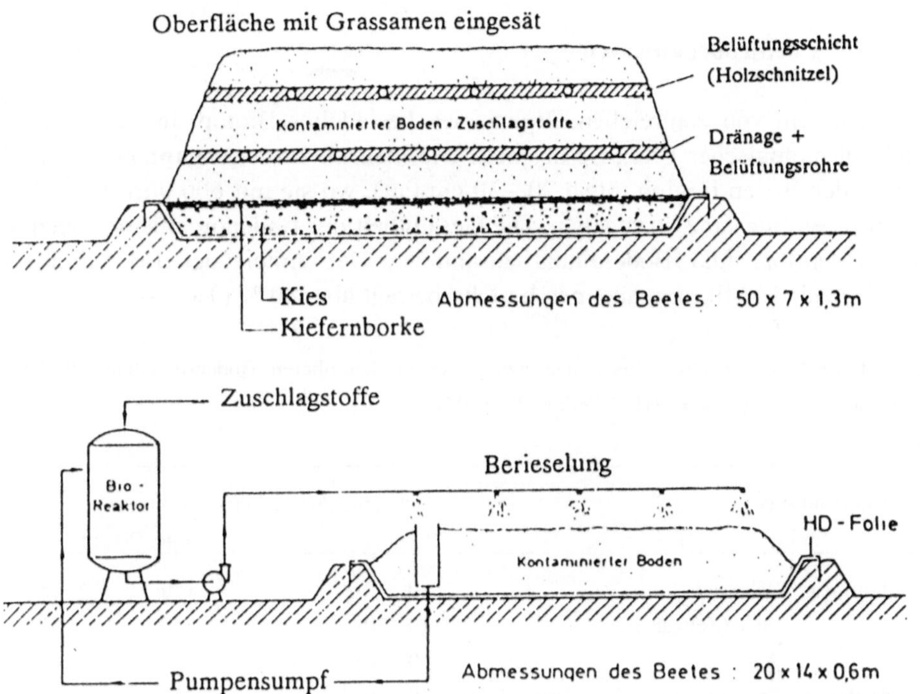

Fig. 4-23: Regenerationsmieten zur Bodensanierung (FÖRSTNER, 1993)

Behandlung in Bioreaktoren. In den letzten Jahren sind auch Verfahren zur Dekontamination von Böden in Bioreaktoren (z. B. Trommel-, Airliftreaktoren, Rührfermentoren) entwickelt worden. Die Vorteile dieser Verfahren bestehen darin, daß aufgrund starker Durchmischung und Belüftung der Schadstoffabbau unter kontrollierten Bedingungen viel intensiver abläuft und Emissionen von Schadstoffen in die Umwelt vermieden werden. Da die Kosten im Vergleich zu anderen biotechnologischen Verfahren relativ hoch sind, ist ihre Anwendung nur für schwer abbaubare Schadstoffe sowie zur Behandlung von Bodensuspensionen und Sickerwässern aus Altablagerungen und Deponien geeignet.

Eine für die biologische Reinigung von Sickerwässern - welche häufig unterschiedliche Schadstoffe in hoher Konzentration beinhalten - geeignete Anlage ist der sog. „**Sequential Batch Reactor (SBR)**". Ein mit diesem Reaktor durchgeführtes Reinigungsverfahren zeichnet sich dadurch aus, daß unterschiedliche Reaktionsbedingungen, wie zu- und abnehmende Substratkonzentrationen, Wechsel aerober und anaerober Bedingungen sowie Turbulenz und Ruhephase, mehrfach nacheinander eingestellt werden und die Zufuhr der kontaminierten Flüssigkeit in den Reaktor chargenweise erfolgt. Die ständige Wiederholung wechselnder Kulturbedingungen ermöglicht das Wachstum einer Mischpopulation mit unterschiedlichen Ansprüchen und Abbauleistungen.

4.7.4.3   Mikroorganismen

Boden ist ein von zahlreichen Organismen besiedeltes Biotop, in dem sich eine Vielzahl biologischer Prozesse abspielt. Die meisten **Bodenorganismen** befinden sich in der oberen Region (etwa 20 - 30 cm tief), wo sie mit 600 g/m^2 ca. 7 % der organischen Substanz ausmachen. Die Gesamtheit der Bodenorganismen setzt sich aus Bodenflora und Bodenfauna zusammen. Der Anteil der Bodenflora, die vorwiegend aus Mikroorganismen besteht, beträgt über 80 % (Tab. 4-34).

Tab. 4-34: Mengenmäßige Zusammensetzung der in den oberen Bodenregionen (bis 20 cm) vorkommenden Organismen (HULPKE et al., 1993)

Bodenorganismen		Individuen/m^2 20 cm	Biomasse g/m^2 20 cm	%
Bodenflora	Bakterien	10^{11} - 10^{14}	150	25
	Pilze (Zellzahl)	10^9 - 10^{12}	350	58
	Algen	10^8 - 10^9	1	< 1
Bodenfauna	Protozoen (einzellige Urtierchen)	10^9 - 10^{11}	25	4
	Nematoden (Fadenwürmer)	10^6 - 10^8	6	1
	Enchyträen (Wenigborster)	10^4 - 10^5	3	< 1
	Lumbriciden (Regenwürmer)	10^1 - 10^3	56	10
	Arthropoden (Gliederfüßer)	10^5 - 10^7	9	1
Summe			**600**	**100**

Von den **Bakterien** sind vorrangig *Myxobacteriales, Actinomycetales* (Gattungen *Nocardia, Streptomyces), Cyanophyceae, Eubacteriales* (Gattungen *Micrococcus, Flavobacterium, Achromobacter, Arthrobacter, Pseudomonas, Bacillus, Clostridium, Azotobacter, Rhizobium, Nitrosomonas, Nitrobacter*) anzuführen. Vertreter der **Pilze** sind besonders *Myxomycetes, Ascomycetes, Basidiomycetes, Deuteromycetes* (Gattungen *Aspergillus, Penicillium, Alternaria, Trichoderma*). Durch die üppige Mikroflora liegt in den oberen Bodenregionen ein hohes **Abbaupotential** für organische Schadstoffe vor. Dennoch reichen Menge und Abbaukapazität der natürlichen Mikroflora häufig für Sanierungszwecke nicht aus.

so daß durch Selektion und Züchtung auf Medien mit Schadstoffzusatz **adaptierte Stämme** mit speziellen Eigenschaften gewonnen werden müssen.

Im allgemeinen geht man davon aus, daß die Isolierung von Stämmen, die sich am kontaminierten Standort auf natürliche Weise ansiedeln, am effektivsten ist. Wie Untersuchungen ergaben, sind dies vor allem Vertreter der Gattungen *Acinetobacter*, *Alcaligenes*, *Flavobacterium*, *Bacillus* und *Pseudomonas*.

Bei manchen Schadensfällen ist eine gesonderte Anzucht von **Spezialkulturen** erforderlich. Dies gilt z. B. für den Abbau polycyclischer aromatischer Kohlenwasserstoffe und deren Produkte durch Weißfäulepilze (z. B. *Phanerochaete chrysosporium*) sowie für die Degradation von Dibenzofuran und Dibenzodioxin mittels verschiedener *Pseudomonas*-Mutanten. Für die Sanierung von Schadensfällen mit besonders schwer abbaubaren Substanzen wie chlororganische Verbindungen werden neuerdings auch gentechnisch konstruierte Stämme erprobt (s. Abschn. 3.5.4).

4.7.5   Biologischer Abbau persistenter organischer Schadstoffe

4.7.5.1   Wirkung einiger Schadstoffe

Eine Vielzahl natürlicher und anthropogener organischer Verbindungen wirkt auf die in der Umwelt befindliche Mikroflora toxisch und/oder ist biologisch schwer abbaubar. Von über 9 Mio. derzeitig bekannten chemischen Verbindungen werden etwa 100000 für den Einsatz in der Industrie produziert. Davon sind ca. 60000 (über 150 Mio. t/a) im ständigen Gebrauch. Ökotoxikologische Daten sind bisher nur von ca. 1000 Verbindungen bekannt.

Im Unterschied zu Stoffen, die durch biologische oder andere natürliche Prozesse in die Umwelt gelangen, werden alle durch menschliches Zutun entstehenden und in der Natur gewöhnlich an dem Ort und in der Menge nicht vorkommenden Verbindungen als **Fremdstoffe (Xenobiotika)** bezeichnet. Sie sind insbesondere durch ihre unnatürliche chemische Struktur gekennzeichnet. Die Mehrzahl der Fremdstoffe kann aufgrund ihrer Ähnlichkeit mit natürlichen Substanzen über einen längeren Zeitraum mikrobiell abgebaut werden oder verhält sich inert (z. B. Kunststoff). Bedenklich sind jene, die toxisch sind und die Umwelt schädigen.

Das Schicksal der Fremdstoffe ist von ihrer chemischen Struktur, vom Ort der Freisetzung, den physikalischen Eigenschaften, der Konzentration und anderen Faktoren abhängig. Toxische und/oder karzinogene Wirkungen auf Organismen resultieren meist aus direkten Kontakten mit ihnen bzw. ihren Abbauprodukten, z. B. bei der Nahrungsaufnahme. Sie können verschiedene **Schadwirkungen** hervorrufen, von denen nachfolgend einige Beispiele genannt seien:

- Chlordibenzodioxine verursachen bei Hautkontakt Ekzeme (Chlorakne),
- Formaldehyd kann Allergiereaktionen auf der Haut auslösen,
- Pestizide (z. B. Lindan, polychlorierte Biphenyle (PCB), regen im Organismus die Synthese von Entgiftungsenzymen (meist Oxidasen) an, die durch den rascheren Abbau der Schadstoffe

zu noch giftigeren Spaltprodukten führen können.

- Einige Insektizide (z. B. Phosphorsäureester) hemmen wichtige Stoffwechselenzyme. So führt
z. B. die Hemmung von Acetylcholinesterase, die das nach der Nervenreizübertragung
anfallende Acetylcholin wieder abbaut, zu einem Acetylcholinstau mit toxischer Wirkung.
- Dioxinhaltiges Pentachlorphenol (zur Behandlung von Holztäfelungen in Häusern verwendet)
bewirkt bei längerem Einatmen größere Anfälligkeit für Erkältungs- und Infektionskrankheiten.
- Verschiedene Stoffe verursachen mutagene Veränderungen des genetischen Materials und
Zellentartungen (Krebs, Mißbildungen).

4.7.5.2 Eigenschaften ausgewählter organischer Schadstoffe

Organische Schadstoffe umfassen sowohl aliphatische als auch aromatische
Kohlenwasserstoffe (KW). Werden bei diesen Verbindungen H-Atome durch
Halogene (z. B. Cl) ersetzt, entstehen **Halogenkohlenwasserstoffe**. Aufgrund ihrer
physikalischen und chemischen Eigenschaften finden z. B. chlorierte
Kohlenwasserstoffe (CKW) vielfältige Anwendung.

So wurden einige mit fettlösenden Eigenschaften, wie Perchlorethylen und Trichloethylen, zur
Metallentfettung, chemischen Reinigung sowie als Verdünner für Farben und Lacke eingesetzt.
Andere wiederum dienen als Ausgangsmaterial für Kunststoffe (z. B. PVC). Aufgrund ihrer
Giftwirkung nutzt man bestimmte CKW als Schädlingsbekämpfungsmittel gegen Insekten
(Insektizide), Pilze (Fungizide), Bakterien (Bakterizide) sowie als Unkrautbekämpfungsmitttel
(Herbizide). CKW mit breitem Wirkungsspektrum werden als Holzschutzmittel eingesetzt. Die
jährlichen Produktionsmengen an CKW betragen gegenwärtig in der EU mehr als 10 Mio. t/a.

Das Verhalten organischer Schadstoffe in Böden und Gewässern ist u. a. von deren
Bindungsmechanismen abhängig. Diese wiederum werden von funktionellen
Gruppen, Molekülgröße und -form, Ladung und anderen Faktoren beeinflußt. Ein
Maß für die Bindungsfestigkeit bzw. Beweglichkeit organischer Verbindungen
zwischen Feststoff und Lösungsmittel ist der *Verteilungskoeffizient* (K), der für
einige Pestizide in Tab. 4-35 angegeben ist.
Meist korrelieren mit dem Übergang von hohen zu niederen K-Werten die
Zunahme der Wasserlöslichkeit, der Übergang von unpolarer zu polarer Bindung
sowie ein besseres Abbauverhalten der organischen Verbindungen. Aus
ökologischer Sicht sind daher die stärker wasserlöslichen Pestizide, die Carbamate,
wegen der besseren Abbaubarkeit und kürzeren Verweildauer im Boden den
chlororganische Verbindungen vorzuziehen. Problematisch sind die als Herbizide
genutzten relativ langlebigen Triazine, die häufig in das Grundwasser gelangen und
damit die zulässigen Grenzwerte im Trinkwasser überschreiten. Die Abhängigkeit
der K-Werte von Umweltbedingungen verdeutlichen die Chlorphenole. Diese

vielseitig eingesetzten Verbindungen (z. B. für Schutzanstriche) zeigen u. a. bei veränderten pH-Verhältnissen unterschiedliche Bindungsfestigkeit.

Tab. 4-35: Boden/Wasser-Verteilungskoeffizienten einiger Pestizide (FÖRSTNER, 1993)

Pestizidtyp	K-Wert	Pestizidtyp	K-Wert
Organohalogenide		**Carbamate**	
Aromatische	$10^5 - 10^3$	Methyl-Carbamate	$5 \cdot 10^2 - 2$
		Thio-Carbamate	$5 \cdot 10^2 - 50$
Organophosphate			
Aliphatische Derivate	$5 \cdot 10^2 - 10^1$	**Nitroaniline**	$10^3 - 50$
Phenyl-Derivate	$10^3 - 10^2$	**Triazine**	$8 - 1$
Heterocyclen	$5 \cdot 10^2 - 50$		

Die derzeit giftigsten Xenobiotika sind **Polychlordibenzodioxine** (PCDD), insbesondere 2.3.7.8-Tetrachlordibenzodioxin (TCDD). Dibenzodioxine sind aromatische Ether, bei denen zwei Phenolringe über zwei Sauerstoffbrücken miteinander verbunden sind. Im Falle von TCDD - dem sog. *„Seveso-Dioxin"* - sind an den Positionen 2, 3, 7 und 8 die H- durch Chlor-Atome substituiert. Die letale Dosis dieser Verbindung liegt bei Meerschweinchen um 1 mg/kg Körpergewicht.
Polychlordibenzofurane (PCDF) sind verwandte Substanzen der Dioxine mit nur einer Sauerstoffbrücke zwischen beiden Phenolringen. Die Toxizität der PCDF beträgt etwa 10 % derjenigen von PCDD. Beide Substanzgruppen werden bei der Produktion chlororganischer Verbindungen, in der Zellstoffindustrie, bei Altölverbrennung, PVC-Bränden, Müllverbrennung und bei Hausbrand freigesetzt. Dioxine und Furane gelangen über den Boden und Lebensmittel in die Organismen. Ihre Eliminierung muß daher vorrangig durch die Bodensanierung erfolgen.

Das Bestreben organischer Schadstoffe, sich in der Umwelt auszubreiten, erschwert ihre Kontrolle und Beseitigung. Die **Dispersionsgeschwindigkeit** wird von der Stoffstruktur, den geologischen Verhältnissen, der Akkumulation an natürlichen Feststoffen und in Organismen sowie von anderen Faktoren bestimmt Die lipophilen Eigenschaften von CKWs tragen z. B. zur hochgradigen Anreicherung derselben im Fettgewebe von Seehunden, Fischen, Austern u. a. Meerestieren bei. Ähnliches gilt für Ölfilme auf Gewässern, die durch Tankerunfälle und auf andere Weise verursacht werden.
Fremdstoffe können in Organismen nur toxische Wirkungen auslösen, wenn ihr Abbau länger dauert als ihr Transport aus der Umwelt in den Zielorganismus Diese als **Persistenz** bezeichnete Widerstandsfähigkeit war für einige Fälle - so z. B. bei der Herstellung synthetischer Pestizide - im Hinblick auf ihre möglichst langanhaltende Wirkung sogar erwünscht.

Die Ursachen für die Persistenz organischer Verbindungen sind vielfältig. Folgende Faktoren tragen dazu bei:

a.) *Chemische Struktur*

Abnehmende Persistenz zeigen z. B. unverzweigte gegenüber verzweigten Alkylgruppen, höhere Alkane (>12 C-Atome) gegenüber niederen, Alkane gegenüber Aromaten, mono- gegenüber polycyclischen Aromaten. Mit der Zahl der Substituenten erhöht sich die Persistenz. Halogen-Substitution steigert die Persistenz mehr als Alkyl-, Carboxyl- oder Phenolsubstitution. Einige Beispiele für die Persistenz biologisch aktiver Fremdstoffe (d. h. die Zeitdauer, zu der die Ausgangssubstanz in der Umwelt noch nachweisbar ist) zeigt Fig. 4-24.

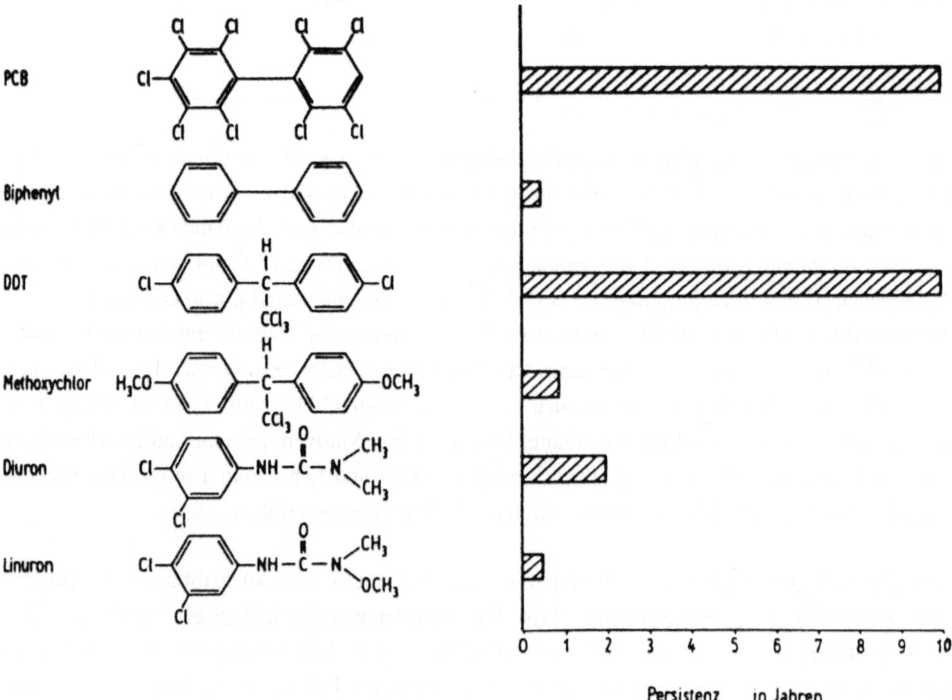

Fig. 4-24: Persistenz einiger biologisch aktiver Fremdstoffe (FRITSCHE, 1990, gekürzt)

Synthetische Fremdstoffe können chemische Strukturen aufweisen, die in der Natur nicht oder nur in geringen Konzentrationen vorkommen. Für ihren Abbau haben Mikroorganismen und andere Lebewesen aufgrund fehlenden Selektionsdruckes während der evolutionären Entwicklung keine Enzyme entwickelt. Beispiele dafür sind sulfonierte, nitrierte und halogenierte Kohlenwasserstoffe.

b.) *Konzentration*

Die Konzentration mancher Verbindungen ist aufgrund geringer Löslichkeit, starker Adsorption oder Flüchtigkeit so gering, daß sie kein mikrobielles Wachstum ermöglicht (z. B. polycyclische aromatische Kohlenwasserstoffe [PAK] und leicht flüchtige KW). In Altlasten hingegen kann die Schadstoffkonzentration so hoch sein, daß die Mikroorganismen sogar abgetötet werden.

c.) Milieubedingungen

Persistenz kann auch durch ungünstige Umweltbedingungen verursacht werden (z. B unzureichende Nährstoffversorgung, Sauerstoffmangel, ungünstige pH-Verhältnisse). Alkane werden z. B. von einigen Mikroorganismen unter aeroben Bedingungen abgebaut, während sie unter anaeroben Bedingungen persistieren. Bei hochchlorierten aliphatischen KW verhält es sich umgekehrt.

Auch die **toxische Wirkung** organischer Schadstoffe ist von verschiedenen Umweltfaktoren abhängig. Durch das Zusammentreffen mehrerer Substanzen können Wirkungsverstärkungen (Synergismen) oder -abschwächungen (Antagonismen) auftreten.

4.7.5.3 Mikrobielle Abbauprozesse

Die Zersetzung organischer Schadstoffe kann abiotisch und biotisch erfolgen. Häufig laufen beide Prozesse gemeinsam bzw. abwechselnd ab. *Abiotische* Oxidationsvorgänge können unter Einwirkung von molekularem Sauerstoff und mit reaktiven Sauerstofformen (z. B. Ozon, H_2O_2) vonstatten gehen. Abiotische Reduktionsprozesse finden unter anaeroben Verhältnissen, z. B. in Sedimenten, statt. Auch durch hydrolytische Prozesse werden viele Schadstoffe entgiftet.

Oxidations-, Reduktions- und Hydrolysevorgänge sind auch beim *biotischen Abbau* von Schadstoffen vorherrschend. Unter Einwirkung verschiedener Enzyme erfolgt entweder ihre direkte Mineralisierung oder sie werden mittels Cometabolismus verändert. Für einen intensiven mikrobiellen Schadstoffabbau sind ausreichende Stickstoff- und Phosphatversorgung, geeignete Temperatur- und pH-Verhältnisse, ausreichende Belüftung und Feuchtigkeit im allgemeinen die wichtigsten Voraussetzungen. Nachfolgend wird der mikrobielle Abbau einiger Schadstoffe etwas eingehender behandelt.

Abbau aliphatischer Schadstoffe. Es gibt eine Menge toxischer und/oder persistenter Stoffe, die zu den **C_1-Verbindungen** zählen. Beispiele dafür sind:

Methan (CH_4): mitverantwortlich für Treibhauseffekt, Produkt anaerober Abbauprozesse,

Methanol (CH_3OH): giftiger Alkohol, entsteht beim Abbau von Pektin u. a. Methylestern,

Formaldehyd (HCHO): Einsatz als Desinfektons- und Fixierungsmittel, Verbrennungsprodukt, Industriechemikalie, Intermediat bei der mikrobiellen Oxidation anderer C_1-Verbindungen,

Kohlendioxid (CO_2): hauptverantwortlich für den Treibhauseffekt, Endprodukt von Atmungs-, Gärungs- und Verbrennungsprozessen,

Cyanid (HCN): hochtoxisch, Industriechemikalie, gebildet von Pflanzen und Mikroorganismen,

Metylamin (CH_3NH_2): Exkretionsprodukt, Abbauprodukt von N-Verbindungen, verbreitet in Pflanzen- und Tiergeweben,

Carbaminsäure (NH_2COOH): Hydrolyseprodukt des Harnstoffs, Düngemittel, N-Methylderivate dienen als Pestizide,

Dimethylsulfid [$(CH_3)_2S$]: Abfallprodukt der Papierindustrie,

Methylchlorid (CH_3Cl): toxisch, Ursache von Leberschäden bei Säugern,

Phosgen ($COCl_2$): Nervengas, Industriechemikalie.

C_1-Verbindungen können den Mikroorganismen zum Aufbau der Zellsubstanz als auch als Energielieferant dienen. Bakterien, die C_1-Verbindungen als C-Quelle nutzen, nennt man methylotroph. Es gibt obligat **methylotrophe Bakterien**, die ausschließlich von C_1-Verbindungen (insbesondere Methan und Methanol) leben. Hingegen verwerten fakultativ methylotrophe Bakterien auch komplexere Substanzen (z. B. Glucose, Acetat), nicht aber Methan.

Beim C_1-Metabolismus methylotropher Bakterien spielt **Formaldehyd** eine zentrale Rolle. Das durch Oxidation der C_1-Substrate gebildete Intermediat wird anschließend in verschiedene Assimilationswege eingeschleust und weiter umgesetzt (Fig. 4-25). Es wirkt ferner als Induktor für einige Schlüsselenzyme im C_1-Stoffwechsel. Wegen seiner starken toxischen Wirkung kann Formaldehyd als alleinige C-Quelle nur in so geringen Mengen angeboten werden, daß kein

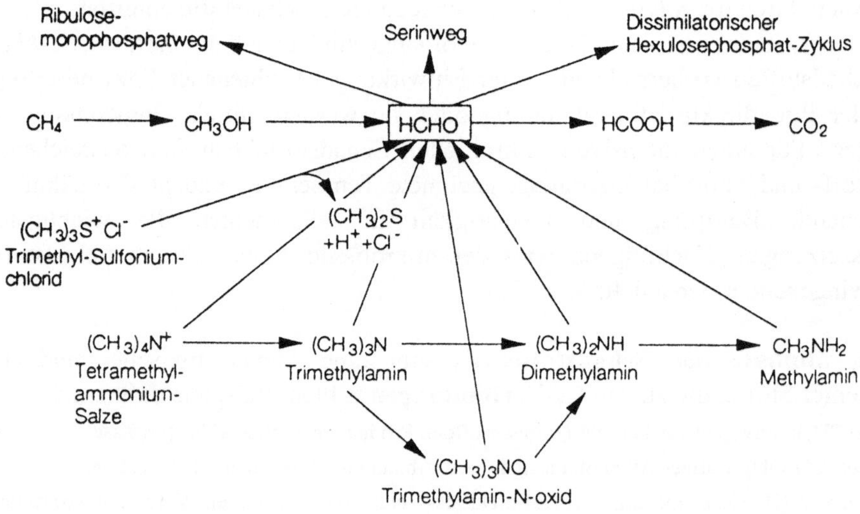

Fig. 4-25: Die zentrale Rolle von Formaldehyd beim Abbau von C_1-Verbindungen durch methylotrophe Bakterien (GIBSON, 1984)

optimales Bakterienwachstum möglich ist. Intensiveres Wachstum läßt sich bei Zugabe einer weiteren gut verwertbaren C_1-Quelle wie Methanol erreichen.

Auch **halogenierte kurzkettige Aliphate** können von verschiedenen Bakterien metabolisiert werden. So hat man festgestellt, daß Dichlormethan (CH_2Cl_2) von einigen fakultativ methylotrophen *Pseudomonas-* und *Hyphomicrobium*-Stämmen als einzige C- und Energiequelle genutzt und zu CO_2, H_2O und Cl_2 umgesetzt wird. Die Dehalogenierung dieser Substanz erfordert die Anwesenheit von Glutathion und führt zu Formaldehyd, das oxidiert und über den Serinweg weiter assimiliert wird. Eine reduktive Dehalogenierung chlorierter C_1-Verbindungen ist durch obligat anaerobe methanogene Mischkulturen möglich. Dieser Prozess ist allerdings nur bis zum Methylchlorid eindeutig nachgewiesen worden.

Zu den wichtigsten leicht flüchtigen CKW gehören neben den C_1- die **C_2-Verbindungen** Trichlorethen (TCE, Tri) und Tetra- oder Perchlorethen (Per, PCE). Aufgrund ihrer vorteilhaften Eigenschaften (nicht brennbar, leicht flüchtig) fanden sie als Lösungsmittel beispielsweise bei der Metallentfettung, Lackentfernung und Extraktion Anwendung. Wegen des sorglosen Umganges mit ihnen gelangten große Mengen in die Umwelt.

Der *anaerobe Abbau* der chlorierten Ethene durch methanogene Bakterien gleicht dem der C_1-Verbindungen. Sie werden schrittweise reduktiv dehalogeniert und dienen dabei selbst als Elektronenakzeptor. Während die Dehalogenierung anfangs schnell verläuft, erfordert der Schritt vom Vinylchlorid zum Ethen lange Zeiten und einen Elektronendonator (C- und Energiequelle) im Überschuß. Neben Acetat, Ethanol und Glucose eignen sich dazu am vorteilhaftesten Methanol und Benzoat. Unter *aeroben Bedingungen* ist die bakterielle Nutzung hochchlorierter KW als alleinige C- und Energiequelle meist nicht möglich. Es wurden jedoch einige Methan- und Toluol-verwertende Bakterien isoliert, die auch TCE bei niederen Konzentrationen angreifen können.

Vor allem im Erdöl sind **längerkettige aliphatische KW** (Alkane und Alkene mit 10 - 20 C-Atomen) enthalten. Sie werden von einigen Bakterien (z. B. *Nocardia-, Pseudomonas-, Arthrobacter*-Arten), Hefen (z. B. *Yarrovia lipolytica, Candida guilliermondii*) und Hyphenpilzen (z. B. *Cephalosporium roseum*) als einzige C- und Energiequelle verwertet. Die wasserunlöslichen Substrate werden in die Zelle überwiegend durch Oberflächenkontakt aufgenommen. Der Abbau erfolgt unter aeroben Bedingungen und katalytischer Mitwirkung einer membranständigen Monooxygenase durch Oxidation der terminalen Methylgruppe (Fig. 4-26).

Über einige Zwischenstufen entsteht nach ß-Oxidation Acetyl-CoA, welches in den Intermediärstoffwechsel eingeht. Weitere Abbauvarianten sind die diterminale Oxidation der Alkane zu Dicarbonsäuren sowie die subterminale Oxidation am 2. C-Atom. Unverzweigte aliphatische KW sind gut, verzweigte KW hingegen schlechter zu verstoffwechseln. Der aerobe Abbau von Alkanen und Alkenen hat besonders bei der mikrobiellen Beseitigung von Ölverschmutzungen, z. B. nach Tankerunglücken, eine große praktische Bedeutung.

Abbau aromatischer Schadstoffe. Aromatische KW bestehen aus einem oder mehreren Benzolringen und zeichnen sich durch eine hohe thermodynamische Stabilität aus. Sie treten in der Natur und Industrie in vielfältiger Form auf.
Natürliche Quellen sind Spaltprodukte des Lignins, aromatische Aminosäuren, phenolische Pflanzeninhaltsstoffe u. a.. Industriellen Ursprungs sind Produkte der Kohle- und Erdölverarbeitung (z. B. Benzen, Phenol, Biphenyle, Phenanthren).

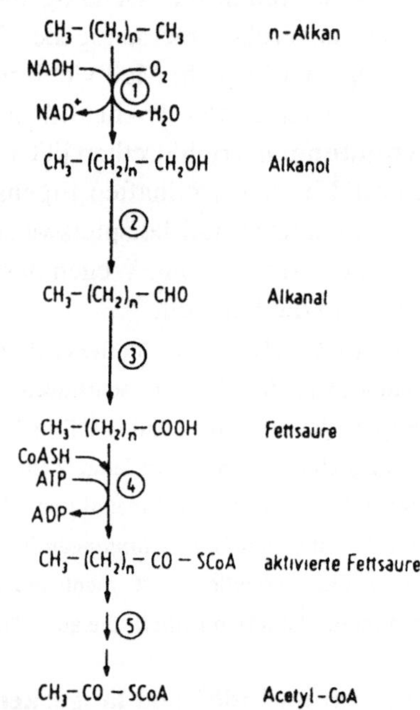

Fig. 4-26: Monotermaler Abbau von n-Alkanen durch Oxidation der Methylgruppe (FRITSCHE, 1990)
1 - Alkanmonooxigenase, 2 - Alkohol-Dehydrogenase,
3 - Aldehyd-Dehydrogenase, 4 - Acyl-CoA-Synthese,
5 - ß-Oxidation der Fettsäuren

Auch bei der Verbrennung fallen aromatische KW wie Benzo(a)pyren an. Aromatische Verbindungen werden von einigen Bakterien (z. B. *Pseudomonas-, Rhodococcus*-Arten), Hefen (z. B. *Candida*-Arten) und Hyphenpilzen oxidativ zu den Intermediaten **Brenzcatechin** und **Protecatechuat** abgebaut (Fig. 4-27). Nach der Hydroxylierung erfolgt die **Ringspaltung** durch Dioxygenasen, die das Substrat an verschiedenen Stellen angreifen. Es gibt drei Typen der Ringspaltung:
a) ortho-Spaltung (zwischen zwei benachbarten hydroxylierten C-Atomen),
b) meta-Spaltung (zwischen hydroxyliertem und nicht hydroxyliertem C-Atom),
c) Homogentisat-Weg (zwischen hydroxyliertem und mit einem aliphatischen Rest oder einer Carboxylgruppe substituiertem C-Atom).

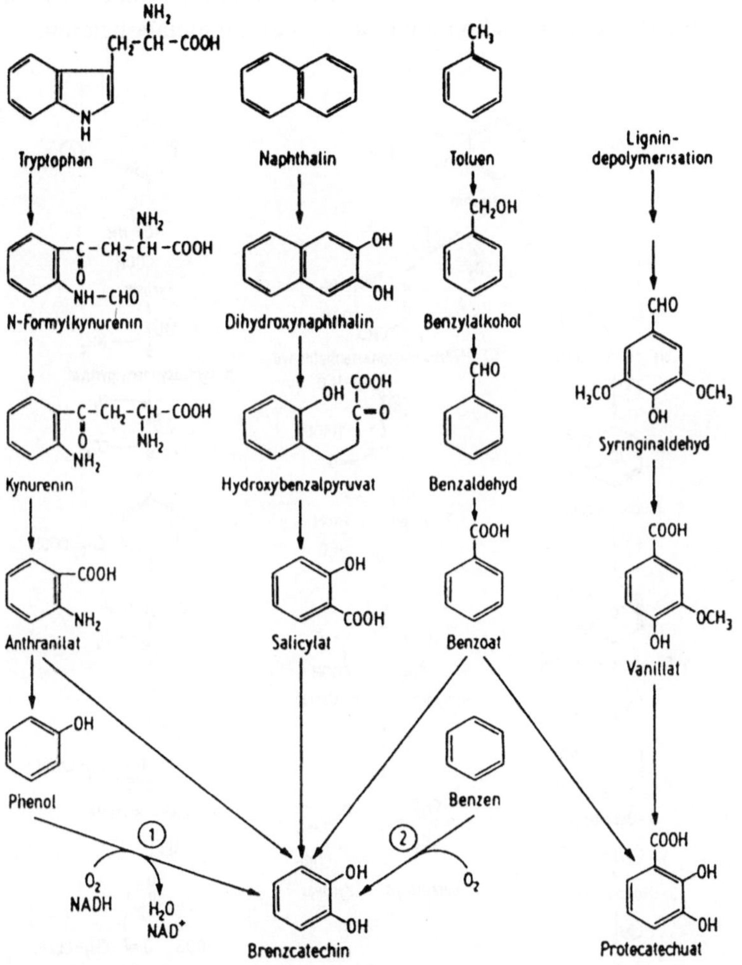

Fig. 4-27: Oxidativer Abbau aromatischer KW durch Mikroorganismen (FRITSCHE, 1990)

Fig. 4-28 zeigt die Einzelschritte der drei Abbauwege am Beispiel von Brenzcatechin und Tyrosin. Endprodukte sind bei allen C_2 - C_4-Bruchstücke, die in den Tricarbonsäurecyclus eingeschleust werden.

Aromatische KW, die durch Halogen-, Sulfonsäure-, Amino- und Nitrogruppen substituiert sind, werden durch Bakterien-Enzyme angegriffen, wenn sie natürlichen Substraten ähneln. Dem oxidativen Abbau schwer zugänglich sind **chlorierte Aromaten**, da dem Benzolring durch die Halogensubstitution Elektronen entzogen werden. Einige Bakterien, z. B. *Pseudomonas-, Nocardia-,*

Bacillus-, *Achromobacter-*, *Rhodococcus*-Arten, können mono- und dichlorierte Aromaten mit reduzierter Geschwindigkeit vollständig metabolisieren.

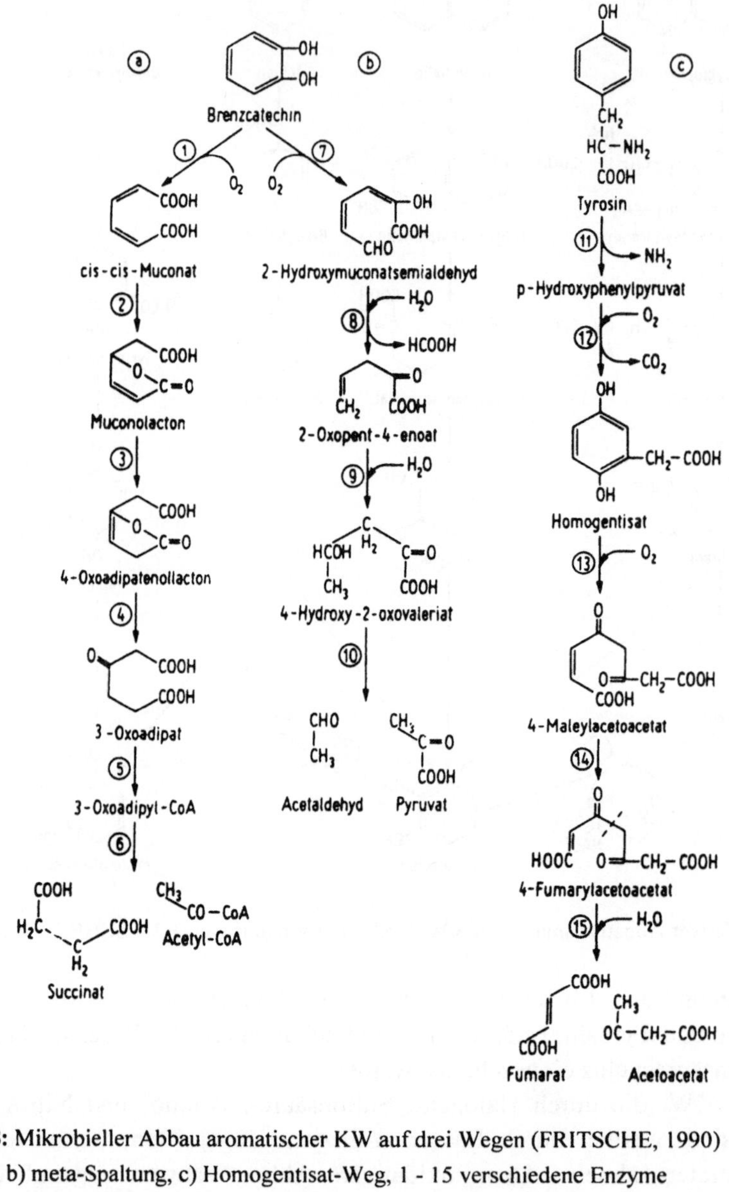

Fig. 4-28: Mikrobieller Abbau aromatischer KW auf drei Wegen (FRITSCHE, 1990)
a) ortho-, b) meta-Spaltung, c) Homogentisat-Weg, 1 - 15 verschiedene Enzyme

Ein Beispiel ist der Abbau des Herbizides 2,4-Dichlorphenoxyessigsäure (2,4-D), der über eine enzymatische Mehrschrittreaktion abläuft. Nach Überführung des Moleküls in einen instabilen

Zustand, erfolgt spontan die Dechlorierung. Bei mehr als zwei Cl-Atomen in der Verbindung wird der Abbau erschwert, wobei die Position der Cl-Atome im Molekül von Bedeutung ist. So baut z. B. *Flavobacterium sp.* 2,4,6-Trichlorphenol gut, 3,4,5-Trichlorphenol hingegen nicht ab.

Polychlorierte Phenole, insbesondere Pentachlorphenol (PCP), gelangen als Fungizide, Herbizide und Holzschutzmittel in großen Mengen in die Umwelt. Ihre biologische Zersetzung kann aerob und anaerob erfolgen. *Pseudomonas-* und *Arthrobacter*-Arten können sie als einzige C- und Energiequelle dienen.

Zahlreiche Fremdstoffe werden durch Mikroorganismen cometabolisch verändert aber nicht metabolisiert. Durch *Cometabolismus* wird z. B. das Insektizid 1,1,1-Trichlor-2,2-bis-(p-chlorphenyl)ethan (DDT) von *Hydrogenomonas*-Arten zu Zwischenprodukten transformiert, die durch andere Mikroorganismen weiter abgebaut werden.

Polychlorierte Biphenyle (PCB) sind anthropogene Verbindungen, welche wegen ihrer günstigen Eigenschaften vielseitig eingesetzt werden. Von 209 möglichen Isomeren sind viele mikrobiell abbaubar. Hochchlorierte werden unter anaeroben Bedingungen reduktiv dehalogeniert, einige von ihnen (mit maximal 5 C-Atomen) sind aerob metabolisierbar. *Polychlorierte Dibenzofurane* (PCDF) und *-dioxine* (PCDD) können nur teilweise abgebaut werden. Dies gilt vor allem für die mono- und dichlorierten Dibenzodioxine. Anaerob werden hochchlorierte Verbindungen partiell dehalogeniert. Die hochtoxischen 4- und 5fach chlorierten Dibenzofurane und -dioxine - darunter das „Seveso-Dioxin" TCDD - werden nicht angegriffen.

5   Entwicklungstendenzen der Biotechnologie

Aufgrund des in den letzten Jahrzehnten zu verzeichnenden Erkenntniszuwachses auf einigen Gebieten der Biowissenschaften, haben sich für die biotechnologische Forschung, Entwicklung und Produktion ungeahnte Möglichkeiten eröffnet. Ihre Auswirkungen werden so weitreichend sein, daß man geneigt ist, vom Beginn des **biotechnologischen Zeitalters** zu sprechen. Einige Schwerpunkte zukünftiger Entwicklungen sind in Tab. 5-1 aufgeführt.

Biotechnologische Produkte und Leistungen werden zukünftig auf verschiedenen Gebieten eine noch größere Rolle als bisher spielen. An herausragender Stelle steht die **Medizin**, die sich vor allem bei der Behandlung von Erbkrankheiten biotechnologischer Methoden und Erzeugnisse sowohl in der *Diagnostik* als auch in der *Therapie* bedienen wird.

Tab. 5-1: Entwicklungstendenzen in der Biotechnologie

Gebiet	Beispiele
1. Isolierung neuer Organismen und Produkte mit spezifischer Wirkung	weitere Archaebakterien, neue Antibiotika, Hormone, Enzyme
2. Anwendung der Gen- und Zellkulturtechnik zur	
- Leistungsverbesserung von Produktbildnern	Steigerung der Sekundärstoffbildung
- ökonomischeren Herstellung von Produkten	Pharma-Produktion mit Säugern
- Entwicklung neuer und besserer Produkte	Human-Proteine für die Therapie
3. Entwicklung effektiverer Fermentationsverfahren und -technik mit Prozeßregelung	neue Fermentoren und Biosensoren
4. Erschließung neuer Einsatzgebiete	Biochips für Computer
5. Verstärkte Nutzung nachwachsender Rohstoffe	Schilf, Holz, Laub
6. Weitere Minderung der Umweltbelastung	Schwermetalle, chlorierte Aromaten

Große Hoffnungen setzt man insbesondere in die Gewinnung *körpereigener Protein-Wirkstoffe* zur Bekämpfung der bisher nicht beherrschbaren Geißeln der Menschheit Krebs, AIDS und Kreislauferkrankungen. Da viele dieser Stoffe bisher nur in sehr begrenzten Mengen aus Blut, Harn und Gewebeproben isolierbar sind, kann man sie kaum für therapeutische Zwecke einsetzen.

So sind z. B. für die Reinherstellung von 1 g *Urokinase*, welche zur Auflösung von Blutgerinnseln in Gefäßen (z. B. bei Herzinferkt, Thrombose) verwendet wird, etwa 10000 l menschlicher Harn erforderlich. Mittels gentechnischer Methoden wurde es möglich, das Urokinase-Gen in Bakterien zu übertragen und mit diesen das Enzym in beliebiger Menge zu produzieren. Der Vorteil der Behandlung von Patienten mit körpereigenen Proteinen liegt darin, daß diese keine unerwünschten Nebeneffekte (z. B. Allergien) auslösen.

Ein weiteres bedeutendes Anwendungsgebiet gentechnischer Methoden ist die **somatische Gentherapie**, die es ermöglicht, defekte Gene in Körperzellen (z. B. bei Erbkrankheiten) durch gesunde auszutauschen. Nach ersten bereits erfolgreich verlaufenen Eingriffen wird man hier in nächster Zeit besonders aktiv werden. Dies setzt voraus, daß man Defekte in der Erbsubstanz erkennt und genau lokalisiert. Diesem Zweck dienen internationale Programme zur Genomanalyse, deren Ergebnisse prophylaktische Maßnahmen befördern werden.
Sowohl durch zielgerichtete Screeningmethoden als auch durch gentechnische Manipulationen (directed biosynthesis) wird man neue Metabolite aus Mikroorganismen und anderen Lebewesen gewinnen, die als **pharmazeutische Präparate** (z. B. Antibiotika, Enzyme, Hormone) die Palette der bekannten Heilmittel ergänzen. Durch Kombination chemischer und biotechnologischer Verfahren wird auch eine effektivere Produktsynthese erreichbar sein.
Angesichts der in nächster Zeit zu erwartenden Bevölkerungsexplosion (im Jahre 2000 werden etwa 7 - 8 Mrd. Menschen auf der Erde leben), kommt der Biotechnologie auch bei der Versorgung der Menschen mit **landwirtschaftlichen Produkten** eine bedeutende Rolle zu.
Mit Hilfe der Gentechnik, Zell- und Gewebekultur konnten bereits ermutigende Resultate erzielt werden. Man wird deshalb weiterhin daran arbeiten, sowohl die Erträge als auch die Eigenschaften gegenüber Schädlingen, Krankheitserregern, Herbiziden sowie verschiedenen Umwelt- und Verarbeitungsbedingungen bei der Pflanzen- und Tierproduktion zu verbessern. Durch Selektion neuer als auch durch gentechnische Veränderungen bereits genutzter Mikroorganismenstämme wird man noch spezifischer und intensiver wirkende Insektizide, Bakterizide, Fungizide und Herbizide herstellen. Durch Erhöhung der mikrobiellen Fixierungskapazität von Luftstickstoff wird die Fruchtbarkeit ertragsschwacher Böden - vor allem in den Ländern der dritten Welt - bedeutend verbessert werden können. Auch bei der Entwicklung neuer und Verbesserung bekannter Wachstumsregulatoren sind weitere Fortschritte zu erwarten.
In enger Verbindung mit der Landwirtschaft ist der **Nahrungs- und Genußmittelsektor** zu sehen. Hier geht es vorrangig um qualitative und quantitative Verbesserungen konventioneller Verfahren zur Herstellung fermentierter, energiereduzierter Lebensmittel und Lebensmittelzusatzstoffe (z. B. Enzyme, Aromen, Farbstoffe) sowie die Entwicklung neuer Lebensmittel mit Hilfe gentechnischer und anderer Methoden.

Als sehr zukunftsträchtiges Gebiet für biotechnologische Entwicklungen wird die **Energie- und Grundstoffgewinnung** aus nachwachsenden Rohstoffen und Abfallstoffen angesehen. Dies gilt besonders für Länder, die über wenig oder keine fossilen Rohstoffe verfügen.

Unter Anwendung gentechnisch veränderter Mikroorganismen, die mit Enzymen für den Aufschluß von Cellulose, Hemicellulose, Lignin und andere Polymere ausgestattet sind, sowie geeigneter verfahrenstechnischer Ausrüstungen wird es möglich sein, Holz, Laub, Schilf u. a. Materialien zur Gewinnung von Energieträgern wie Ethanol oder chemischen Grundstoffen wie zuckerhaltige Hydrolysate zu nutzen. Bisherige Verfahren, wie die Herstellung von Treibstoffethanol aus Zuckerrohr in Brasilien, sind vor allem aus politischen Erwägungen im großen Maßstab realisiert worden und arbeiten z. T. noch unrentabel.

Für die **chemische Industrie** besonders attraktiv dürfte die Entwicklung von Proteinkatalysatoren mittels gentechnischer Methoden sein, weil sie gegenüber anorganischen Katalysatoren eine Reihe von Vorteilen aufweisen (z. B. Wirkung bei niederen Temperatur- und Druckverhältnissen, keine Umweltbelastung durch Schwermetalle). Dies kann durch gezielte Veränderungen der katalytischen und physikalischen Eigenschaften von natürlichen Enzymen vermittels gerichteter Mutagenese (*protein-engineering*) geschehen, wie es mit Erfolg bei der Waschmittelprotease Subtilisin durch Austausch der oxidationsempfindlichen Aminosäure Methionin gegen Alanin praktiziert wurde.

Andererseits gibt es bereits Versuche, mit Hilfe der Festphasen-Peptidsynthese und der chemischen Synthese künstliche Enzyme (*Synzyme*) durch Nachahmung von Teilen des aktiven Zentrums natürlicher Enzyme zu konstruieren. Auf diese Weise hat man z. B. die pH- und Temperaturstabilität von hydrolytisch wirksamen Synzymen im Vergleich zu natürlichen Enzymen verbessert.

Ein weiteres Gebiet mit großer Perspektive stellen **Biosensoren** und **Biochips** dar. Bei der Entwicklung von Biosensoren gibt es noch eine Vielzahl von Problemen zu lösen. Dies betrifft u. a. die unzureichende Stabilität sowie Schwierigkeiten bei der Regenerierung, aber auch die Messung bisher noch nicht erfaßter Parameter. Die Entwicklung von Biochips steht erst am Anfang.

Ein in seinem Ausmaß noch stark erweiterungsfähiges Anwendungsgebiet der Biotechnologie ist der **Umweltschutz**. Um das ökologische Gleichgewicht aufrecht zu erhalten, können biotechnologische Verfahren einen entscheidenden Beitrag leisten. Dies gilt besonders für biologisch schwer abbaubare toxische Verbindungen (Xenobiotika) der chemischen Industrie, die eine direkte oder indirekte Gefährdung von Lebewesen nach sich ziehen. Es muß noch viel getan werden, um die Leistungsfähigkeit, Milieuabhängigkeit und Intensität der mikrobiellen Abbauprozesse zu verbessern.

Eine andere wichtige Aufgabe besteht in der Rückgewinnung (*Recycling*) von Wertstoffen, wie z. B. *Schwermetalle*. Auch hier gibt es erste Bemühungen, die in Zukunft wesentlich zu intensivieren sind und neben dem Umwelteffekt auch zur effektiveren Verwertung unserer Rohstoffe beitragen werden.

Literatur

ASKAR, A.: A review on sweeteners. Ernährung/Nutrition **12** (1988) 706 - 713

BARTHOLMES, P.; KAUFMANN, M.; SCHWARZ, T.: Schadstoffabbau durch optimierte Mikroorganismen. Berlin, Heidelberg, New York: Springer-Verlag 1996

BERGER, R. G. (Ed.): Biotechnology of Aroma Compounds. Berlin, Heidelberg, New York: Springer-Verlag 1996

BERGHOFER, E.: Nutzung außereuropäischer, fermentierter Lebensmittel für heimische Zwecke. Ernährung/Nutrition **11** (1987) 14 - 22

BERG, P.; SINGER, M.: Die Sprache der Gene. Grundlagen der Molekulargenetik. Heidelberg: Spektrum, Akademischer Verlag 1993

BOZE, H.; MOULIN, G.; GALZY, P.: Production of food and fodder yeasts. CRC Crit. Rev. Biotechnol. **12** (1992) 65 - 86

BRAUN, R.: Biogas - Methangärung organischer Abfallstoffe: Grundlagen und Anwendungsbeispiele. New York: Springer-Verlag 1982

CHEFTEL, J. C.; CUQ, J. L.; LORIENT, D.: Lebensmittelproteine. Hamburg: Behr's Verlag 1992

CHEN, J.-P.; McGILL, S. D.: Enzymatic hydrolysis of triglycerides by *Rhizopus delemar*. Food Biotechnol. **6** (1992) 1 - 18

CHMIEL, H. (Hrsg.): Bioprozeßtechnik. **Teil I** und **II**. Stuttgart: G. Fischer Verlag 1991

CRUEGER, W.; CRUEGER, A.: Biotechnologie-Lehrbuch der angewandten Mikrobiologie. München, Wien: Oldenbourg Verlag 1989

DEHNE, L. I.; BÖGL, K. W.: Die biologische Konservierung von Lebensmitteln. Ein Statusbericht. Berlin: Bundesgesundheitsamt 1992

DELLWEG, H.: Biotechnologie. Grundlagen und Verfahren. Weinheim: VCH Verlagsgesellschaft 1987

DELLWEG, H.; SCHMID, R. D.; TROMMER, W. E.: Römpp-Lexikon Biotechnologie. Stuttgart, New York: Georg Thieme Verlag 1992

DELLWEG, H.: Biotechnologie verständlich. Berlin, Heidelberg, New York, London, Paris, Tokyo: Springer-Verlag 1994

DEMAIN, A. L.; SOLOMON, N. A. (Eds.): Biology of Industrial Microbiology and Biotechnology. Washington: Am. Soc. Microbiol. 1986

DESMOND, S.; NICHOLL, T.: Gentechnologische Methoden. Heidelberg: Spektrum, Akademischer Verlag 1995

DIEKMANN, H.; METZ, H.: Grundlagen und Praxis der Biotechnologie. Stuttgart, New York: G. Fischer Verlag 1991

DOSE, K.: Biochemie - Eine Einführung. 4. Aufl. Berlin, Heidelberg, New York, London, Paris, Tokyo: Springer-Verlag 1994

DSM - Deutsche Sammlung von Mikroorganismen und Zellkulturen GmbH: Catalogue of Strains 1989. Braunschweig 1989

FISCHER, K.: Biologische Abluftreinigung. Kontakt & Studium, Band 212. Ehningen bei Böblingen: Expert Verlag 1990

FÖRSTNER, U.: Umweltschutz-Technik: Eine Einführung. 4. erweit. Aufl.. Berlin, Heidelberg, New York, London, Paris, Tokyo, Hong Kong, Barcelona, Budapest.: Springer-Verlag 1993

FONDS DER CHEMISCHEN INDUSTRIE (Hrsg.): Folienserie Biotechnologie/Gentechnik. Frankfurt/Main 1989

FRITSCHE, W.: Umwelt-Mikrobiologie. Berlin: Akademie-Verlag 1985

FRITSCHE, W.: Mikrobiologie. Jena: G. Fischer Verlag 1990

GACESA, P.; HUBBLE, J.: Enzymtechnologie. Berlin, Heidelberg, New York, London, Paris, Tokyo, Hong Kong, Barcelona, Budapest: Springer-Verlag 1992

GADEN, E. L.: Fermentation Process Kinetics. J. Biochem. Microbiol. Techn. Eng. 1 (1959) 413 - 429

GASSEN, H.-G.; MARTIN, A.; BERTRAM, S.: Gentechnik. Stuttgart: G. Fischer Verlag 1987

GERHARTZ, W. (Ed.): Enzymes in Industry, Production and Applications. Weinheim, Basel, Cambridge, New York: VCH Verlagsgesellschaft 1990

GIBSON, D. T. (Hrsg.): Microbial Degradation of Organic Compounds. New York, Basel: Marcel Dekker Inc. 1984

GOLDBERG, I; WILLIAMS, R. (Eds.): Biotechnology and Food Ingredients. New York: Van Nostrand Reinhold 1991

GÜNTHER, E.: Lehrbuch der Genetik. 6. Aufl. Jena: G. Fischer Verlag 1991

GRIESE, J. H.: Alternative sweeteners and bulking agents. Food Technol. 47 (1993) 114 - 126

HABECK-TROPFKE, L.; HABECK-TROPFKE, H.-H.: Abwasserbiologie. Düsseldorf: Werner-Verlag 1992

HÄNEL, K.: Biologische Abwasserreinigung mit Belebtschlamm. Jena: G. Fischer Verlag 1986

HAGEMANN, R. (Hrsg.): Allgemeine Genetik. 2. Aufl. Jena: G. Fischer Verlag 1986

HAMMES, W. P.: Bacterial starter cultures in food production. Food Biotechnol. 4 (1990) 383 - 397

HARDMAN, D.; McELDOWNEY, S.: Umweltverschmutzung. Ökologische Aspekte und biologische Behandlung. Berlin, Heidelberg, New York: Springer-Verlag 1996

HARTMANN, L.: Biologische Abwasserreinigung. 3. Aufl. Berlin, Heidelberg, New York: Springer-Verlag 1992

HARTMEIER, W. (Hrsg.): Immobilisierte Biokatalysatoren: Eine Einführung. Berlin, Heidelberg, New York, Tokyo: Springer-Verlag 1986

HILLIGER, M.: Biotechnologische Aminosäureproduktion. Bio-Technology 2 (1991) 40 - 44

HOFEMEISTER, J.: Achievments in application of recombinant DNA technology for creation of industrial microorganisms. Zbl. Mikrobiol. 143 (1988) 551 - 560

HOLLO, J.; HOSCHKE, A.: Bioconversion of starch. Pol. J. Food Nutr. Sci. 43 (1993) 5 - 37

HOLT, J. G. (Ed.): Bergey`s Manual of Systematic Bacteriology. Vol. 1 - 4. Baltimore: Williams & Wilkins, 1984 - 1989

HUANG, K.-H.; AKOH, C. C.: Lipase-catalyzed incorporation of n-3 polyunsaturated fatty acids into vegetable oils. J. Amer. Oil Chem. Soc. **71** (1994) 1277 - 1280

HUI, Y. H.; KHATCHATOURIANS, G. G. (Eds.): Food Biotechnology: Microorganisms. New York, Weinheim, Cambridge: VCH Verlagsgesellschaft 1995

HULPKE, H.; KOCH, H. A.; WAGNER, R. (Hrsg.): Römpp-Lexikon Umwelt. Stuttgart, New York: Georg Thieme Verlag 1993

JANY, K.-D.: Einsatz der Gentechnik in der Lebensmittelproduktion und -verarbeitung. Ernähr.-Umschau **39** (1992) 479 - 487

KATZEK, J.: Kennzeichnung gentechnisch hergestellter oder modifizierter Lebensmittel. Ernähr. - Umsch. **40** (1993) B25 - B28

KLEBER, H.-P.; SCHLEE, D.(Hrsg.): Biochemie. **Teil I**: Allgemeine und funktionelle Biochemie. **Teil II**: Spezielle und angewandte Biochemie. Jena: G. Fischer Verlag 1987 u. 1988

KÖHLER, M.; HOFMANN, K.: Grundriß der Biotechnologie. Grundlagen und ausgewählte Verfahren. München, Wien: Carl Hanser Verlag 1992

KREISEL, H.; SCHAUER, F.: Methoden des mykologischen Laboratoriums. Stuttgart: G. Fischer Verlag 1987

KREGER-VAN-RIJ, N. J. W.: The Yeasts. A taxonomic study. 3. Aufl. Amsterdam: Elsevier Sci. Publ. 1984

KRIEG, A.; FRANZ, J. M.: Lehrbuch der biologischen Schädlingsbekämpfung. Berlin, Hamburg: P. Parey Verlag 1989

LEUCHTENBERGER, A.: Aktuelle Möglichkeiten des Einsatzes von Enzymen bei der Lebensmittelherstellung. **Teil 1**: Allgemeine Aspekte und traditionelle Anwendungsgebiete. **Teil 2**: Spezielle Anwendungsgebiete. Ernährungsforschung **35** (1990) 189 - 192, **36** (1991) 12 - 13

LEUCHTENBERGER, A.; MAYER, G.: Changed pectinase synthesis by aggregated mycelium of some A. niger mutants. Enzyme Microb. Technol. **14** (1992) 18 - 22

LÖSCHE, K.: Enzymatische Lebensmittelkonservierung. Lebensmitteltechnik **1 - 2** (1991) 43 - 49

MEINERS, M.: Biotechnologie für Ingenieure. Grundlagen, Verfahren, Aufgaben, Perspektiven. Braunschweig: F. Vieweg & Sohn Verlag 1990

MÜCKE, I.: Möglichkeiten der enzymatischen Sauerstoffentfernung und Konservierung im Lebensmittelbereich. Braunschweig: GBF Monographien (VCH) **11** (1988) 189 - 202

MUDRACK, K.; KUNST, S.: Biologie der Abwasserreinigung. 4. überarb. Aufl. Stuttgart, Jena, New York: G. Fischer Verlag 1994

MUROOKA, Y.; IMANAKA, T. (Eds.): Recombinant Microbes for Industrial and Agricultural Applications. New York, Basel: Marcel Dekker, Inc. 1994

MUTTZAHL, K.: Einführung in die Fermentationstechnik. Hamburg: Behr's Verlag 1993

NAGL, W.: Gentechnologie und Grenzen der Biologie. 2. Aufl. Darmstadt: Wissenschaftliche Buchgesellschaft 1995

Nomenclature Committee of IUB and BMB: Enzyme Nomenclature. San Diego, New York, Boston 1992

PRÄVE, P.; FAUST, U.; SITTIG, W.; SUKATSCH, D. A. (Hrsg.): Handbuch der Biotechnologie. 4. Aufl. München, Wien: Oldenbourg Verlag 1994

PRIMROSE, S. B.: Modern Biotechnolgy. Oxford, London, Edinburgh, Boston, Palo Alto, Melbourne: Blackwell Scientific Publications 1987

RAPHAEL, T.: Umweltbiotechnologie. Grundlagen, Anwendungen und Perspektiven. Berlin, Heidelberg, New York: Springer-Verlag 1996

REHM, H. J. (Hrsg.): Industrielle Mikrobiologie. Berlin, Heidelberg, New York: Springer-Verlag 1980

REHM, H. J.; REED, G. (Hrsg.): Biotechnology - A Multi-Volume Comprehensive Treatise. Vol. 3. Bioprocessing. Weinheim, New York, Cambridge: VCH Verlagsgesellschaft 1993

REICHENBACH, H.; HÖFLE, G.: Biologically active secundary metabolites from *Myxobacteria*. Biotech. Adv. 11 (1993) 219 - 277

REINHARD, E (Hrsg.): Pharmazeutische Biologie. I. Cytologie, Genetik, Physiologie, Viren, Bakterien, Pilze, Algen. 3. Aufl. Stuttgart: Wissenschaftliche Verlagsgesellschaft mbH 1986

ROWLANDS, R. T.: Industrial strain improvement: Rational screens and genetic recombination techniques. Enzyme Microb. Technol. 6 (1984) 290 - 300

RUSELL, A. D.: Mechanismus of bacterial resistance to nonantibiotics: food additives and food and pharmaceutical preservatives. J. Appl. Bacteriol. 71 (1991) 191 - 201

RUTTLOFF, H.; QUEHL, A.; LEUCHTENBERGER, A.; ROTHE, M.; ENGST, W.: Biotechnologische Gewinnung von Edelpilzkäse-Aromakonzentrat. Internat. Aroma-Symposium, Rydzyna, Polen, 1981

RUTTLOFF, H. (Hrsg.): Lebensmittelbiotechnologie - Entwicklungen und Aspekte. Berlin: Akademie Verlag 1991

RUTTLOFF, H. (Hrsg.): Industrielle Enzyme. Hamburg: Behr's Verlag 1994

RUTTLOFF, H.; PROLL, J.; LEUCHTENBERGER, A.: Lebensmittel-Biotechnologie und Ernährung. Probleme und Lösungsansätze. Berlin, Heidelberg, New York: Springer-Verlag 1997

SAFARI, M.; KERMASHA, S.; PABAI, F.: Interesterification of butter fat by lipase from *Mucor miehei* in organic solvent media. Food Biotechnol. 7 (1993) 265 - 273

SANDERS, E.; WASSERMANN, B.; FOEGEDING, E. A.: Research needs in biotechnology. Food Technol. 7 (1993) 18 S - 21 S

SCHELL, T.; MOHR, H. (Hrsg.): Biotechnologie - Gentechnik: eine Chance für neue Industrien. Berlin, Heidelberg, New York, London, Paris, Tokyo: Springer-Verlag 1995

SCHLEE; D.; KLEBER, H.-P. (Hrsg.): Wörterbuch der Biologie: Biotechnologie, **Teil 1** und **2**. Jena: Gustav Fischer Verlag 1991

SCHLEGEL, H. G.: Allgemeine Mikrobiologie. Stuttgart: G. Thieme Verlag 1992

SCHMOLCK, W.: Zuckeralkohole und Süßstoffe. Hamburg: Behr's Verlag 1992

SERMONTI, G.; MORPUGO, G.: Genetics **44** (1959) 437 - 447 In: REHM, H. J. (Hrsg.): Industrielle Mikrobiologie. Berlin, Heidelberg, New York: Springer-Verlag 1980

SMITH, J. E.: Einstieg in die Biotechnologie. 2. Aufl.. München, Wien: Carl Hanser Verlag 1990

STEIN, G. (Hrsg.): Gentechnologie - der Sprung in eine neue Dimension: Beiträge aus Wissenschaft und Gesellschaft. München, Landsberg am Lech: Olzog Verlag 1995

STORHAS, W.: Bioreaktoren und periphere Einrichtungen. Ein Leitfaden für die Hochschulausbildung, für Hersteller und Anwender. Berlin, Heidelberg, New York, London, Paris, Tokyo: Springer-Verlag 1994

STRICKBERGER, M. W.: Genetik. München, Wien: Carl Hanser Verlag 1988

TREVAN, M. D.; BOFFEY, S.; GOULDING, K. M.; STANBURY, R.: Biotechnology: The Biological Principles. New York, Philadelphia: Open University Press Milton Keynes and Taylor & Francis 1987

TOMBS, M. P.: Biotechnologie in der Lebensmittelindustrie. Berlin, Heidelberg, New York, London, Paris, Tokyo: Springer-Verlag 1994

UHLIG, H.: Enzyme arbeiten für uns. München, Wien: Carl Hanser Verlag 1991

VANDAMME, E. J.: Biotechnology of Vitamins, Pigments and Growth Factors. London, New York: Elsevier 1989

VORAGEN, A. G. J.; SCHOLS, H. A.; BELDMANN, G.: Maßgeschneiderte Enzyme in der Fruchtsaftherstellung. Flüssiges Obst **59** (1992) 404 - 410

WAINWRIGHT, M.: Biotechnologie mit Pilzen: Eine Einführung. Berlin, Heidelberg, New York, London, Paris, Tokyo: Springer-Verlag 1995

WALLHÄUSER, K. H. (Hrsg.): Praxis der Sterilisation, Desinfektion, Konservierung, Keimidentifizierung - Betriebshygiene. Stuttgart: G. Thieme Verlag 1984

WARTENBERG, A.: Einführung in die Biotechnologie. Stuttgart: Gustav Fischer Verlag 1989

WATSON, J. D.; GILMAN, M.; WITKOWSKI, J. und ZOLLER, M.: Rekombinierte DNA. Heidelberg: Akademischer Verlag 1993

WEIDE, H.; PACA, J.; KNORRE, W. A.: Biotechnologie. 2. Aufl. Jena: Gustav Fischer Verlag 1991

WHITAKER, J. R.: Principles of enzymology for the food sciences. 2nd Ed. New York: Marcel Dekker Inc. 1994

Sachwortregister